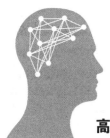

高等学校智能科学与技术/人工智能专业教材

机器学习实践

（第2版）

李轩涯 计湘婷 曹焯然 编著

清华大学出版社

北 京

内 容 简 介

本书是基于 Python 以及飞桨(PaddlePaddle)深度学习框架的实践性机器学习入门教程,内容涵盖 Python 基础语法、机器学习常用算法以及在计算机视觉和自然语言处理等经典领域的详细案例解析。

本书语言简洁易懂,注重实践与理论相结合,旨在帮助读者掌握机器学习的核心概念和技能。通过阅读本书,读者可以快速了解机器学习各种算法的应用场景,并掌握使用 PaddlePaddle 来解决机器学习问题的方法。对于想要入门机器学习的人来说,本书是一本实用性较强的参考书。

图书在版编目(CIP)数据

机器学习实践/李轩涯,计湘婷,曹焯然编著.—2 版.—北京:清华大学出版社,2023.12
高等学校智能科学与技术/人工智能专业教材
ISBN 978-7-302-64920-5

Ⅰ.①机…　Ⅱ.①李…②计…③曹…　Ⅲ.①机器学习－高等学校－教材　Ⅳ.①TP181

中国国家版本馆 CIP 数据核字(2023)第 223634 号

责任编辑:贾　斌
封面设计:常雪影
责任校对:徐俊伟
责任印制:宋　林

出版发行:清华大学出版社
　　　网　　　址:https://www.tup.com.cn,https://www.wqxuetang.com
　　　地　　　址:北京清华大学学研大厦 A 座　　　邮　　编:100084
　　　社 总 机:010-83470000　　　邮　　购:010-62786544
　　　投稿与读者服务:010-62776969,c-service@tup.tsinghua.edu.cn
　　　质量反馈:010-62772015,zhiliang@tup.tsinghua.edu.cn
　　　课件下载:https://www.tup.com.cn,010-83470236
印 装 者:三河市龙大印装有限公司
经　　销:全国新华书店
开　　本:185mm×260mm　　印　张:15　　　　　字　　数:337 千字
版　　次:2022 年 1 月第 1 版　2023 年 12 月第 2 版　　印　次:2023 年 12 月第 1 次印刷
印　　数:1~5000
定　　价:59.00 元

产品编号:101343-01

李晓东　中山大学智能工程学院　　　　　　　　　　　　　教授
李轩涯　百度公司　　　　　　　　　　　　　　　　　　　高校合作部总监
李智勇　湖南大学机器人学院　　　　　　　　　　　　　　常务副院长/教授
梁吉业　山西大学　　　　　　　　　　　　　　　　　　　教授
刘冀伟　北京科技大学智能科学与技术系　　　　　　　　　副教授
刘丽珍　首都师范大学人工智能系　　　　　　　　　　　　教授
刘振丙　桂林电子科技大学人工智能学院　　　　　　　　　副院长/教授
孙海峰　华为矿山军团　　　　　　　　　　　　　　　　　部长
唐　琎　中南大学自动化学院智能科学与技术专业　　　　　专业负责人/教授
汪　卫　复旦大学计算机科学技术学院　　　　　　　　　　教授
王国胤　重庆邮电大学　　　　　　　　　　　　　　　　　副校长/教授
王科俊　哈尔滨工程大学智能科学与工程学院　　　　　　　教授
王　挺　国防科技大学计算机学院　　　　　　　　　　　　教授
王万良　浙江工业大学计算机科学与技术学院　　　　　　　教授
王文庆　西安邮电大学自动化学院　　　　　　　　　　　　院长/教授
王小捷　北京邮电大学智能科学与技术中心　　　　　　　　主任/教授
王玉皞　上饶师范学院　　　　　　　　　　　　　　　　　党委副书记/教授
文继荣　中国人民大学高瓴人工智能学院　　　　　　　　　执行院长/教授
文俊浩　重庆大学大数据与软件学院　　　　　　　　　　　党委书记/教授
辛景民　西安交通大学人工智能学院　　　　　　　　　　　常务副院长/教授
杨金柱　东北大学计算机科学与工程学院　　　　　　　　　常务副院长/教授
于　剑　北京交通大学人工智能研究院　　　　　　　　　　院长/教授
余正涛　昆明理工大学信息工程与自动化学院　　　　　　　教授
俞祝良　华南理工大学自动化科学与工程学院　　　　　　　副院长/教授
岳　昆　云南大学信息学院　　　　　　　　　　　　　　　副院长/教授
张博锋　上海大学计算机工程与科学学院　　　　　　　　　副院长/研究员
张　俊　大连海事大学人工智能学院　　　　　　　　　　　副院长/教授
张　磊　河北工业大学人工智能与数据科学学院　　　　　　教授
张盛兵　西北工业大学网络空间安全学院　　　　　　　　　常务副院长/教授
张　伟　同济大学电信学院控制科学与工程系　　　　　　　副系主任/副教授
张文生　中国科学院大学人工智能学院　　　　　　　　　　首席教授
　　　　海南大学人工智能与大数据研究院　　　　　　　　院长
张彦铎　湖北文理学院　　　　　　　　　　　　　　　　　校长/教授
张永刚　吉林大学计算机科学与技术学院　　　　　　　　　副院长/教授
章　毅　四川大学计算机学院　　　　　　　　　　　　　　学术院长/教授
庄　雷　郑州大学信息工程学院、计算机与人工智能学院　　教授

秘书处：
陶晓明　清华大学电子工程系　　　　　　　　　　　　　　教授
朱　军　清华大学人工智能研究院基础研究中心　　　　　　主任/教授
张　玥　清华大学出版社　　　　　　　　　　　　　　　　编辑

2

出 版 说 明

当今时代,以互联网、云计算、大数据、物联网、新一代器件、超级计算机等,特别是新一代人工智能为代表的信息技术飞速发展,正深刻地影响着我们的工作、学习与生活。

随着人工智能成为引领新一轮科技革命和产业变革的战略性技术,世界主要发达国家纷纷制定了人工智能国家发展规划。2017年7月,国务院正式发布《新一代人工智能发展规划》(以下简称《规划》),将人工智能技术与产业的发展上升为国家重大发展战略。《规划》要求"牢牢把握人工智能发展的重大历史机遇""带动国家竞争力整体跃升和跨越式发展",对完善人工智能领域学科布局,设立人工智能专业,推动人工智能领域一级学科建设提出了指导意见。

为贯彻落实《规划》,2018年4月,教育部印发了《高等学校人工智能创新行动计划》,强调了"优化高校人工智能领域科技创新体系""完善人工智能领域人才培养体系"的重点任务,提出高校要不断推动人工智能与实体经济深度融合,鼓励有条件的高校建立人工智能学院、研究院,开展高层次人才培养。早在2004年,北京大学就率先设立了智能科学与技术本科专业。为了加快人工智能高层次人才培养,教育部又于2019年增设了"人工智能"本科专业。2020年2月,教育部、国家发展改革委、财政部联合印发了《关于"双一流"建设高校促进学科融合,加快人工智能领域研究生培养的若干意见》的通知,提出依托"双一流"建设,深化人工智能内涵,构建基础理论人才与"人工智能+X"复合型人才并重的培养体系,探索深度融合的学科建设和人才培养新模式,着力提升人工智能领域研究生培养水平,为我国抢占世界科技前沿,实现引领性原创成果的重大突破提供更加充分的人才支撑。至今,全国共有超过400所高校获批智能科学与技术或人工智能本科专业,我国正在建立人工智能类本科和研究生层次人才培养体系。

教材建设是人才培养体系工作的重要基础环节。近年来,为了满足智能专业的人才培养和教学需要,国内一些学者或高校教师在总结科研和教学成果的基础上编写了一系列教材,其中有些教材已成为该专业必选的优秀教材,在一定程度上缓解了专业人才培养对教材的需求,如由南京大学周志华教授编写、我社出版的《机器学习》就是其中的佼佼者。同时,我们应该看到,目前市场上的教材还不能完全满足智能专业的教学需要,突出的问题主要表现在内容比较陈旧,不能反映理论前沿、技术热点和产业应用与趋势等;缺乏系统性,基础教材多、专业教材少,理论教材多、技术或实践教材少。

为了满足智能专业人才培养和教学需要,编写反映最新理论与技术且系统化、系列化的教材势在必行。早在2013年,北京邮电大学钟义信教授就受邀担任第一届"全国高等学校智能科学与技术/人工智能专业教材"编委会主任,组织和指导教材的编写工作。2019 年,第二届编委会成立,清华大学陆建华院士受邀担任编委会主任,全国各省市开设智能科学与技术/人工智能专业的院系负责人担任编委会委员,在第一届编委会的工作基础上继续开展工作。

编委会认真研讨了国内外高等学校智能科学与技术/人工智能专业的教学体系和课程设置,制定了编委会工作简章、编写规则和注意事项,规划了核心课程和自选课程。经过编委会全体委员及专家的推荐和审定,本套丛书的作者应运而生,他们大多是在本专业领域有深厚造诣的骨干教师,同时从事一线教学工作,有丰富的教学经验和功底。

本套教材是我社针对高等学校智能科学与技术/人工智能专业策划的第一套系列教材,遵循以下编写原则:

(1) 智能科学技术/人工智能既具有十分深刻的基础科学特性(智能科学),又具有极其广泛的应用技术特性(智能技术)。因此,本专业教材面向理科或工科,鼓励理工融通。

(2) 处理好本学科与其他学科的共生关系。要考虑智能科学与技术/人工智能与计算机、自动控制、电子信息等相关学科的关系问题,考虑把"互联网＋"与智能科学联系起来,体现新理念和新内容。

(3) 处理好国外和国内的关系。在教材的内容、案例、实验等方面,除了体现国外先进的研究成果外,还一定要体现我国科研人员在智能领域的创新和成果,优先出版具有自己特色的教材。

(4) 处理好理论学习与技能培养的关系。对于理科学生,注重对思维方式的培养;对于工科学生,注重对实践能力的培养。各有侧重。鼓励各校根据本校的智能专业特色编写教材。

(5) 根据新时代教学和学习的需要,在纸质教材的基础上融合多种形式的教学辅助材料。鼓励包括纸质教材、微课视频、案例库、试题库等教学资源在内的多形态、多媒质、多层次的立体化教材建设。

(6) 鉴于智能专业的特点和学科建设需求,鼓励高校教师联合编写,促进优质教材共建共享。鼓励校企合作教材编写,加速产学研深度融合。

本套教材具有以下出版特色:

(1) 体系结构完整,内容具有开放性和先进性,结构合理。

(2) 除满足智能科学与技术/人工智能专业的教学要求外,还能够满足计算机、自动化等相关专业对智能领域课程教材的需求。

(3) 既引进国外优秀教材,也鼓励我国作者编写原创教材,内容丰富,特点突出。

(4) 既有理论类教材,也有实践类教材,注重理论与实践相结合。

(5) 根据学科建设和教学需要,优先出版多媒体、融媒体的新形态教材。

(6) 紧跟科学技术的新发展,及时更新版本。

为了保证出版质量,满足教学需要,我们坚持"成熟一本,出版一本"的出版原则。在每本书的编写过程中,除作者积累的大量素材,还力求将智能科学与技术/人工智能领域

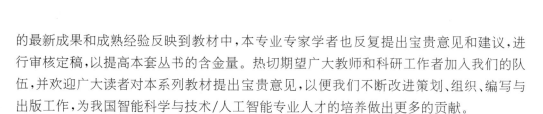

的最新成果和成熟经验反映到教材中,本专业专家学者也反复提出宝贵意见和建议,进行审核定稿,以提高本套丛书的含金量。热切期望广大教师和科研工作者加入我们的队伍,并欢迎广大读者对本系列教材提出宝贵意见,以便我们不断改进策划、组织、编写与出版工作,为我国智能科学与技术/人工智能专业人才的培养做出更多的贡献。

我们的联系方式是:

联系人:贾斌

联系电话:010-83470193

电子邮件:jiab@tup.tsinghua.edu.cn。

清华大学出版社

2020 年夏

总　序

　　以智慧地球、智能驾驶、智慧城市为代表的人工智能技术与应用迎来了新的发展热潮，世界主要发达国家和我国都制定了人工智能国家发展规划，人工智能现已成为世界科技竞争新的制高点。智能科技/人工智能的发展也面临新的挑战，首先是其理论基础有待进一步夯实，其次是其技术体系有待进一步完善。抓基础、抓教材、抓人才，稳妥推进智能科技的发展，已成为教育界、科技界的广泛共识。我国高校也积极行动、快速响应，陆续开设了智能科学与技术、人工智能、大数据等专业方向。截至 2020 年底，全国共有超过 400 所高校获批智能科学与技术或人工智能本科专业，面向人工智能的本、硕、博人才培养体系正在形成。

　　教材乃教育之基础。2013 年 10 月，"高等学校智能科学与技术/人工智能专业教材"第一届编委会成立。编委会在深入分析我国智能科学与技术专业教学计划和课程设置的基础上，重点规划了《机器智能》等核心课程教材。南京大学、西安电子科技大学、西安交通大学等高校陆续出版了人工智能专业教育培养体系、本科专业知识体系与课程设置等相关的专著，为相关高校开展全方位、立体化的智能科技人才培养起到了示范作用。

　　2019 年 10 月，第二届(本届)编委会成立。在第一届编委会教材规划工作的基础上，编委会通过对斯坦福大学、麻省理工学院、加州大学伯克利分校、卡内基-梅隆大学、牛津大学、剑桥大学、东京大学等国外高校和国内高校人工智能相关的课程和教材的跟踪调研，进一步丰富和完善了本套专业教材。同时，本届编委会继续推进专业知识结构和课程体系的研究及教材的出版工作，期望编写出更具创新性和专业性的系列教材。

　　智能科学技术正处在迅速发展和不断创新的阶段，其综合性和交叉性特征鲜明，因而其人才培养宜分层次、分类型，且要与时俱进。本套教材既注重学科的交叉融合，又兼顾不同学校、不同类型人才培养的需要，既有强化理论基础的，也有强化应用实践的。编委会为此将系列教材分为基础理论、实验实践和创新应用三大类，并按照课程体系将其分为数学与物理基础课程、计算机与电子信息基础课程、专业基础课程、专业实验课程、专业选修课程和"智能＋"课程。该规划得到了相关专业的院校骨干教师的积极响应，不少教师/学者也开始组织编写各具特色的专业课程教材。

　　编委会希望，本套教材的编写，在取材范围上要符合人才培养定位和课程要求，体现学科交叉融合；在内容上要强调体系性、开放性和前瞻性，并注重理论和实践的结合；在章节安排上要遵循知识体系逻辑及其认知规律；在叙述方式上要能激发读者兴趣，引导读者积极思考；在文字风格上要规范严谨，语言格调要力求亲和、清新、简练。

　　编委会相信，通过广大教师/学者的共同努力，编写好本套专业教材，可以更好地满足高等学校智能科学与技术/人工智能专业的教学需要，更高质量地培养智能科技专业人才。饮水思源。在高等学校智能科学与技术/人工智能专业教材陆续出版之际，我们对为此做出贡献的有关单位、学术团体、教师/专家表示崇高的敬意和衷心的感谢。

　　感谢中国人工智能学会及其教育工作委员会对推动设立我国高校智能科学与技术本科专业所做的积极努力；感谢清华大学、北京大学、南京大学、西安电子科技大学、北京邮电大学、南开大学等高校，以及华为、百度、腾讯等企业为发展智能科学与技术/人工智能专业所做的实实在在的贡献。

　　特别感谢清华大学出版社对本系列教材的编辑、出版、发行给予高度重视和大力支持。清华大学出版社主动与中国人工智能学会教育工作委员会开展合作，并组织和支持了本套专业教材的策划、编审委员会的组建和日常工作。

　　编委会真诚希望，本套教材的出版不仅对我国高等学校智能科学与技术/人工智能专业的学科建设和人才培养发挥积极的作用，还将对世界智能科学与技术的研究与教育做出积极的贡献。

　　由于编委会对智能科学与技术的认识、认知的局限，本套教材难免存在错误和不足，恳切希望广大读者对本套教材存在的问题提出意见和建议，帮助我们不断改进，不断完善。

高等学校智能科学与技术/人工智能专业教材编委会主任

2020 年 12 月

序 一

人工智能快速发展的浪潮进一步加剧了全球范围内的科技竞争。加快新一代人工智能发展不仅是关乎我国能否抓住新一轮科技和产业变革机遇的战略性问题，更是我国赢得全球科技竞争主动权的重要战略抓手。科技的竞争归根到底是人才的竞争，培养大批高素质的人工智能产业专业人才，已成为我国教育领域的重大任务。

当前，我国重视拓展深化人工智能应用和人才培养的决心前所未有。2017年，国务院发布的《新一代人工智能发展规划》中明确提出要完善人工智能领域学科布局，实施全民智能教育项目；2018年，《教育信息化2.0行动计划》强调通过大数据采集与分析，将人工智能切实融入实践教学环境中；2019年，中央深化改革委员会明确提出要促进人工智能和实体经济深度融合，要求不断探索人工智能创新成果应用转化的路径和方法；2020年，各地方陆续推出人工智能实践应用平台和项目，推动人工智能在各个领域的协同创新实践。要高效、高质量地实现上述目标，建立健全人工智能生态体系，大力发展人工智能教育是必由之路。

人工智能的初心是"用机器模拟人的意识和思维"，包括专家系统、机器学习、进化计算、计算机视觉、自然语言处理、推荐系统等，都是目前人工智能的研究内容。2001年华纳兄弟拍摄的未来派科幻电影《人工智能》，讲述21世纪中期一个小机器人为了缩短机器人和人类的差距而奋斗的故事，20余年后的今天，电影中对未来科技的期待正在逐渐变为现实。使机器更"智能"的重要方法和途径就是机器学习。与传统的为解决某个特定任务硬编码的软件程序不同，机器学习通过大量数据来进行训练，用算法来解析数据、从中学习，再对真实世界中的事件做出决策和预测。

不具备学习能力的智能系统很难称得上是一个真正的智能系统，以往所谓的"智能系统"普遍缺乏学习能力，遇到错误无法自我校正，无法通过经验改善自身的性能，它们的推理仅限于演绎而缺少归纳和类比。随着人工智能的深入发展，这些局限表现得愈加突出。正是在这种情形下，机器学习逐渐成为人工智能研究的核心之一。

在国家有关政策的推动下，我国人工智能人才培养的规模不断扩大，人工智能教育的实践应用成为备受关注的问题。近年来，以百度为"头雁"的中国人工智能平台型公司迅速发展，凭借飞桨（PaddlePaddle）开源平台，百度成为继谷歌、Meta、IBM后第四家将AI技术开源的公司。作为我国首个开源开放、功能完备的产业级深度学习平台，飞桨目前支持140多个产业及开源算法，累计开发者约230万名，服务企业约9万家，基于飞桨开源的深度学习平台产生了31万个模型，在城市、工业、电力、通信等很多关乎国计民生

的领域都有飞桨在发挥作用。本教材的内容基于飞桨强大丰富的开发案例，以实践应用场景更直观、具象地呈现机器学习的相关知识体系，非常适合人工智能学习者阅读学习和应用实践。

　　本教材丰富了我国人工智能教材资源，弥补了课程实践的不足，使人工智能人才培养理论学习与实践应用更紧密地结合，必将为中国人工智能人才培养做出贡献。

中国工程院院士、北京航空航天大学教授

序　二

　　AI时代,我们需要怎样的人工智能高等教育?这几年,大家可能已有这样一种感受:不知不觉中,人工智能已席卷我们身边的每个角落,大到社会经济发展与产业升级,小到一个人的衣食住行,都能看到其汹涌澎湃的力量。2018年,麦肯锡全球研究院的一项模拟显示,到2030年大约70%的公司将采用至少一种人工智能;同时人工智能可能带来13万亿美元的额外全球经济活动,其对经济增长的贡献与引进蒸汽机等其他变革性技术不相上下。

　　今天,借助机器学习等人工智能技术,工厂里的机器能自动识别产品瑕疵,农田中的智能系统能精准估算农药的使用量,银行系统的智能客服能24小时不间断地为客户答疑解惑,电商平台能更加精准地为客户推荐他们可能喜欢的商品。而将技术从实验室带进现实,使其在各行各业真正创造价值,离不开一群"技术信徒"的勇气与智慧。人才,特别是既有深厚理论知识又有丰富实践经验并且相信技术能够改变世界的人才,在这个时代显得尤为重要。

　　作为我国人工智能发展的后备军,高校学子一直凝聚着社会各界的目光。因此,如何做好人工智能的高等教育,让这些未来的"技术信徒"兼具专业知识与实践能力成了产学界普遍关注的议题。而产业界将自己的技术、产业实践优势反哺高校人才培养,将开启AI人才培养的"加速度"。

　　教材乃教育基础之基础。由于人工智能等智能科学技术具有综合性和交叉性的特点,在教材编写上更要符合人才培养定位和课程要求,体现学科交叉融合,同时还要强调体系性、开放性和前瞻性,并注重理论和实践的结合。

　　机器学习作为人工智能的一个重要子集,是学术与产业界的热门话题。业界普遍认为,机器学习的处理系统和算法主要是通过找出数据里隐藏的模式进而做出预测的识别模式。而深度学习则是机器学习的子集,它使得机器学习能够实现众多应用,是当今人工智能大爆炸的核心驱动。在过去的几年里,包括深度学习在内的机器学习改变了整个人工智能的发展,在金融、自动驾驶、医疗、零售和制造等行业产生了重要影响。

　　本教材由清华大学出版社与百度联合出版,百度在深度学习方面起步比较早、落地广泛,2013年成立了全球第一家专注于深度学习研究的内部机构——百度深度学习研究院。2016年,百度开源了国内首个自主可控、开源开放、功能完备的产业级深度学习平台飞桨,逐渐得到国内开发者的普遍使用,目前开发者数量超过265万。本教材基于飞桨丰富的开发案例,以真实的应用场景、用户需求、落地难点更直观具象地呈现机器学习的

知识体系,非常适合学习者反复阅读研究,并可帮助其充分掌握技术内核和实战技能。

加快推进人工智能落地,推进校企合作是必不可少的一步。希望本教材的出版能带动高校人工智能学科建设与人才培养进一步发展,打造产教融合示范典型,未来在一批批新"技术信徒"的推动下,我们能看到更多人工智能从设想到现实,从实验室到亿万用户的春华秋实。

中国工程院院士、清华大学教授

序　三

作为引领新一轮科技革命和产业变革的战略性技术，人工智能快速发展，呈现标准化、自动化和模块化的工业大生产特征，与各行各业深度融合，推动经济、社会和人们的生产生活向智能化转变。在新的发展阶段，我国提出创新驱动发展战略，努力实现高水平科技自立自强。在新发展理念指引下，加快发展新一代人工智能，把科技竞争的主动权牢牢掌握在我们自己手里。一方面，增强原始创新能力，取得关键核心技术的颠覆性突破；另一方面，围绕经济社会发展需求，强化科技应用的创新能力，推进人工智能技术产业化，形成科技创新和产业应用互相促进的良性循环。

新发展阶段呼唤新型人才。我们需要既掌握人工智能技术，又具有行业洞察和产业实践经验的复合型人才。以制造业为例，产业需要的人才，在熟悉人工智能技术的基础上，能够深入理解制造业各细分场景的生产特点、流程、工艺和运营方式等，将技术更好地与产业融合，提出创新、高效、落地性强的解决方案。技术只有切实解决了产业痛点，才能带动产业的智能化升级。

培养既有技术素养，又有产业经验的复合型人才，需要产学研各方通力合作，充分发挥各自优势。近年来高校陆续开设人工智能专业，加大人工智能人才培养力度，同时与产业界的合作也越来越紧密，共同研发面向产业真实需求的技术和应用。产学研协同创新的环境为复合型人才培养提供了肥沃的土壤和宽广的实践空间。本教材在阐述理论知识的同时，实践应用部分采用深度学习开源开放平台飞桨，通过大量实践案例，通俗易懂地讲解理论知识，帮助读者快速入门；通过真实案例的实操验证，帮助读者检验对相关知识点的理解和掌握。

培养复合型人才，既是当前的时势使然，更是主动把握未来，赢得长远发展的"先手棋"。希望伴随着数字化、智能化的浪潮，本教材能够帮助越来越多的读者、从业者成为加速数字经济发展、实现我国高水平科技自立自强的中坚力量。

王海峰

百度首席技术官

前 言

F O R E W O R D

机器学习是人工智能的重要分支,也是实现人工智能各领域应用的关键方法。了解机器学习是必要的,是迈进人工智能殿堂的第一步。本书就是为那些想要进入机器学习领域的人准备的,不管你是初学者还是已经有一定基础的人,本书都将帮助你更好地理解和应用机器学习。

在内容上,本书通过简洁明了的语言和详细的实践案例解析,帮助读者掌握机器学习的基本概念和技能。在书中,读者将学到 Python 基础、机器学习常用算法以及深度学习的基本应用等机器学习的原理和应用场景,并通过实现代码了解算法的具体实现过程。对于深度学习案例,本书采用百度开源的 PaddlePaddle 深度学习框架(飞桨)实现,能够拓宽读者在机器学习领域的认识。

本书包含 7 章内容,内容的安排循序渐进。

第 1 章介绍 Python 基础知识以辅助后续机器学习实践的学习。通过对九九乘法表、抽奖系统等实践的解析,即使是初学者也可以快速掌握 Python 的使用。

第 2 章讲解数据爬取与分析。在当今的大数据时代,数据的收集和分析是一项重要的工作,通过本章,读者可以了解网络数据获取、处理及可视化的相关方法。

第 3 章讲解机器学习基础,涉及机器学习的常用算法,例如回归算法、分类算法以及聚类算法等,并应用在不同的数据集和任务之上,可以让读者了解机器学习的整体流程。

第 4 章讲解神经网络基础。深度学习是机器学习的一个分支,对于实现人工智能,发挥着重要作用,其来源于人工神经网络的研究。通过本章,读者可以掌握深度学习的基础结构。

第 5 章讲解计算机视觉基础。要想深入研究机器学习,需要了解机器学习在不同领域的应用,计算机视觉作为一个重要的分支领域,主要针对图像、视频等模态的技术方法,并涉及多个领域。通过本章的案例,读者可以了解机器学习在分类、检测和分割等领域的典型应用。

第 6 章讲解自然语言处理基础。自然语言处理是另一个重要的分支领域,主要针对文本等类型的自然语言。通过本章的案例,读者可以了解机器学习在情感分类、机器翻译等领域的典型应用。

第 7 章讲解深度学习前沿应用,主要涉及文字识别、数字生成、主题分类等领域。通过本章,读者可以深入了解并掌握机器学习的基本技能。

本书采用理论和实践相结合的方式,大量的案例解析均源自于在机器学习领域的实用性经验。我们相信,通过阅读本书,读者在获得愉悦的同时,可以快速掌握机器学习的核心概念和技能,并在实际应用中取得更好的成果。

扫码即可下载本书的源代码及数据:

编　者

2023 年 8 月

目　录

C O N T E N T S

第1章　Python 基础实践

Python 是一门面向对象的脚本语言，使用时无须编译，因此也称作解释性语言，其结构简单，语法规则明确，关键词定义较少，非常适合编程初学者。Python 拥有丰富的内置库函数，对于处理网络、文件、GUI、数据库、文本等十分便捷，同时支持大量第三方库，比如最常用的用于科学计算的 NumPy、SciPy 等库，为科研工作者提供了非常简洁、高效的开发平台。Python 作为当下最流行的语言之一，有着易于维护、跨平台移植、可嵌入等独特优势，使其在人工智能领域备受推崇。

1.1　实践一：九九乘法表

九九乘法表

在本节实践中，我们将通过编写 Python 程序来实现九九乘法表的打印输出。我们首先定义 multip_table() 函数实现打印九九乘法表的功能。该函数主要通过两层 for 循环来控制乘法表的生成和打印，外层 for 循环用于控制 1 至 9 范围内的整数，即控制乘数；内层 for 循环用于控制 1 至 i 范围内的整数，即控制被乘数。

本节实践的平台为 AI Studio，该平台是基于百度深度学习平台——飞桨的人工智能学习与实训社区，提供在线编程环境、免费 GPU 算力、海量开源算法和开放数据，帮助开发者快速创建和部署模型。实践环境为 Python 3.7。下面介绍如何通过 Python 编程的方式实现九九乘法表。

```
# 函数功能:打印九九乘法表
def multip_table():
    s = ''
    for i in range(1,10):                               # 1-9 范围的整数
        for j in range(1,i+1):                          # 1-i 范围内的整数
            s += '{} * {} = {}'.format(i,j,i * j) + " "  # 计算一次乘积,并且添加到整体的乘
                                                         #   法表字符串中
        s += '\n'                                        # 计算完 i 的乘法项,输出要换行
    return s                                             # 以字符串的方式返回乘法表
```

在 Python 中，range() 函数可以用于创建一个整数列表，经常在 for 循环中使用。str.format() 是 Python 中用于格式化字符串的函数，它可以让使用者在 Python 中方便地使字符串按照某种格式进行输出。

以上是函数的定义部分，接下来调用我们定义好的函数生成乘法表并进行输出打印。代码和运行结果如下所示。

```
if __name__ == '__main__':          # python 主函数解释执行的入口
    s = multip_table()              # 调用产生乘法表的函数
```

```
print(s)                                    # 打印函数返回值,即乘法表
```

运行结果如下：

```
1 * 1 = 1
2 * 1 = 2 2 * 2 = 4
3 * 1 = 3 3 * 2 = 6 3 * 3 = 9
4 * 1 = 4 4 * 2 = 8 4 * 3 = 12 4 * 4 = 16
5 * 1 = 5 5 * 2 = 10 5 * 3 = 15 5 * 4 = 20 5 * 5 = 25
6 * 1 = 6 6 * 2 = 12 6 * 3 = 18 6 * 4 = 24 6 * 5 = 30 6 * 6 = 36
7 * 1 = 7 7 * 2 = 14 7 * 3 = 21 7 * 4 = 28 7 * 5 = 35 7 * 6 = 42 7 * 7 = 49
8 * 1 = 8 8 * 2 = 16 8 * 3 = 24 8 * 4 = 32 8 * 5 = 40 8 * 6 = 48 8 * 7 = 56 8 * 8 = 64
9 * 1 = 9 9 * 2 = 18 9 * 3 = 27 9 * 4 = 36 9 * 5 = 45 9 * 6 = 54 9 * 7 = 63 9 * 8 = 72 9 * 9 = 81
```

1.2　实践二：抽奖系统

抽奖系统

本节实践的主要任务是通过程序实现简单的抽奖系统。区别于实践一使用的 for 循环，在本节，我们主要通过 while 循环来实现。对于抽奖功能来说，重点在于调用 Python 代码中的 random 模块，其是经常会被用于生成随机数的模块。其中包含很多函数功能，例如：

（1）random.random()用于生成一个[0,1)的随机浮点数。

（2）random.uniform(a, b)用于生成一个指定范围内的随机浮点数，对于其中的两个参数，一个是上限，一个是下限，位置可以互换。

（3）random.randint(a, b)用于生成一个指定范围内的整数。其中，参数 a 是下限，参数 b 是上限。a,b 必须为整数。

（4）random.choice(s)用于从序列中获取一个随机元素，参数 s 表示一个有序类型，例如列表、元组以及字符串等。

（5）random.shuffle(x, [random])用于将一个列表中的元素打乱，也就是将列表中的元素随机排列。

在本节实践中，我们主要应用了 random.choice(s) 函数实现随机数的选择。我们首先定义 lottery(dict1,l1)函数，其中 dict1 是字典类型，字典的 key 为传入的抽奖人员的 id 或名字，字典的 value 为其抽取到的随机号码。l1 为奖池中的所有抽奖号码。在函数内部，我们定义了一等奖、二等奖以及三等奖的中奖规则，当抽取到能够被 2 和 3 同时整除的号码时中得一等奖，当抽取到能够被 5 整除的号码时中得二等奖，当抽取到能够被 3 整除的号码时中得三等奖，抽取到其余号码时为未中奖。我们保存了所有的中奖号码，并最终和相应抽奖人员的 id 或名字进行对应并打印输出抽奖结果。

本节实践的平台为 AI Studio，实践环境为 Python 3.7。

```
import random
def lottery(dict1, l1):
    print("抽奖号码是:", l1)
    # 用来储存中奖号码
    l_first = []
    l_second = []
    l_third = []
```

```
# 用来储存未中奖号码
l_no = []

print('***** 抽奖系统运行中 *****')
while len(l1) > 0:
    result = random.choice(l1)                                    # 随机抽取中奖号码
    if result in l1 and result % 2 == 0 and result % 3 == 0:      # 设置一等奖中奖规则
        print("\t 号码{}中了一等奖!".format(result))
        l1.remove(result)
        l_first.append(result)
    elif result % 5 == 0:                                          # 设置二等奖中奖规则
        print("\t 号码{}中了二等奖!".format(result))
        l1.remove(result)
        l_second.append(result)
    elif result % 3 == 0:                                          # 设置三等奖中奖规则
        print("\t 号码{}中了三等奖!".format(result))
        l1.remove(result)
        l_third.append(result)
    elif result % 2 != 0 or result % 3 != 0 or result % 5 != 0:
        print("\t 抱歉,号码{}未中奖!".format(result))
        l1.remove(result)
        l_no.append(result)
print('***** 抽奖结束啦 *****')
person_first = []
person_second = []
person_third = []
for key, value in dict1.items():
    if value in l_first:
        person_first.append(key)
    elif value in l_second:
        person_second.append(key)
    elif value in l_third:
        person_third.append(key)
print("恭喜这些人中了一等奖!", person_first)
print("恭喜这些人中了二等奖!", person_second)
print("恭喜这些人中了三等奖!", person_third)
```

以上是函数的定义部分,接下来调用我们定义好的函数完成实际的抽奖功能。

```
# 以 10 个人抽奖作为示例
dict_ = {}
dict_ = dict_.fromkeys(["p0", "p1", "p2", "p3", "p4", "p5", "p6", "p7", "p8", "p9"])
l1 = list(range(0, 10))
for key, value in dict_.items():
    tmp = random.choice(l1)
    dict_[key] = tmp
    l1.remove(tmp)

print(dict_)
# key 为人的 id,value 为抽取的号码

l1 = list(range(0, 10))                                           # 所有的参与抽奖的号码列表
lottery(dict_, l1)
```

在上述代码中，我们以 10 个人抽奖作为示例，抽奖人员的 id 为：["p0"，"p1"，"p2"，"p3"，"p4"，"p5"，"p6"，"p7"，"p8"，"p9"]，之后我们调用 random.choice() 函数选择其抽取到的号码，并定义奖池中的号码列表。最终调用函数，运行结果如图 1-2-1 所示。

```
{'p0': 1, 'p1': 3, 'p2': 9, 'p3': 6, 'p4': 7, 'p5': 0, 'p6': 8, 'p7': 4, 'p8': 2, 'p9': 5}
抽奖号码是: [0, 1, 2, 3, 4, 5, 6, 7, 8, 9]
*****抽奖系统运行中*****
        抱歉，号码1未中奖！
        抱歉，号码7未中奖！
        号码6中了一等奖！
        号码0中了一等奖！
        抱歉，号码4未中奖！
        抱歉，号码8未中奖！
        号码9中了三等奖！
        抱歉，号码2未中奖！
        号码3中了三等奖！
        号码5中了二等奖！
*****抽奖结束啦*****
恭喜这些人中了一等奖! ['p3', 'p5']
恭喜这些人中了二等奖! ['p9']
恭喜这些人中了三等奖! ['p1', 'p2']
```

图 1-2-1　抽奖系统的运行结果

由此，我们可以看出，本节编写的代码成功地实现了简单的抽奖功能。

1.3　实践三：批量文件遍历、复制、重命名

批量文件遍历、复制、重命名

在现实场景中，通常需要处理大量的数据，这些数据通常以文件的形式单个存储于文件系统中，比如，在处理计算机视觉领域的计算任务时，每张图片都是一个单独的文件。对批量数据文件进行空间占用、类型等分析以及文件复制、重命名等处理是十分必要的，其可以加深使用者对数据的了解，进而在处理数据时能合理地分配资源。具体来说，批量文件遍历可以实现对文件夹下的大规模数据进行数据类型及占用存储空间的统计。批量文件复制通过文件副本的创建可以避免对原始文件的误修改。批量文件重命名可以方便后续对文件的规范化处理。

本节实践的平台为 AI Studio，实践环境为 Python 3.7。具体步骤如下。

步骤 1：数据准备

为模拟"批量"文件，首先需要准备一个包含有大规模文件的数据包，然后在该数据包上进行后续处理。为方便演示，本书使用计算机视觉领域中开源的网络数据集：斑马线检测数据集及昆虫数据集，进行后续实践，执行!tree -L 2 ./data/ 命令，可以展示两数据集解压在平台工作空间的位置。

```
./data/
├── data19638
│   └── insects.zip                          # 昆虫数据集
└── data55217
    └── Zebra.zip                            # 斑马线检测数据集
```

引用的数据集为压缩包的格式（ * .zip），因此需要将其解压至当前的工作空间中。为实现自动解压，我们提供解压函数 unzip_data(src_path，target_path)，参数为待解压的文件与

将要解压到的文件夹名称。之后调用定义好的解压函数,分别将两个数据集进行解压。

```
import zipfile
# 定义解压函数
def unzip_data(src_path,target_path):
    # 将 src_path 路径下的 zip 包解压至 target_path 目录下
    If not os.path.isdir(target_path):
        z = zipfile.ZipFile(src_path, 'r')
        z.extractall(path = target_path)
        z.close()
# 调用解压函数
unzip_data('data/data19638/insects.zip', 'data/data19638/insects')
unzip_data('data/data55217/Zebra.zip', 'data/data55217/Zebra')
```

解压后的目录结构为如下格式(由于空间限制,未列出更加详细的下级目录内容)。

```
./data/
├── data19638
│   ├── insects
│   │   └── insects
│   └── insects.zip
└── data55217
    ├── Zebra
    │   ├── others
    │   └── zebra crossing
    └── Zebra.zip
```

步骤 2:实现批量文件的类型与存储空间统计

步骤 1 中已经准备好了"批量"的图片文件,下面实现通过给定目录,统计所有的不同子文件类型及占用存储空间大小的功能。为了实现代码的可复用及模块化,首先,定义一个专门用于实现类型与存储空间统计的函数。其中,os.path.join()函数将参数拼接为路径格式;os.path.isdir()函数判断一个路径是否为文件夹;os.path.isfile()函数判断路径是否为文件;os.path.getsize()函数返回路径占用空间的大小。

```
# 定义全局变量
size_dict = {}                      # 记录各类型数据占用存储空间大小
type_dict = {}                      # 记录各类型数据的数量
def get_size_type(path):
    files = os.listdir(path)
    for filename in files:
        temp_path = os.path.join(path, filename)
        if os.path.isdir(temp_path):
            # 递归调用函数,实现深度文件名解析
            get_size_type(temp_path)
        elif os.path.isfile(temp_path):
            # 获取文件后缀
            type_name = os.path.splitext(temp_path)[1]
            # 无后缀名的文件
            if not type_name:
                type_dict.setdefault("None", 0)
                type_dict["None"] += 1
                size_dict.setdefault("None", 0)
```

```
                    size_dict["None"] += os.path.getsize(temp_path)
          # 有后缀名的文件
          else:
                    type_dict.setdefault(type_name, 0)
                    type_dict[type_name] += 1
                    size_dict.setdefault(type_name, 0)
                    # 获取文件大小
                    size_dict[type_name] += os.path.getsize(temp_path)
```

调用上述函数实现，对步骤 1 中的文件进行统计。

```
path = "data/"
get_size_type(path)
for each_type in type_dict.keys():
print ("%5s 下共有【%5s】的文件【%4d】个，占用内存【%6.2f】MB" %
        (path, each_type, type_dict[each_type],\
        size_dict[each_type]/(1024 * 1024)))
print("总文件数：【%d】" % (sum(type_dict.values())))
print("总内存大小：【%.2f】GB" % (sum(size_dict.values())/(1024 ** 3)))
```

输出结果如下所示：

```
data/data19638/insects/insects/val/images 下共有【.jpeg】的文件【2428】个，占用内存【1351.81】MB
data/data19638/insects/insects/val/images 下共有【.xml】的文件【1938】个，占用内存【3.25】MB
data/data19638/insects/insects/val/images 下共有【.zip】的文件【2】个，占用内存【1182.19】MB
data/data19638/insects/insects/val/images 下共有【.png】的文件【442】个，占用内存【1.88】MB
总文件数：【4810】
总内存大小：【2.48】GB
```

步骤 3：实现批量文件的复制

在此步骤中，为了防止后续的处理操作对原始文件造成不可逆的修改，我们需对原始文件进行复制。此处以 insects 数据集下的 val 目录中的 images 文件夹为例进行相关代码的展示和输出。为了实现代码的可复用及模块化，先定义一个专门用于实现文件复制的函数。其中，os. makedirs()以递归的方式创建文件夹，是 os. mkdir 的升级版本。在这里首先创建 images_copy 的目标文件夹。如果想要创建的目录已经存在，设置 exist_ok＝True，就不会引发 FileExistsError。os. walk()主要用来扫描某个指定目录下所包含的子目录和文件。shutil. copy()函数实现文件复制的功能，将源文件复制到目标文件夹中，两个参数都是字符串的格式。如果目标路径是一个文件名称，那么它会被用来当作复制后的文件名称，即等于实现"复制以及重命名"的功能。

```
# 将 path 目录下所有 jpg 文件复制到 target_path
def file_copy(path, target_path):
    '''
    root 所指的是当前正在遍历的这个文件夹的本身的地址
    dirs 是一个 list，内容是该文件夹中所有的目录的名字(不包括子目录)
    files 同样是 list，内容是该文件夹中所有的文件名(不包括子目录)
    '''
    os.makedirs(target_path, exist_ok = True) # 创建目标文件夹
    for root, dirs, files in os.walk(path):
        for fn in files:
            if fn.endswith('.jpeg'):                    # 若文件名结尾是以 jpg 结尾，则复制到新文件夹
```

```
        li = (os.path.join(root, fn))              # list 是 jpg 文件的全路径
        shutil.copy(li, os.path.join(target_path, fn))    # 将 jpg 文件复制到新文件夹
```

调用上述函数实现对文件的复制。

```
path = "data/data19638/insects/insects/val/images"
target_path = "data/data19638/insects/insects/val/images_copy"
file_copy(path, target_path)
```

由此,原始 images 目录下的文件已经成功地复制到了新创建的目录 images_copy 下。

步骤 4：实现批量文件的重命名

步骤 3 中已经对原始文件进行了批量的复制操作,下面实现对目录 images_copy 下的文件的重命名,对原始文件名增加"_new"的后缀。在此步骤中,首先需要遍历目录 images_copy 下的所有文件,之后调用 os.rename() 函数。该函数用于重命名文件或目录,需要传入原始文件路径和对文件或目录名称更改后的目标路径,如果目标文件路径是一个存在的目录,则会抛出 OSError。

```
# 批量文件重命名
path = "data/data19638/insects/insects/val/images_copy"
files = os.listdir(path)
for fn in files:
    n, ext = os.path.splitext(fn)
    old_path = os.path.join(path, fn)
    new_path = os.path.join(path, n + '_new' + ext)
    # 对原始文件增加"_new"后缀名
    os.rename(old_path, new_path)
```

通过以上代码,可以看到,使用 os.rename() 函数可以实现对文件名的修改。修改后的文件名如图 1-3-1 所示。

⌂ > ... > val > images_copy

🗋 2505_new.jpeg

🗋 2556_new.jpeg

🗋 2590_new.jpeg

🗋 2259_new.jpeg

🗋 2706_new.jpeg

图 1-3-1　批量文件的重命名的结果

1.4　实践四：数据统计分析及可视化

本节实践我们主要通过调用 Python 的内置库函数 Matplotlib 实现波士顿房价数据集其特征的统计分析。Matplotlib 是一个功能非常强大的 Python 绘图库,通常与 NumPy 和 SciPy 库函数一起使用,可以绘制散点图、折线图、条形图、柱状图、饼图甚至是 3D 图形等。对于数据集的导入,使用 Sklearn(Scikit-learn)库函数,其是用于机器学习任务的经典库函数,涵盖了包括分类、回归、聚类、降维等大部分的主流机器学习算法以及各类常见的数据集,能够很方便地实现特征提取、数据处理和模型预测与评估等任务。本节实践的平台为 AI Studio,实践环境为 Python 3.7。

首先导入波士顿房价数据集(图 1-4-1)并打印所有的特征信息。

```
# 导入波士顿房价数据
housing = datasets.load_boston()
housing.feature_names                  # 所有的特征名称
```

输出结果如下所示：

数据统计分析及可视化

```
array(['CRIM', 'ZN', 'INDUS', 'CHAS', 'NOX', 'RM', 'AGE', 'DIS', 'RAD',
       'TAX', 'PTRATIO', 'B', 'LSTAT'], dtype = '< U7')
```

序号	犯罪率	住宅比例	非住宅比例	是否河道	环保指数	房间数	自住比例	就业中心距离	高速可达性	物业税	学生教师比	黑人比例	人口状况下降比
0	0.00632	18.0	2.31	0.0	0.538	6.575	65.2	4.0900	1.0	296.0	15.3	396.90	4.98
1	0.02731	0.0	7.07	0.0	0.469	6.421	78.9	4.9671	2.0	242.0	17.8	396.90	9.14
2	0.02729	0.0	7.07	0.0	0.469	7.185	61.1	4.9671	2.0	242.0	17.8	392.83	4.03
3	0.03237	0.0	2.18	0.0	0.458	6.998	45.8	6.0622	3.0	222.0	18.7	394.63	2.94
4	0.06905	0.0	2.18	0.0	0.458	7.147	54.2	6.0622	3.0	222.0	18.7	396.90	5.33

图 1-4-1　波士顿房价数据集

然后，为了方便后续的处理，列出所有特征信息的中文名称。

housing. feature_names = ['犯罪率', '住宅比例', '非住宅比例', '是否河道', '环保指数', '房间数', '自住比例', '就业中心距离', '高速可达性', '物业税', '学生教师比', '黑人比例', '人口状况下降比']

housing. data 用于获取样本数据，housing. target 用于获取目标变量，即房价值标签，打印二者的 shape。

```
print(housing. data. shape)
print(housing. target. shape)
```

输出结果如下所示：

```
(506, 13)
(506,)
```

通过以上的代码和输出可以看到，使用 sklearn. datasets. load_boston 就可以实现波士顿房价数据集的加载。该数据集本质为一个回归问题，共有 506 条样本数据，每条样本数据包含 13 个特征变量和 1 个目标变量（房价值）。特征变量包含房屋及房屋周围的详细信息，其中包含城镇人均犯罪率、住宅平均房间数、到波士顿五个中心区域的加权距离以及自住房平均房价等信息。

之后调用 Pandas 库函数，将特征信息封装到 DataFrame 中以更清晰地查看数据集的格式。在 Python 中，Pandas 库函数提供了高性能、易于使用的数据结构和数据分析工具。其具有的主要数据结构是 DataFrame 和 Series。Series 是一维的结构，可以保存一维数组。DataFrame 是一个表格型的数据结构，含有一组有序的列，每列可以是一个不同的值类型，类似于 Excel，可以看成是内存中的二维表格。

```
import pandas as pd
house =  pd. DataFrame(housing. data, columns = housing. feature_names)
house. head()
```

接下来针对房价预测数据集的 13 种特征信息部分和房价标签值的关系进行统计分析及可视化。在此部分，主要调用 Matplotlib 库函数中的 scatter 函数实现散点图的绘制。为了更清晰地展示，首先导入字体设置类实现中文字体的展示，我们也将用于显示中文字体的 simhei 黑体添加到了 work 目录下以实现调用，然后进行画布的设置，包括画布大小以及坐标轴相关的设置。

```
from matplotlib. font_manager import FontProperties          # 导入 FontProperties
# 获取特征及房价标签
```

```
train_x = housing.data
train_y = housing.target

plt.rcParams['axes.unicode_minus'] = False

# 设置 13 个特征属性的散点图的标题
titles = housing.feature_names

plt.figure(figsize = (10, 10))                               # 画布大小
font = FontProperties(fname = "work/simhei.ttf", size = 14) # 设置中文显示的字体

for i in range(13):                                          # 13 个特征信息
    plt.subplot(5, 5, (i + 1))
    # 绘制散点图
    plt.scatter(train_x[:, i], train_y, s = 10, color = "green", marker = ".")
    plt.xlabel(titles[i], fontproperties = font)
    plt.ylabel("房价", fontproperties = font)
    plt.title(str(i + 1) + "." + titles[i], fontproperties = font)
plt.tight_layout()

plt.rcParams['figure.figsize'] = (10.0, 10.0)

plt.suptitle("特征信息与房价标签的关系", x = 0.5, y = 1.0, fontsize = 15, fontproperties = font)
plt.show()
```

输出结果如图 1-4-2 所示。由此通过简单的库函数的调用便实现了特征信息和房价标签之间的关系分析。

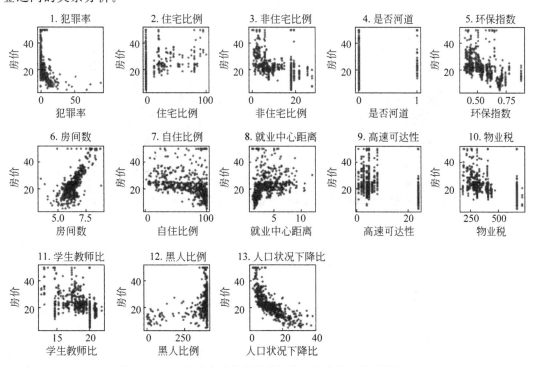

图 1-4-2　波士顿房价数据集特征信息和房价标签值的关系

图像直方
图统计

1.5 实践五：图像直方图统计

直方图是对数据频次统计的可视化展示，将统计结果分布于一系列预定义的 bins 中。图像直方图是用来绘制、分析图像中每个像素灰度值所出现次数的分布图，是图像中像素灰度值强度分布的图形表达方式。在图像中，亮度越暗，灰度值越小，图像直方图的集中取值区域越趋向于横轴的左半部分，而整体明亮的图像灰度值集中分布于右半部分。在计算机视觉领域，常常借助图像直方图实现图像的二值化，即将灰度值根据阈值设置为 0 或者 255，使图片呈现黑白效果，以此可得到一些图像中目标的轮廓。使用图像直方图来描述图像的特征时，使用的数据不仅仅可以是灰度值，也可能是任何有效描述图像的特征。

现在，本书使用图像的 R/G/B 三个通道的灰度值来构建图像直方图。本次实践的平台为 AI Studio，实践环境为 Python 3.7。

步骤 1：准备一张图像

以一张哪吒图像为例（图 1-5-1），进行后续直方图统计，直观上，该张图像的亮度较暗，因此在此刻可以推理出，该图像的直方图灰度值分布应该偏向于灰度值较低的区域，那么是否如此呢？

图 1-5-1 直方图统计的示例图像

步骤 2：绘制所有通道上整体的图像直方图

图像数据分为 R、G、B 三个通道，同一位置的三个通道灰度值构成一个该像素点的最终着色形式。该步骤将三个通道中的所有灰度值拉平后进行统计，例如，一张彩色图片的大小为 200×200，那么其拉平后的灰度值个数为 $3 \times 200 \times 200 = 120000$，在所有通道上整体的图像直方统计正是对这 120000 个灰度值在各个 bins 内出现的频次的刻画。直方图绘制方式有很多种，本节首先使用 Matplotlib 库中的函数进行绘制。

```
import cv2                                       ♯ OpenCV 库中拥有丰富的常用图像处理函数库
from matplotlib import pyplot as plt            ♯ Python 绘图库
img = cv2. imread('data/nezha.png',1)           ♯ 读取图片
plt.hist(img. reshape([-1]),256,[0,256]);      ♯ 绘制直方图
plt.show()                                       ♯ 显示图片
```

上述代码中,plt. hist()函数用来绘制直方图,将 x 轴[0,256)的区间划分为 256 个 bins,因此每个不同的灰度值均会落在不同的 bins 中。绘制结果如图 1-5-2 所示,可以看到, 灰度值的分布稍微偏左,说明了该图片的整体色调较暗。

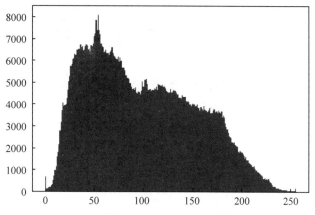

图 1-5-2　使用 Matplotlib 库进行直方图统计的结果

步骤 3:分别绘制三通道的直方图

上述直方图无法区分在不同通道上的图统计特性,现在使用一种新的方法分别展示不同通道上灰度值的分布特征。OpenCV 库提供了专门的用于图像像素值统计的函数:cv2. calcHist(images,channels,mask,histSize,ranges[,hist[,accumulate]])。其中,images 表示输入的图像;channels 表示要展示的通道;mask 为掩码,是一个大小和 images 一样的数组,其中把需要处理的部分指定为 1,不需要处理的部分指定为 0,一般设置为 None,表示处理整幅图像;histSize 表示使用多少个 bin 区间,一般为 256;ranges 为灰度值的范围,一般为[0,256),表示取值范围 0～255。

```
import cv2
from matplotlib import pyplot as plt
img = cv2. imread('data/nezha.png',1)
color = ('b','g','r')                    ♯ 分别用不同的颜色展示 B/G/R 三个通道的灰度值分布
for i,col in enumerate(color):
    histr = cv2.calcHist([img],[i],None,[256],[0,256])              ♯ 统计频次
    plt.plot(histr,color = col)   ♯ 为直观展示,此处使用折线图代替直方图
    plt.xlim([0,256])
plt.show()
```

绘制的三通道直方图结果如图 1-5-3 所示,从原始图片中可以看出,三原色中红色的部分在整张图片中是比较鲜明的,而下图中红色部分在 x 轴右侧要高于其他两色,解释了整体的图片风格基调。

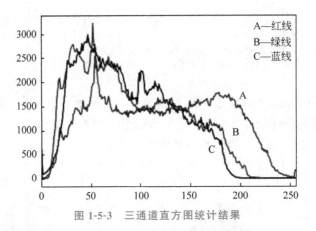

图 1-5-3   三通道直方图统计结果

上述调用了两种第三方库函数进行灰度值的统计，当然也可以手动实现一个统计函数实现上述直方图的展示，此处不再赘述。

第 2 章 数据爬取与分析

随着人工智能技术的发展以及计算资源的不断获得,使用更大的网络模型进行深度知识挖掘已经成为一种趋势,然而,更大更深的网络需要更多的数据去拟合,数据的获取变得尤为重要。目前网络中存在大量数据可以供我们使用,但是人工标注数据耗时耗力且效率低,如果能自动获取这些数据,并且进行自动预处理,将获得的数据作为训练更大更深模型的"原料",不仅对学术研究有重大意义,对人工智能的产业化发展更是一股不可小觑的动力。

编写程序从网络中自动获取数据的过程叫作数据爬取,也叫作网络爬虫。对于普通用户来说,上网的过程是:打开浏览器,往目标站点发送请求,然后目标站点接受响应数据,再渲染到页面上。爬虫的程序实际上就是在模拟浏览器,把整个过程伪装成真正的浏览器接受响应。网络爬虫一般步骤为:获取爬取页的 URL、获取页面内容、解析页面、获取所需数据,重复上述过程至爬取结束。本章将介绍四个数据爬取的实践,并针对爬取的数据进行简单地分析。

2.1 实践一:爬取明星数据

本节实践是从网站 https://baike.baidu.com/中爬取明星数据。实践中会用到 requests 模块和 Beautiful Soup 模块。request 模块是 Python 实现的简单易用的 HTTP 库,requests 模块支持很多的 HTTP 方法,其中,get 方法是最为常用且最简单的一个被用来访问静态资源(如文档和图片等)的方法,其在当客户端向 Web 服务器请求一个资源时被使用。post 方法在当客户端向服务端发送信息或者数据时被使用,例如表单提交、发送大量数据时。put 方法用在当客户端向 Web 服务器指定 URL 发送一个替换的文档或者上传一个新文档时。BeautifulSoup 是一个可以从 HTML 或 XML 文件中提取数据的 Python 库。其提供了一些简单的、Python 式的函数用来处理导航、搜索、修改分析树等功能。它是一个工具箱,通过解析文档为用户提供需要抓取的数据。BeautifulSoup 使用方便,通常无须书写烦琐的代码就可以写出一个完整的应用程序。

本次实践的平台为 AI Studio,实践环境为 Python 3.7。具体代码如下所示。

步骤 1:爬取明星信息,返回页面数据

在此步骤中,我们使用 requests 库函数来获取网页页面源码内容,并且将返回结果使用 BeautifulSoup 进行解析。在爬取的时候,需要定义用于模拟真实浏览器的请求头,将我们的爬取请求伪装成为浏览器来访问。在请求头中，需要添加 user-agent 选项，其中会包括现在使用的浏览器类型、操作系统类型、使用的浏览器的版本。通过这样的定义能够告诉服务器浏览器，我们是真正的浏览器，而不是爬虫程序。之后调用 request 方法，URL 和 headers 作为参数。在得到响应对象之后使用 BeautifulSoup 进行解析。

```python
def crawl_wiki_data():
    headers = {
        'User - Agent': 'Mozilla/5.0 (Windows NT 10.0; WOW64) AppleWebKit/537.36 (KHTML, like Gecko) Chrome/67.0.3396.99 Safari/537.36'
    }
    url = 'https://baike.baidu.com/item/乘风破浪的姐姐第二季'
    try:
        response = requests.get(url, headers = headers)
        # 将一段文档传入 BeautifulSoup 的构造方法，就能得到一个文档的对象，可以传入一段字符串
        soup = BeautifulSoup(response.text, 'lxml')
        # 返回所有的<table>所有标签
        tables = soup.find_all('table')
        # print(tables)
        crawl_table_title = "按姓氏首字母排序"
        for table in tables:
            # 对当前节点前面的标签和字符串进行查找
            table_titles = table.find_previous('div')
            # print(table_titles)
            for title in table_titles:
                if(crawl_table_title in title):
                    return table
    except Exception as e:
        print(e)
```

步骤 2：解析页面数据保存为 JSON 文件

对上一步骤中得到的页面信息进行解析，得到每个明星的信息，包括明星姓名和明星个人的百度百科页面链接，将其存入 JSON 文件中并保存到 work 目录下。

```python
def parse_wiki_data(table_html):
    bs = BeautifulSoup(str(table_html), 'lxml')
    all_trs = bs.find_all('tr')
    stars = []
    for tr in all_trs:
        all_tds = tr.find_all('td')          # tr 下面所有的 td

        for td in all_tds:
            # star 存储选手信息，包括选手姓名和选手个人百度百科页面链接
            star = {}
            if td.find('a'):
                # 找选手名称和选手百度百科连接
                if(td.find_next('a').text.isspace() == False):
                    star["name"] = td.find_next('a').text
                    star['link'] =   'https://baike.baidu.com' + td.find_next('a').get('href')
                    stars.append(star)
    json_data = json.loads(str(stars).replace("\'", "\""))
```

```
with open('work/' + 'stars.json', 'w', encoding = 'UTF - 8') as f:
    json.dump(json_data, f, ensure_ascii = False)
```

步骤 3：爬取每个明星的页面信息

首先定义出函数 down_save_pic()，其能够根据获取到的明星图片的链接列表 pic_urls 下载所有的图片，并保存在以 name 命名的文件夹中。

```python
def down_save_pic(name, pic_urls):
    path = 'work/' + 'pics/' + name + '/'
    if not os.path.exists(path):
        os.makedirs(path)

    for i, pic_url in enumerate(pic_urls):
        try:
            pic = requests.get(pic_url, timeout = 15)
            string = str(i + 1) + '.jpg'
            with open(path + string, 'wb') as f:
                f.write(pic.content)
                # print('成功下载第 % s 张图片: % s' % (str(i + 1), str(pic_url)))
        except Exception as e:
            # print('下载第 % s 张图片时失败: % s' % (str(i + 1), str(pic_url)))
            print(e)
            continue
```

之后实现爬取明星图片的函数，包括封装请求头以模拟浏览器向明星的个人的百度百科链接发送一个 HTTP 的 get 请求，并传入到 BeautifulSoup 的构造方法中以生成 BeautifulSoup 对象。之后对 BeautifulSoup 对象进行解析，通过 find 方法获取明星的民族、星座、体重等信息。最终为了实现明星图片的保存，找到明星个人百度百科链接的图片列表页面，通过 requests 的 get 请求爬取图片并下载到本地以 name 命名的文件夹中。

```python
def crawl_everyone_wiki_urls():
    with open('work/' + 'stars.json', 'r', encoding = 'UTF - 8') as file:
        json_array = json.loads(file.read())
    headers = {
        'User - Agent': 'Mozilla/5.0 (Windows NT 10.0; WOW64) AppleWebKit/537.36 (KHTML, like Gecko) Chrome/67.0.3396.99 Safari/537.36'
    }
    star_infos = []
    for star in json_array:
        star_info = {}
        name = star['name']
        link = star['link']
        star_info['name'] = name
        # 向选手个人百度百科发送一个 HTTP get 请求
        response = requests.get(link, headers = headers)
        # 将一段文档传入 BeautifulSoup 的构造方法，就能得到一个文档的对象
        bs = BeautifulSoup(response.text, 'lxml')
        # 获取选手的民族、星座、血型、体重等信息
        base_info_div = bs.find('div', {'class': 'basic - info J - basic - info cmn - clearfix'})
```

15

```
            dls = base_info_div.find_all('dl')
            for dl in dls:
                dts = dl.find_all('dt')
                for dt in dts:
                    if "".join(str(dt.text).split()) == '民族':
                        star_info['nation'] = dt.find_next('dd').text
                    if "".join(str(dt.text).split()) == '星座':
                        star_info['constellation'] = dt.find_next('dd').text
                    if "".join(str(dt.text).split()) == '血型':
                        star_info['blood_type'] = dt.find_next('dd').text
                    if "".join(str(dt.text).split()) == '身高':
                        height_str = str(dt.find_next('dd').text)
                        star_info['height'] = str(height_str[0:height_str.rfind('cm')]).
replace("\n","")
                    if "".join(str(dt.text).split()) == '体重':
                        star_info['weight'] = str(dt.find_next('dd').text).replace("\n","")
                    if "".join(str(dt.text).split()) == '出生日期':
                        birth_day_str = str(dt.find_next('dd').text).replace("\n","")
                        if '年' in birth_day_str:
                            star_info['birth_day'] = birth_day_str[0:birth_day_str.rfind('年')]
        star_infos.append(star_info)
        # 从个人百度百科页面中解析得到一个链接,该链接指向选手图片列表页面
        if bs.select('.summary-pic a'):
            pic_list_url = bs.select('.summary-pic a')[0].get('href')
            pic_list_url = 'https://baike.baidu.com' + pic_list_url
            # 向选手图片列表页面发送http get请求
            pic_list_response = requests.get(pic_list_url,headers=headers)
            # 对选手图片列表页面进行解析,获取所有图片链接
            bs = BeautifulSoup(pic_list_response.text,'lxml')
            pic_list_html = bs.select('.pic-list img ')
            pic_urls = []
            for pic_html in pic_list_html:
                pic_url = pic_html.get('src')
                pic_urls.append(pic_url)
            # 根据图片链接列表pic_urls,下载所有图片,保存在以name命名的文件夹中
            down_save_pic(name,pic_urls)
        # 将个人信息存储到JSON文件中
        json_data = json.loads(str(star_infos).replace("\'","\"").replace("\\xa0",""))
        with open('work/' + 'stars_info.json', 'w', encoding='UTF-8') as f:
            json.dump(json_data, f, ensure_ascii=False)
```

以上是相关函数的定义,接下来通过定义主函数实现函数的调用。

```
if __name__ == '__main__':
    # 爬取百度百科中《乘风破浪的姐姐第二季》的参赛选手信息,返回HTML
    html = crawl_wiki_data()
    # print(html)
    # 解析HTML,得到选手信息,保存为JSON文件
    parse_wiki_data(html)
    # 从每个选手的百度百科页面上爬取,并保存
    crawl_everyone_wiki_urls()
    print("所有信息爬取完成!")
```

步骤 4：明星数据的统计分析

在通过爬虫获取到明星的相关数据后，我们对明星的数据进行分析，在此步骤中主要调用 Matplotlib 函数。

（1）绘制明星年龄分布柱状图，x 轴为年龄，y 轴为该年龄的明星数量。

```python
import matplotlib.pyplot as plt
import numpy as np
import json
import matplotlib.font_manager as font_manager
# 显示 matplotlib 生成的图形
% matplotlib inline

# 创建字体对象
font = font_manager.FontProperties(fname = '/usr/share/fonts/fangzheng/FZSYJW.TTF', size = 32)
with open('work/stars_info.json', 'r', encoding = 'UTF - 8') as file:
        json_array = json.loads(file.read())
# 绘制选手年龄分布柱状图, x 轴为年龄, y 轴为该年龄的小姐姐数量
birth_days = []
for star in json_array:
    if 'birth_day' in dict(star).keys():
        birth_day = star['birth_day']
        if len(birth_day) == 4:
            birth_days.append(birth_day)
birth_days.sort()
print(birth_days)

birth_days_list = []
count_list = []

for birth_day in birth_days:
    if birth_day not in birth_days_list:
        count = birth_days.count(birth_day)
        birth_days_list.append(birth_day)
        count_list.append(count)

print(birth_days_list)
print(count_list)

plt.figure(figsize = (10,6))
plt.bar(range(len(count_list)), count_list,color = 'r',tick_label = birth_days_list,
            facecolor = '#9999ff',edgecolor = 'white')
# facecolor:柱状图中填充的颜色;edgecolor:边框的颜色,默认不加边框

# 这里是调节横坐标的倾斜度,rotation 是度数,以及设置刻度字体大小
plt.xticks(rotation = 45,fontsize = 20)
plt.yticks(fontsize = 20)

plt.legend()
plt.title('''«乘风破浪的姐姐第二季»参赛嘉宾''',fontproperties = font)
plt.savefig('/home/aistudio/work/bar_result01.jpg')
plt.show()
```

输出结果如图 2-1-1 所示。

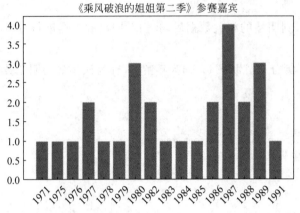

图 2-1-1　明星年龄分布柱状图

（2）绘制明星体重分布饼状图，统计各个体重区间的明星比例。

```python
import matplotlib.pyplot as plt
import numpy as np
import json
import matplotlib.font_manager as font_manager
# 显示 matplotlib 生成的图形
% matplotlib inline

with open('work/stars_info.json', 'r', encoding = 'UTF - 8') as file:
        json_array = json.loads(file.read())

# 绘制选手体重分布饼状图
weights = []
counts = []

for star in json_array:
    if 'weight' in dict(star).keys():
        weight = float(star['weight'][0:2])
        weights.append(weight)
print(weights)

size_list = []
count_list = []

size1 = 0
size2 = 0
size3 = 0
size4 = 0

for weight in weights:
    if weight <= 45:
        size1 += 1
    elif 45 < weight <= 50:
        size2 += 1
    elif 50 < weight <= 55:
```

```
        size3 += 1
    else:
        size4 += 1

labels = '<=45kg', '45~50kg', '50~55kg', '>55kg'

sizes = [size1, size2, size3, size4]
explode = (0.4, 0.1, 0.1, 0.1)
fig1, ax1 = plt.subplots()
ax1.pie(sizes, explode=explode, labels=labels, autopct='%1.1f%%',
        shadow=True)
ax1.axis('equal')
plt.savefig('/home/aistudio/work/pie_result01.jpg')
plt.show()
```

输出结果如图 2-1-2 所示。

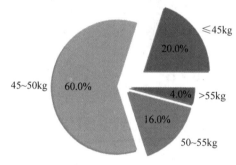

图 2-1-2　明星体重分布饼状图

（3）绘制明星身高分布饼状图，统计各个身高区间的明星比例。

```
import matplotlib.pyplot as plt
import numpy as np
import json
import matplotlib.font_manager as font_manager
import pandas as pd
# 显示 matplotlib 生成的图形
%matplotlib inline

df = pd.read_json('work/stars_info.json')
heights = df['height']
arrs = heights.values
arrs = [x for x in arrs if not pd.isnull(x)]

# pandas.cut 用来把一组数据分割成离散的区间.比如有一组年龄数据,可以使用 pandas.cut 将年
龄数据分割成不同的年龄段并且打上标签.bins 是被切割后的区间
bin = [0,165,170,180]
se1 = pd.cut(arrs,bin)
# pandas 的 value_counts()函数可以对 Series 里面的每个值进行计数并且排序
pd.value_counts(se1)
labels =  '165~170cm','<=165cm', '>170cm'
sizes = pd.value_counts(se1)
print(sizes)
```

```
explode = (0.1, 0.1, 0,)
fig1, ax1 = plt.subplots()
ax1.pie(sizes, explode = explode, labels = labels, autopct = '%1.1f%%',
        shadow = True, startangle = 90)
ax1.axis('equal')
plt.savefig('/home/aistudio/work/pie_result03.jpg')
plt.show()
```

输出结果如图 2-1-3 所示。

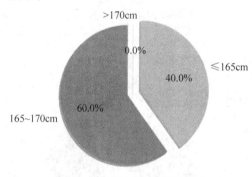

图 2-1-3　明星身高分布饼状图

2.2　实践二：科比职业生涯数据爬取与分析

科比职业生涯数据爬取与分析

本节实践从网站 http://www.stat-nba.com/（单击"全明星比赛"后界面如图 2-2-1）获取科比的相关数据，主要包括：常规赛、季后赛、全明星赛三种赛事的数据。

图 2-2-1　数据爬取网站截图

本次实践的平台为 AI Studio，实践环境为 Python 3.7。

进入上述首页后，在页面内搜索 Kobe，即可定位到 kobe 的入口按钮，将鼠标置于"科

比"按钮上,右击,然后单击"检查",即可定位到该按钮对应的链接,如图 2-2-2 所示(http：//
www.stat-nba.com/player/195.html),单击该链接即可进入科比首页(如图 2-2-3 所示),
从中可以看到科比在各个赛事中的数据。使用同样的方法,鼠标指针分别置于三种赛事的
按钮上,右击进入检查页面可以看到三种赛事的链接,如季后赛链接为：http：//www.stat-
nba.com/player/stat_box/195_playoff.html。获取链接后,进入链接,将鼠标指针置于某一
行数据上,右击进入检查页面,便可定位到该条数据在源码中的位置与节点结构特征(如
图 2-2-4 所示),观察每行数据的节点位置,在获取该页面代码后,按照规则解析即可得到每
行中各个项目对应的数据。

图 2-2-2　检查网页源码页面展示,对应科比的链接

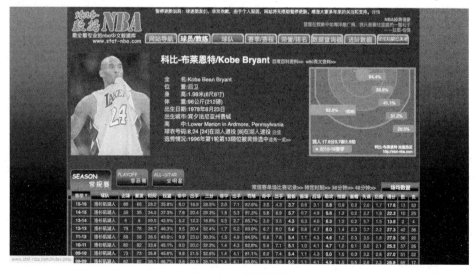

图 2-2-3　科比首页

21

图 2-2-4　数据行审查源码页面

步骤 1：科比职业生涯赛事数据爬取

根据上述网页观察，我们使用 requests 包来获取网页页面源码内容，并且将返回结果使用 BeautifulSoup 进行解析，对于三种赛事，分别将解析结果存于对应文件中，用于后续分析。

```python
# 导如相关包
import requests
from bs4 import BeautifulSoup
import csv
import matplotlib.pyplot as plt
import pandas as pd

# 获取 URL 页面内容，并以文本格式返回
def getKobeList(code):
    url = "http://www.stat-nba.com/player/stat_box/195_" + code + ".html"
    response = requests.get(url)
    resKobe = response.text
    return resKobe

# 获取 Kobe 历史数据
def getRow(resKobe, code):
    # 解析 HTML 页面
    soup = BeautifulSoup(resKobe, "html.parser")
    table = soup.find_all(id = 'stat_box_avg')

    # 设置表头
    header = []
    if code == "season":
```

```
                header = ["赛季","出场","首发","时间","投篮","命中","出手","三分",
        "命中","出手","罚球","命中","出手","篮板","前场","后场",
        "助攻","抢断","盖帽","失误","犯规","得分","胜","负"]
            if code == "playoff":
                header = ["赛季","出场","时间","投篮","命中","出手","三分","命中",
        "出手","罚球","命中","出手","篮板","前场","后场","助攻",
        "抢断","盖帽","失误","犯规","得分","胜","负"]
            if code == "allstar":
                header = ["赛季","首发","时间","投篮","命中","出手","三分","命中",
        "出手","罚球","命中","出手","篮板","前场","后场","助攻",
        "抢断","盖帽","失误","犯规","得分"]
            # 解析数据
            rows = [];
            rows.append(header)
            # 找到所有 tr 节点,每行对应一行数据
            for tr in table[0].find_all("tr",class_ = "sort"):
                row = []
                # 找到每行里面的 td 节点,对应一列数据
                for td in tr.find_all("td"):
                    rank = td.get("rank")
                    if rank != "LAL" and rank != None:
                        row.append(td.get_text())
                rows.append(row)
            return rows


# 写入 CSV 文件, rows 为数据,dir 为写入文件路径
def writeCsv(rows,dir):
        with open(dir, 'w', encoding = 'utf-8-sig', newline = '') as f:
            writer = csv.writer(f)
            writer.writerows(rows)
# 常规赛数据
resKobe = getKobeList("season")
rows = getRow(resKobe,"season")
writeCsv(rows,"season.csv")
print("season.csv saved")
# 季后赛数据
resKobe = getKobeList("playoff")
rows = getRow(resKobe,"playoff")
writeCsv(rows,"playoff.csv")
print("playoff.csv saved")
# 全明星数据
resKobe = getKobeList("allstar")
rows = getRow(resKobe,"allstar")
writeCsv(rows,"star.csv")
print("star.csv saved")
```

步骤 2：科比职业生涯数据分析

　　针对不同赛事以及不同时间,绘制科比的职业生涯得分情况,比如,绘制各个赛季科比的篮板数、助攻、得分情况分布,可以在一定程度上反映其在各个赛季的贡献程度。首先定义展示函数 show_score(),传入不同赛事的名称、要展示的项,以及绘制线型等。

```
# 篮板、助攻、得分
def show_score(game_name = 'season', item = '篮板', plot_name = 'line'):
    # game_name: season, playoff, star
    # item: 篮板, 助攻, 得分, all(表示绘制前面三者)
    # plot_name: line, bar
    file_name = game_name + '.csv'
    data = pd.read_csv(file_name)
    X = data['赛季'].values.tolist()
    X.reverse()
    if item == 'all':
        Y1 = data['篮板'].values.tolist()
        Y2 = data['助攻'].values.tolist()
        Y3 = data['得分'].values.tolist()
        Y1.reverse()
        Y2.reverse()
        Y3.reverse()
    else:
        Y = data[item].values.tolist()
        Y.reverse()

    if plot_name == 'line':
        if item == 'all':
            plt.plot(X, Y1, c = 'r', linestyle = " - .")
            plt.plot(X, Y2, c = 'g', linestyle = " -- ")
            plt.plot(X, Y3, c = 'b', linestyle = " - ")
            legend = ['篮板', '助攻', '得分']
        else:
            plt.plot(X, Y, c = 'g', linestyle = " - ")
            legend = [item]
    elif plot_name == 'bar':
        # facecolor: 表面的颜色; edgecolor: 边框的颜色
        if item == 'all':
            fig = plt.figure(figsize = (15, 5))
            ax1 = plt.subplot(131)
            plt.bar(X, Y1, facecolor = '#9999ff', edgecolor = 'white')
            plt.legend(['篮板'])
            plt.title('Kobe 职业生涯数据分析:' + game_name)
            plt.xticks(rotation = 60)
            plt.ylabel('篮板')

            ax2 = plt.subplot(132)
            plt.bar(X, Y2, facecolor = '#999900', edgecolor = 'white')
            plt.legend(['助攻'])
            plt.title('Kobe 职业生涯数据分析:' + game_name)
            plt.xticks(rotation = 60)
            plt.ylabel('助攻')

            ax3 = plt.subplot(133)
            plt.bar(X, Y3, facecolor = '#9988ff', edgecolor = 'white')
            legend = ['得分']
        else:
            plt.bar(X, Y, facecolor = '#9900ff', edgecolor = 'white')
            legend = [item]
    else:
```

```
        return
    plt.legend(legend)
    plt.title('Kobe 职业生涯数据分析:' + game_name)
    plt.xticks(rotation = 60)
    plt.xlabel('赛季')
    if item!= 'all':
        plt.ylabel(item)
    else:
        plt.ylabel('得分')
    plt.savefig('work/Kobe 职业生涯数据分析_{}_{}.png'.format(game_name,item))
    plt.show()
```

然后,根据上面定义的绘图函数,绘制 Kobe 在各种赛事中的相关数据图示。

```
♯ 篮板、助攻、得分
for game_name in ['season','playoff','star']:
    show_score(game_name = game_name, item = '篮板', plot_name = 'bar')
    show_score(game_name = game_name, item = '助攻', plot_name = 'bar')
    show_score(game_name = game_name, item = '得分', plot_name = 'bar')
    show_score(game_name = game_name, item = '篮板', plot_name = 'line')
    show_score(game_name = game_name, item = '助攻', plot_name = 'line')
    show_score(game_name = game_name, item = '得分', plot_name = 'line')
    show_score(game_name = game_name, item = 'all', plot_name = 'bar')
    show_score(game_name = game_name, item = 'all', plot_name = 'line')
```

可视化结果如图 2-2-5、图 2-2-6 以及图 2-2-7 所示。

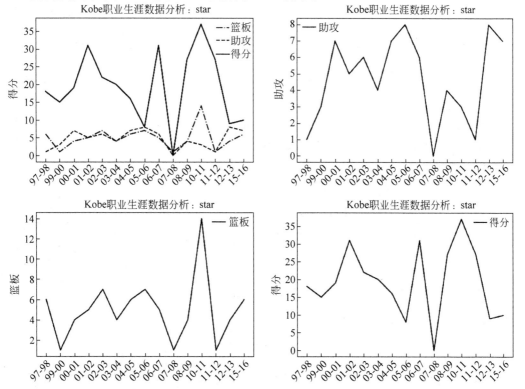

图 2-2-5　Kobe star 赛事分析结果

25

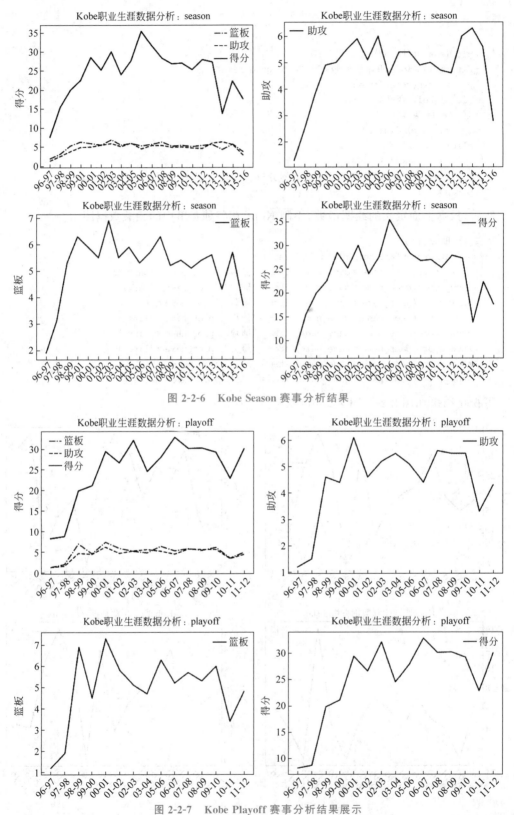

图 2-2-6　Kobe Season 赛事分析结果

图 2-2-7　Kobe Playoff 赛事分析结果展示

26

2.3　实践三：电视影评爬取

本节实践从豆瓣网 https://movie.douban.com/中爬取电视剧影评数据并进行分析。实践中会用到 request 模块和 BeautifulSoup 模块。

本次实践的平台为 AI Studio,实践环境为 Python 3.7。具体代码如下所示。

步骤 1：爬取电视剧影评信息·返回页面数据

在此步骤中,我们需要使用 requests 库函数来获取网页页面源码内容,在爬取的时候,首先定义用于模拟真实浏览器的请求头,将我们的爬取请求伪装成为浏览器来访问。之后生成 get 请求,URL 和 headers 作为参数。

```
import json
import re
import requests
from bs4 import BeautifulSoup

def crawl_data(crawl_url):
    headers = {
        'User-Agent': 'Mozilla/5.0 (Windows NT 10.0; Win64; x64) AppleWebKit/537.36 (KHTML,
like Gecko) Chrome/80.0.3987.132 Safari/537.36'
    }

    url = 'https://movie.douban.com/subject/30482003/reviews' + crawl_url
    try:
        response = requests.get(url, headers=headers)
        # print(response.status_code)
        parse(response)
    except Exception as e:
        print(e)
```

步骤 2：解析页面数据保存为 JSON 文件

(1) 将上一步骤中请求得到的页面信息传入到 BeautifulSoup 的构造方法中,生成 BeautifulSoup 对象进行解析,最终得到影评信息,包括作者、发布时间以及评分等,并将其存入 JSON 文件中并保存到 work 目录下。

```
item_list = []
def parse(response):
    item = {}
    soup = BeautifulSoup(response.text, 'lxml')
    # 返回的是 class 为"main review-item"的所有<div>标签
    review_list = soup.find_all('div', {'class': 'main review-item'})

    for review_div in review_list:
        # 作者
        author = review_div.find('a', {'class': 'name'}).text
        author = str_format(author)
```

27

```
        # 发布时间
        pub_time = review_div.find('span', {'class': 'main-meta'}).text
        # 评分
        rating = review_div.find('span', {'class': 'main-title-rating'})
        if rating:
            rating = rating.get('title')
        else:
            rating = ""
        # 标题
        title = review_div.find('div', {'class': 'main-bd'}).find('a').text

        # 是否有展开按钮
        is_unfold = review_div.find('a', {'class': 'unfold'})
        if is_unfold:
            # 获取评论 ID
            review_id = review_div.find('div', {'class': 'review-short'}).get('data-rid')
            # 根据评论 ID,获取被折叠的评论内容
            content = get_fold_content(review_id)
        else:
            content = review_div.find('div', {'class': 'short-content'}).text
        if content:
            content = re.sub(r"\s", '', content)
        item = {
            "author":author,
            "pub_time":pub_time,
            "rating":rating,
            "title":title,
            "content":content
        }
        print(item)
        item_list.append(item)

    # 如果有下一页
    next_url = soup.find('span', {'class': 'next'}).find('a')

    if next_url:
        # 请求下一页的数据
        crawl_data(next_url.get('href'))
    else:
        pass
```

(2) 根据评论 ID,使用正则表达式获取被折叠的评论内容。在 Python 中,re 模块被称为正则表达式,其可以创建一个"规则"表达式,用于验证和查找符合规则的信息,其广泛用于账号和密码的验证以及各类搜索引擎等。

```
def get_fold_content(review_id):
    headers = {
        'User-Agent': 'Mozilla/5.0 (Windows NT 10.0; Win64; x64) AppleWebKit/537.36 (KHTML,
like Gecko) Chrome/80.0.3987.132 Safari/537.36'
    }
    url = "https://movie.douban.com/j/review/{}/full".format(review_id)
```

```
resp = requests.get(url,headers = headers)
data = resp.json()

content = data['html']
content = re.sub(r"(<. + ?>)","",content)

# 去除 content 中双引号和单引号
content = str_format(content)
return content
```

（3）构造函数 str_format() 以去除特殊字符、单引号、双引号以及反斜杠。

```
def str_format(line):
    error_list = ['\'','\"','\\',',']
    for c in line:
        if  c in error_list:
            line = line.replace(c,'')
    return line
```

以上是相关函数的定义,接下来通过定义主函数实现函数的调用。

```
if __name__ == '__main__':
    start_url = '?sort = time&start = 0'
    crawl_data(start_url)
    # 将所爬取的数据,保存为 JSON 文件
    json_data = json.loads(str(item_list).replace("\'","\"").replace("\\",""))
    with open('work/reviews.json', 'a', encoding = 'UTF - 8') as f:
        json.dump(json_data, f, ensure_ascii = False)
    print("爬取完成,共爬取 % d 条数据" % len(item_list))
```

步骤 3：影评数据的统计分析

在通过爬虫获取到影评数据之后,我们对影评数据进行分析,在此步骤中主要调用 Matplotlib 函数。为了方便后续处理,首先将爬取到的 JSON 格式的数据转换为 DataFrame 格式,并进行数据预处理,例如去掉缺失数据等。

```
with open('work/reviews.json', 'r', encoding = 'UTF - 8') as file:
    while True:
        line = file.readline()
        if not line:                        # 未读取到,即返回空字符串,则终止循环
            break
        item_list = json.loads(line)
review_df = pd.DataFrame(item_list,columns = ['author','pub_time','rating','title','content'])
print(review_df)
# 删除缺失数值
# review_df.dropna(inplace = True)
# 将缺失的评论情况设置为"放弃"
review_df[review_df['rating'] == '']['rating'] = '放弃'
review_df[review_df['rating'] == '']['rating'] = '放弃'
# 将字符串格式的时间转换为 datatime 类型
review_df['pub_time'] = pd.to_datetime(review_df['pub_time'])
print(review_df)
```

机 器 学 习 实 践 （第2版）

（1）绘制评论数量随播放时间变化的趋势图。

```
# 分析评论日期
import re
from matplotlib import dates
# 显示 matplotlib 生成的图形
% matplotlib inline

# 添加一个索引"pub_date",存储评论日期(2020 年 2 月到同年 3 月期间)
review_df['pub_date'] = review_df['pub_time'].dt.date
review_df = review_df[pd.to_datetime(review_df['pub_date']).dt.year == 2020]
review_df = review_df[pd.to_datetime(review_df['pub_date']).dt.month > 1]
review_df = review_df[pd.to_datetime(review_df['pub_date']).dt.month < 4]
# 根据评论日期进行聚合
review_date_df = review_df['author'].groupby(review_df['pub_date'])
review_date_df = review_date_df.count()
# print(review_date_df.index)
# print(review_date_df.values)
# 创建一个画布,指定宽、高
plt.figure(figsize = (20,10))
# 设置显示中文
plt.rcParams['font.sans - serif'] = ['SimHei']
# 绘制折线图
plt.plot(review_date_df.index, review_date_df.values, marker = 'o')
# 配置横坐标
plt.gca().xaxis.set_major_formatter(dates.DateFormatter("% m - % d"))
# 这里是调节坐标的倾斜度,rotation 是度数,以及设置刻度字体大小
plt.xticks(review_datc_df.index, rotation = 45, fontsize = 15)
plt.yticks(fontsize = 15)
# 配置坐标标题
plt.xlabel("发布日期", fontsize = 15)
plt.ylabel("评论数量", fontsize = 15)
# 网格化
plt.grid()
# 保存图形
plt.savefig('/home/aistudio/work/01.jpg')
# 显示图形
plt.show()
```

输出结果如图 2-3-1 所示。

（2）绘制评论时间分布图,分析用户评论较多的时间段。

```
import datetime
# 指定多个时间区间
time_range = [0,2,4,6,8,10,12,14,16,18,20,22,24]
# 获取评论时间中的 hour
review_time_df = review_df['pub_time'].dt.hour
# 把一组数据分割成离散的区间,并获取每个区间的评论数
# 第一个参数 - - - > review_time_df:被切分的数据
# 第二个参数 - - - - > bins:被切割后的区间
# 第三个参数: - - > right:表示是否包含区间右部
time_range_counts = pd.cut(review_time_df, bins = time_range, right = False).value_counts()
print(time_range_counts)
print(time_range_counts.index)
```

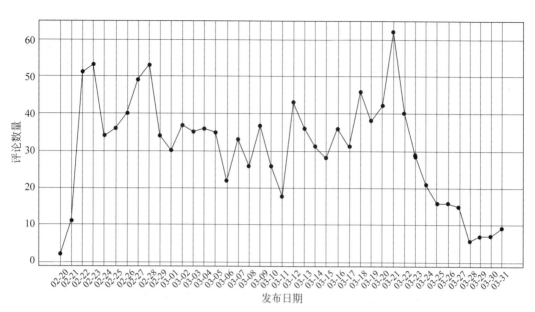

图 2-3-1　评论数量随播放时间变化的趋势图

```
print(time_range_counts.values)
# 创建一个画布,并指定宽、高
plt.figure(figsize = (10,5))
# 绘制柱状图
plt.bar(range(len(time_range_counts.index)), time_range_counts.values,color = ['b','r','g','y',
'c','m','y','k','c','g','g'])
# 配置坐标及对应标签
plt.xticks(range(len(time_range_counts.index)),time_range_counts.index)
# 保存图形
plt.savefig('/home/aistudio/work/02.jpg')
# 显示图形
plt.show()
```

输出结果如图 2-3-2 所示。

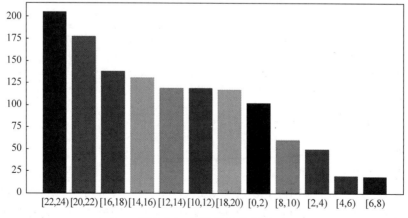

图 2-3-2　评论时间分布图

（3）绘制角色评分。除了剧情本身的原因,对电视剧角色设定的反感也可能是观众给 1

星的主要原因之一。本步骤中的代码思路是根据评分和内容中出现的角色来进行打分。例如，观众给了 1 星，并且其评论内容中出现了多次的某角色名称，则很大概率说明这个观众对于这个角色是比较反感的。在本代码中，1 星代表 1 分，2 星代表 2 分，分数越高则说明该角色越受观众喜爱。

```python
# 电视剧人物的评分
# 力荐：+5,推荐：+4,还行:3,较差:2,很差:1
roles = {'房似锦':0,'徐文昌':0,'张乘乘':0,'王子健':0,'楼山关':0,'朱闪闪':0,
'谢亭丰':0,'鱼化龙':0,'宫蓓蓓':0,'阚文涛':0}
role_names = list(roles.keys())
for name in role_names:
    jieba.add_word(name)
for row in review_df.index:
    rating = review_df.loc[row,'rating']
    if rating:
        content = review_df.loc[row,"content"]
        words = list(jieba.cut(content, cut_all = False))   # cut_all = True:全模式分词,即
所有在词典中出现的词都会被切分出来.cut_all = False,试图把句子最精确的分开
        names = set(role_names).intersection(set(words))   # 返回一个新集合,该集合的元素
既包含在集合 role_name,又包含在集合 words 中
        for name in names:
            if rating == '力荐':
                roles[name] += 5
            elif rating == '推荐':
                roles[name] += 4
            elif rating == '还行':
                roles[name] += 3
            elif rating == '较差':
                roles[name] += 2
            elif rating == '很差':
                roles[name] += 1
role_df = pd.DataFrame(list(roles.values()),index = list(roles.keys()),columns = ['得分'])

# 创建一个画布,并指定宽高
plt.figure(figsize = (15,8))
# 绘制一个柱状图
plt.bar(role_df.index, role_df.values.flatten(),color = 'b')
# 设置坐标中字体大小
plt.yticks(fontsize = 15, fontproperties = font)
plt.xticks(fontsize = 15, fontproperties = font)
# 保存图形
plt.savefig('/home/aistudio/work/03.jpg')
# 显示图形
plt.show()
```

输出结果如图 2-3-3 所示。

（4）绘制词云图。此代码中，主要基于 wordcloud。在 Python 中，wordcloud 是一个优秀的词云展示第三方库，其通过以词语为单位来绘制词云，能够更加直观和艺术地展示文本。其中，wordcloud.WordCloud() 代表一个文本对应的词云，对于绘制词云的形状、颜色以及尺寸等都可以进行设定。代码如下所示。

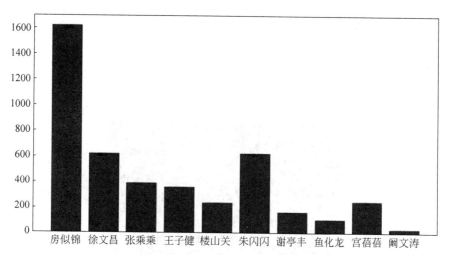

图 2-3-3　角色评分

```python
def generate_wc(string_data):
    # 文本预处理
    pattern = re.compile(u'\t|\n|\.|-|:|;|\)|\(|\?|"')      # 定义正则表达式匹配模式
    string_data = re.sub(pattern, '', string_data)         # 将符合模式的字符去除
    # 文本分词
    seg_list_exact = jieba.cut(string_data, cut_all = False) # 精确模式分词

    object_list = []
    remove_words = []
    # 读取停用词
    with open("work/stop.txt",'r',encoding = 'utf-8') as fp:
        for word in fp:
            remove_words.append(word.replace("\n",""))
    for word in seg_list_exact:                             # 循环读出每个分词
        if word not in remove_words:                       # 如果不在去除词库中
            object_list.append(word)                       # 分词追加到列表

    # 词频统计
    word_counts = collections.Counter(object_list)         # 对分词做词频统计
    word_counts_top20 = word_counts.most_common(20)        # 获取前20最高频的词
    print(word_counts_top20)
    # 词频展示
    wc = wordcloud.WordCloud(
        font_path = 'work/simhei.ttf',                     # 设置字体格式
        background_color = "#000000",                      # 设置背景图
        max_words = 150,                                   # 最多显示词数
        max_font_size = 60,                                # 字体最大值
        width = 707,
        height = 499
    )
    wc.generate_from_frequencies(word_counts)              # 从字典生成词云
    plt.imshow(wc)                                         # 显示词云
    plt.axis('off')                                        # 关闭坐标轴
    plt.savefig('/home/aistudio/work/04.jpg')
    plt.show()                                             # 显示图像
```

33

```
content_str = ""
for row in review_df.index:
    content = review_df.loc[row,'content']
    content_str += content
generate_wc(content_str)
```

输出结果如图 2-3-4 所示。

图 2-3-4　词云图

（5）统计观众评分。豆瓣网站的评分是 5 星制，5 星是力荐，4 星是推荐，3 星是还行，2 星是较差，1 星是很差。在此代码中，统计不同星值的评分数量。对于部分爬取下来的数据，尽管观众没有给出评分，但是我们也统计了这部分观众的数量。

```
# 按照评分进行聚合
grouped = review_df['author'].groupby(review_df['rating'])
grouped_count = grouped.count()
print(grouped_count)
plt.figure(figsize = (10,5))
plt.bar(range(len(grouped_count.index)), grouped_count.values,color = ['b','r','g','y','c','m',])
plt.xticks(range(len(grouped_count.index)),grouped_count.index,fontsize = 15,fontproperties = font)
plt.yticks(fontsize = 15, fontproperties = font)
plt.savefig('/home/aistudio/work/05.jpg')
plt.show()
```

输出结果如图 2-3-5 所示，可以看出，对于该部电视剧可以进行推荐。

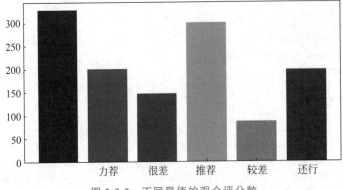

图 2-3-5　不同星值的观众评分数

2.4　实践四：股票行情爬取与分析

本节实践主要介绍股票数据的爬取与分析，爬取页面如图 2-4-1 所示。具体来说，本节实践首先爬取一个股票名称列表，再获取列表里每支股票的信息。

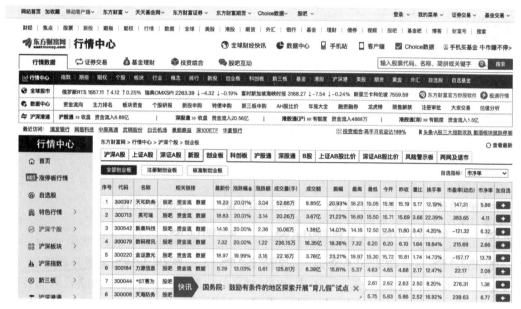

图 2-4-1　股票爬取网站展示

本次实践的平台为 AI Studio，实践环境为 Python 3.7。

步骤 1：爬取股票列表信息

假如我们想要爬取"创业板"的数据信息，可以选中"创业板"（如图 2-4-1 所示），然后右击鼠标，单击"检查"（不同浏览器可能略微不同，此处为 Google Chrome 浏览器，如图 2-4-2 所示），即可进入网页源码页面（如图 2-4-3 所示），进入该源码页面后，单击"Source"模块，即可看到网页请求服务器时的 URL 配置，单击该配置即可返回请求结果（图 2-4-3 右侧 JSON）文件，其中字段"f12"为股票代码，而"f14"为股票名称，可以提取这两个信息供我们后

图 2-4-2　进入网页源码页面

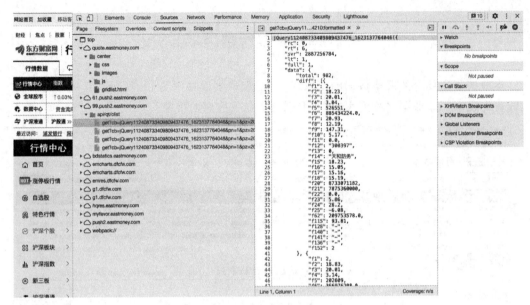

图 2-4-3　网页源码页面

续处理。保存这些代码及名称，用于后面股票数据的爬取。

本步骤使用 requests 包进行网页信息的获取，首先定义 getHtml() 函数，利用 requests. get
(url,headers)方法发起请求，获取页面响应，然后根据我们的观察，准备请求服务器链接（此处
设置获取 20 支股票），然后将返回的上述 JSON 格式的数据进行解析，获取股票代码及名称列
表，保存于 stock. csv 中。

```python
# http://quote.eastmoney.com/center/gridlist.html
# 爬取该页面股票信息

import requests
from fake_useragent import UserAgent
from bs4 import BeautifulSoup
import json
import csv

# 获取指定 URL 页面的内容
def getHtml(url):
    r = requests.get(url, headers = {
                                     'User - Agent': UserAgent().random,
                                     })
    r.encoding = r.apparent_encoding
    return r.text
# num 为爬取多少条记录,可手动设置
num = 20
```

指定 stockUrl，该地址为页面实际获取数据的接口地址，并指定爬取多少支股票。

```python
stockUrl = 'http://99.push2.eastmoney.com/api/qt/clist/get? cb = jQuery112408733409809437476_
1623137764048&pn = 1&pz = { }&po = 1&np = 1&ut = bd1d9ddb04089700cf9c27f6f7426281&fltt = 2&invt =
2&fid = f3&fs = m:0 + t:80&fields = f1, f2, f3, f4, f5, f6, f7, f8, f9, f10, f12, f13, f14, f15, f16, f17,
f18, f20, f21, f23, f24, f25, f22, f11, f62, f128, f136, f115, f152&_ = 1623137764167:formatted'.
```

```
format(num)

if __name__ == '__main__':
    responseText = getHtml(stockUrl)
    jsonText = responseText.split("(")[1].split(")")[0];
    resJson = json.loads(jsonText)
    datas = resJson["data"]["diff"]
    # 数据解析
    for data in datas:
        row = [data["f12"],data["f14"]]
        datalist.append(row)
    print(datalist)

    f = open('stock.csv','w + ',encoding = 'utf - 8',newline = "")
    writer = csv.writer(f)
    writer.writerow(('代码', '名称'))
    for data in datalist:
        writer.writerow((data[0] + "\t",data[1] + "\t"))
    f.close()
```

输出结果如图 2-4-4 所示。

```
[['300397', '天和防务'], ['300713', '英可瑞'], ['300542', '新晨科技'], ['300079', '数码视讯'], ['300220', '金运激光'],
['300184', '力源信息'], ['300044', '*ST赛为'], ['300008', '天海防务'], ['300722', '新余国科'], ['300266', '兴源环境'],
['300880', '迪南智能'], ['300339', '润和软件'], ['300378', '鼎捷软件'], ['300414', '中光防雷'], ['300123', '亚光科技'],
['300340', '科恒股份'], ['300278', '*ST华昌'], ['300469', '信息发展'], ['300064', '*ST金刚'], ['300563', '神宇股份']]
```

图 2-4-4　股票代码及名称爬取结果

步骤 2：股票数据获取

在获取股票代码及名称列表之后，逐个下载股票数据。根据观察，每支股票的历史数据由四部分组成：头 URL、上市地（深市，沪市）、股票代码、尾 URL，只需要组合好上述 URL，即可获得 CSV 格式的数据，并下载。

```
import csv
import urllib.request as r
import threading

# 读取之前获取的个股 CSV,放入到一个列表中
def getStockList():
    stockList = []
    f = open('stock.csv','r',encoding = 'utf - 8')
    f.seek(0)
    reader = csv.reader(f)
    for item in reader:
        stockList.append(item)
    f.close()
    return stockList

# 根据 URL 下载文件,保存于 file_path 中
def downloadFile(url,filepath):
    try:
        r.urlretrieve(url,filepath)
```

```
        except Exception as e:
            print(e)
        print(filepath,"is downloaded")
        pass
```

\# 设置信号量,控制线程并发数,多线程下载
```
sem = threading.Semaphore(1)
def downloadFileSem(url,filepath):
    with sem:
        downloadFile(url,filepath)
```

\# 定义头 URL,尾 URL
```
urlStart = 'http://quotes.money.163.com/service/chddata.html?code = '
urlEnd = ' &end = 20210221&fields = TCLOSE; HIGH; LOW; TOPEN; LCLOSE; CHG; PCHG; VOTURNOVER;
VATURNOVER'
```

\# 主程序,依次下载各支股票的历史数据
```
if __name__ == '__main__':
    stockList = getStockList()
    print(stockList)
    for s in stockList:
        scode = str(s[0].split("\t")[0])
        # 0:沪市;1:深市
        # 拼接文件 URL
        url = urlStart + ("0" if scode.startswith('6') else "1") + scode +
urlEnd
        print(url)
        filepath = (str(s[1].split("\t")[0]) + "_" + scode) + ".csv"
        threading.Thread(target = downloadFileSem,args = (url,filepath)).start()
```

下载文件列表如图 2-4-5 所示。

图 2-4-5　股票数据爬取结果

步骤 3：股票数据分析

上述步骤获取的股票数据的格式如图 2-4-6 所示。现在,我们对股票数据做一些简单的分析,比如股票的最高价、最低价随时间的变化,股票的涨跌幅/涨跌额随时间的变化,以及当天的成交量与前一天的涨跌幅有何关系等。上述分析可以使用作图的方式进行直观展示。

	日期	股票代码	名称	收盘价	最高价	最低价	开盘价	前收盘	涨跌额	涨跌幅	成交量	成交金额
1												
2	2021/2/19	300312	邦讯技术	3.5	3.5	2.9	2.9	2.92	0.58	19.863	29040300	96074273
3	2021/2/18	300312	邦讯技术	2.92	2.95	2.72	2.74	2.71	0.21	7.7491	15190300	43348564
4	2021/2/10	300312	邦讯技术	2.71	2.83	2.65	2.83	2.77	-0.06	-2.1661	11843500	32291587
5	2021/2/9	300312	邦讯技术	2.77	2.82	2.63	2.82	2.78	-0.01	-0.3597	17045600	46248454

图 2-4-6　股票数据示例

本步骤使用 Matplotlib 库进行作图分析。首先定义加载数据的功能函数。

```
# 导入相关包
import pandas as pd
import matplotlib.pyplot as plt
import csv

files = []

# 获取存储股票数据的文件路径
def get_files_path():
    stock_list = getStockList()
    paths = []
    for stock in stock_list[1:]:
        p = stock[1].strip() + "_" + stock[0].strip() + ".csv"
        data,_ = read_file(p)
        # 若文件为空,则不进行分析
        if len(data) > 1:
            files.append(p)
get_files_path()
print(files)

# 读取 CSV 文件,文件存储格式为中文 GBK 格式
def read_file(file_name):
    data = pd.read_csv(file_name, encoding = 'gbk')
    col_name = data.columns.values
    return data, col_name
```

定义 get_diff(file_name)函数,作该股票的涨跌幅/涨跌额随时间的变化图像,可以观察某段时间内该支股票的波动性。

```
# 获取股票的涨跌额及涨跌幅度变化图
def get_diff(file_name):
    data, col_name = read_file(file_name)
    index = len(data['日期']) - 1
    sep = index//15
    plt.figure(figsize = (15,17))

    x = data['日期'].values.tolist()
    x.reverse()
    # x = x[ - index:]

    xticks = list(range(0,len(x),sep))
    xlabels = [x[i] for i in xticks]
    xticks.append(len(x))
    # xlabels.append(x[ - 1])

    y1 = [float(c) if c!= 'None' else 0 for c in data['涨跌额'].values.tolist()]
    y2 = [float(c) if c!= 'None' else 0 for c in data['涨跌幅'].values.tolist()]
    y1.reverse()
    y2.reverse()
    # y1 = y1[ - index:]
    # y2 = y2[ - index:]

    ax1 = plt.subplot(211)
```

```
    plt.plot(range(1,len(x)+1),y1,c='r')
    plt.title('{}-涨跌额/涨跌幅'.format(file_name.split('_')[0]),fontsize=20)
    ax1.set_xticks(xticks)
    ax1.set_xticklabels(xlabels,rotation=40)
    # plt.xlabel('日期')
    plt.ylabel('涨跌额',fontsize=20)

    ax2 = plt.subplot(212)
    plt.plot(range(1,len(x)+1),y2,c='g')
    # plt.title('{}-涨跌幅'.format(file_name.split('_')[0]))
    ax2.set_xticks(xticks)
    ax2.set_xticklabels(xlabels,rotation=40)
    plt.xlabel('日期',fontsize=20)
    plt.ylabel('涨跌幅',fontsize=20)

    plt.savefig('work/'+file_name.split('.')[0]+'_diff.png')
plt.show()
```

定义get_max_min(file_name)函数，作该股票的每日最高价/最低价随时间的变化图像，也可以观察一段时间内该支股票的波动性或者是否增值。

```
# 获取股票的最大值及最小值变化图
def get_max_min(file_name):
    data, col_name = read_file(file_name)
    index = len(data['日期'])-1
    sep = index//15
    plt.figure(figsize=(15,10))

    x = data['日期'].values.tolist()
    x.reverse()
    x = x[-index:]

    xticks = list(range(0,len(x),sep))
    xlabels = [x[i] for i in xticks]
    xticks.append(len(x))
    # xlabels.append(x[-1])

    y1 = [float(c) if c!='None' else 0 for c in data['最高价'].values.tolist()]
    y2 = [float(c) if c!='None' else 0 for c in data['最低价'].values.tolist()]
    y1.reverse()
    y2.reverse()
    y1 = y1[-index:]
    y2 = y2[-index:]

    ax = plt.subplot(111)
    plt.plot(range(1,len(x)+1),y1,c='r',linestyle="-")
    plt.plot(range(1,len(x)+1),y2,c='g',linestyle="--")

    plt.title('{}-最高价/最低价'.format(file_name.split('_')[0]),fontsize=20)
    ax.set_xticks(xticks)
    ax.set_xticklabels(xlabels,rotation=40)
    plt.xlabel('日期',fontsize=20)
    plt.ylabel('价格',fontsize=20)
```

```
    plt.legend(['最高价','最低价'],fontsize = 20)
    plt.savefig('work/' + file_name.split('.')[0] + '_minmax.png')
    plt.show()
```

定义 get_deal(file_name)函数,作该股票的每日成交量/成交金额随时间变化的图像,可以观察一段时间内该支股票的成交量变化,以及是否存在大宗交易。

```
# 获取股票的成交量及成交金额变化图
def get_deal(file_name):
    data, col_name = read_file(file_name)
    index = len(data['日期']) - 1
    sep = index//15
    plt.figure(figsize = (15,10))

    x = data['日期'].values.tolist()
    x.reverse()
    x = x[ - index:]

    xticks = list(range(0,len(x),sep))
    xlabels = [x[i] for i in xticks]
    xticks.append(len(x))
    # xlabels.append(x[ - 1])

    y1 = [float(c) if c!= 'None' else 0 for c in data['成交量'].values.tolist()]
    y2 = [float(c) if c!= 'None' else 0 for c in data['成交金额'].values.tolist()]
    y1.reverse()
    y2.reverse()
    y1 = y1[ - index:]
    y2 = y2[ - index:]

    ax = plt.subplot(111)
    plt.plot(range(1,len(x) + 1),y1,c = 'b',linestyle = " - ")
    plt.plot(range(1,len(x) + 1),y2,c = 'r',linestyle = " -- ")
    plt.title('{} - 成交量/成交金额'.format(file_name.split('_')[0]),fontsize = 20)
    ax.set_xticks(xticks)
    ax.set_xticklabels(xlabels, rotation = 40)
    plt.xlabel('日期',fontsize = 20)
    plt.legend(['成交量','成交金额'],fontsize = 20)
    plt.savefig('work/' + file_name.split('.')[0] + '_deal.png')
plt.show()
```

定义 get_rel(file_name)函数,作该股票的成交量与前一天涨跌额的关系图像,直观地展示涨跌额对后续成交量的影响。

```
# 获取股票的涨跌额与次日成交量的关系图
def get_rel(file_name):
    data, col_name = read_file(file_name)
    index = len(data['日期']) - 1
    sep = index//15
    plt.figure(figsize = (15,10))
    x = data['日期'].values.tolist()
    x.reverse()
    x = x[ - index:]
    xticks = list(range(0,len(x),sep))
```

```
xlabels = [x[i] for i in xticks]
xticks.append(len(x))
# xlabels.append(x[-1])

y1 = [float(c) if c!='None' else 0 for c in data['成交量'].values.tolist()]
y2 = [float(c) if c!='None' else 0 for c in data['涨跌额'].values.tolist()]
y1.reverse()
y2.reverse()
y1 = y1[-index:]
y2 = y2[-index:]
y2 = [0] + y2[:-1]
ax = plt.subplot(111)
plt.scatter(y2,y1)
plt.title('{}-成交量与前一天涨跌额的关系'.format(file_name.split('_')[0]),fontsize=20)
# ax.set_xticks(xticks)
# ax.set_xticklabels(xlabels, rotation=40)
plt.xlabel('前一天涨跌额',fontsize=20)
plt.ylabel('成交量',fontsize=20)
# plt.legend(['成交量','成交金额'],fontsize=20)
plt.savefig('work/' + file_name.split('.')[0] + '_rel.png')
plt.show()
```

调用上述分析函数，为每支股票绘制相关的展示图。

```
for file in files:
    get_max_min(file)
    get_deal(file)
    get_diff(file)
get_rel(file)
```

部分可视化结果如图 2-4-7、图 2-4-8、图 2-4-9 和图 2-4-10 所示。

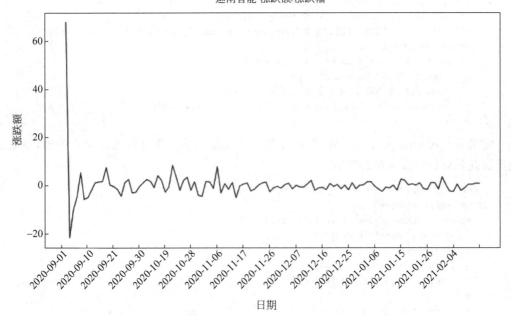

图 2-4-7　股票的涨跌额及涨跌幅度变化图

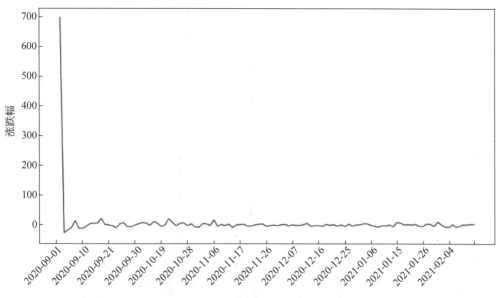

图 2-4-7 （续表）

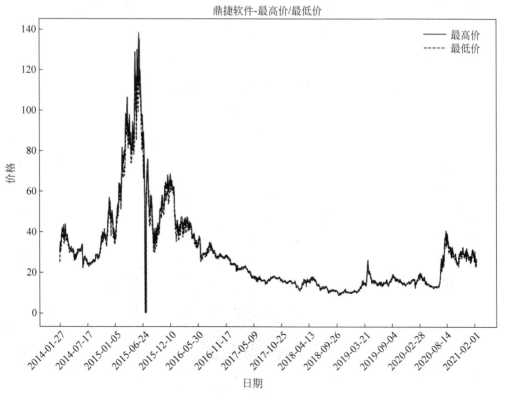

图 2-4-8 股票的最高价/最低价变化图

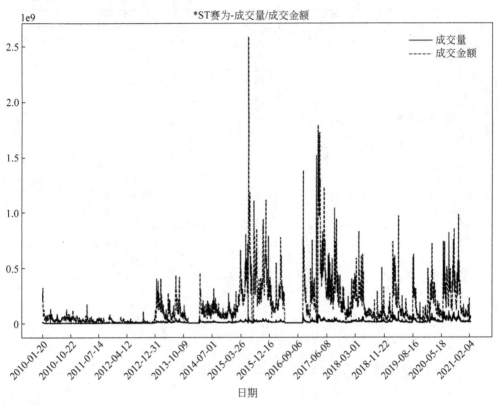

图 2-4-9　股票成交量/成交金额变化图

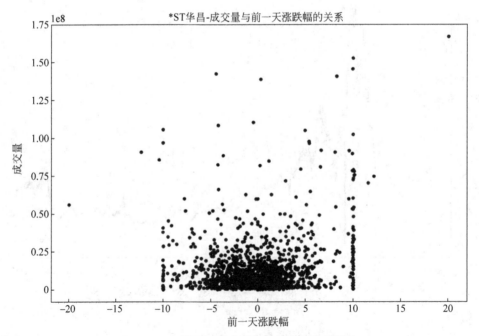

图 2-4-10　股票的涨跌额与次日成交量关系图

第3章 机器学习基础实践

机器学习是人工智能领域内的一个重要分支,旨在通过计算的手段,利用经验来改善计算机系统的性能,这里的经验通常指历史数据。机器学习的原理是从大量的数据中抽象出一个算法模型,然后将新数据输入到模型中,得到模型对其的判断(例如类型、预测实数值等),也就是说,机器学习是一门主要研究学习算法的学科。

3.1 实践一:基于线性回归/Lasso 回归/多项式回归实现房价预测

基于线性回
归-Lasso 回
归-多 项 式
回归实现房
价预测

回归算法是机器学习领域一个非常经典的学习算法,主要用于对输入自变量产生一个对应的输出因变量值,通常,因变量为实数范围内的数值类型数据。在形式上,对于一个点集,用一条曲线去拟合其分布的过程,就叫作回归。线性回归算法是最简单的回归算法,其表达形式为 $y = w^{\mathrm{T}}x + b$,w 即为所学习的参数,x、y 分别为自变量与因变量,在机器学习任务中,称之为输入特征与输出结果。线性回归算法是指自变量之间通过一个线性组合便可得到因变量的预测结果的算法,对于一些线性可分的数据集,可以尝试使用线性回归模型进行建模。

在机器学习建模的过程中,通常会出现两种情况,一种是欠拟合,另一种是过拟合。欠拟合是指模型在训练数据和测试数据上都不能很好地拟合数据的特征,常出现在模型较为简单,但是数据的分布形式较复杂的情况。对于欠拟合,可以通过增加模型的复杂度来解决。过拟合是指模型在训练数据上可以很好地拟合数据的特征,但是却无法很好地拟合测试数据的特征,常出现在模型较为复杂,但是数据的分布形式较简单的情况。对于过拟合,可以通过使用正则化的策略来解决。常用的正则化策略包括 L1 正则和 L2 正则。L1 正则限制模型各个参数的绝对值之和,倾向于产生稀疏的特征。L2 正则限制模型各个参数的平方和的开方值,倾向于使得各个特征趋近于 0。

岭回归算法可以看作是带有 L2 正则的线性回归算法,其是一种专用于共线性数据分析的有偏估计回归方法,实质上是一种改良的最小二乘估计法,通过放弃最小二乘法的无偏性,以损失部分信息、降低精度为代价获得回归系数更为符合实际、更可靠的回归方法,对病态数据的拟合要强于最小二乘法。

Lasso 回归算法可以看作是带有 L1 正则的线性回归算法,其是一种压缩估计,通过构造一个惩罚函数得到一个较为精炼的模型,使得它压缩一些回归系数,即强制系数绝对值之和小于某个固定值,同时设定一些回归系数为零。因此,Lasso 回归算法保留了子集收缩的优点,是一种处理具有复共线性数据的有偏估计。

多项式回归算法是线性回归算法的一种扩展。在一些场景中,使用直线无法拟合全部的数据,则需要使用高阶的曲线进行拟合,如二次模型等,而多项式回归算法能够对一些更复杂的、非线性可分的数据集进行建模。具体来说,在多项式回归算法中,引入了特征的更高次方,例如平方项或立方项,通过增加模型的自由度来捕获数据中非线性的变化。

回归任务最常用的性能度量方式为均方误差,即计算真实值与预测值之间的差平方的均值,也就是真实值与预测值之间的欧氏距离,最小化该值可以使预测误差尽可能小,并且对均方误差值的优化是一个凸优化过程(二次损失函数,可以求得最小值),可以使用最小二乘法对模型进行求解,使得所有样本到所拟合曲线上的距离之和最小。

本书就回归算法模型进行代码演示,在波士顿房价数据集上进行建模,对于模型未见过的数据,使用建模的回归模型预测其房价。该建模过程主要分为以下四个步骤:数据加载、模型配置、模型训练、模型评估。本节实践的平台为 AI Studio,实践环境为 Python 3.7。

步骤 1: 数据加载

获取数据集:直接通过 sklearn 的 datasets 模块获取波士顿房价数据集,并打印数据集的 shape。其中: boston. data 为获取数据集的特征信息部分, boston. target 为获取数据集的房价标签部分。

```
# 加载相关包
import numpy as np
import os
import matplotlib
import matplotlib. pyplot as plt
import pandas as pd

from sklearn import datasets, linear_model
from sklearn. model_selection import train_test_split
from sklearn. linear_model import LinearRegression
from sklearn. preprocessing import PolynomialFeatures, StandardScaler
from sklearn. pipeline import Pipeline
from sklearn. metrics import mean_squared_error


boston = sklearn. datasets. load_boston()

print(boston. data. shape)
print(boston. target. shape)

print(boston. feature_names)
print(boston. DESCR)
```

输出结果如下所示:

```
(506, 13)
(506,)
['CRIM' 'ZN' 'INDUS' 'CHAS' 'NOX' 'RM' 'AGE' 'DIS' 'RAD' 'TAX' 'PTRATIO'
'B' 'LSTAT']
```

通过代码输出可以看出,该数据集包含 506 条数据,每条数据包含 13 个输入变量和 1

个输出变量,输入变量包含房屋以及房屋周围的详细信息,例如城镇犯罪率、一氧化氮浓度、住宅平均房间数、到中心区域的加权距离以及自住房平均房价等。

步骤 2:数据预处理

对于下载的数据集,由于该数据集中原始的特征尺度不一,因此首先需要对原始数据进行归一化操作,方可进行后续的模型训练。本实践使用 sklearn. preprocessing. StandardScaler()函数进行归一化处理,其通过去除均值和缩放为单位变量实现特征标准化。在完成归一化后,我们将数据集切分为训练集与测试集两个子集以进行后续的训练过程。

```
x = boston.data
y = boston.target

ss = StandardScaler()
x = ss.fit_transform(x)

x_train, x_test, y_train, y_test = train_test_split(x, y, test_size = 0.2, random_state = 3)
```

之后我们调用 pandas 库函数,实现清晰的数据展示。

```
bos = pd.DataFrame(x_train)
print(bos.head())
```

输出结果如图 3-1-1 所示,可以看出数据已经进行了归一化的处理。

```
          0         1         2         3         4         5         6  \
0  0.686614 -0.487722  1.015999 -0.272599  1.367490  0.631645  0.907687
1  0.049445 -0.487722  1.015999 -0.272599 -0.196047 -0.079260  0.786781
2 -0.416206  0.370669 -1.139082 -0.272599 -0.965723  0.973563 -1.115709
3  1.327804 -0.487722  1.015999 -0.272599  0.512296 -1.397069  1.021481
4 -0.405253 -0.487722 -0.375976 -0.272599 -0.299707 -0.224575  0.591198

          7         8         9        10        11        12
0 -0.617477  1.661245  1.530926  0.806576 -3.837460  0.849024
1 -0.330735  1.661245  1.530926  0.806576  0.423838  0.030409
2  0.689122 -0.523001 -1.141751 -1.643945  0.389848 -1.130230
3 -0.805438  1.661245  1.530926  0.806576 -0.078878  1.718101
4 -0.795123 -0.523001 -0.143951  1.130230  0.340070  0.201421
```

图 3-1-1　预处理后的波士顿房价数据集

步骤 3:模型配置

本实践调用 sklearn. linear_model 类实现线性回归、Lasso 回归和多项式回归算法,首先实例化模型,之后调用 fit()函数训练模型。模型训练结束后,根据训练好的模型,在测试数据上调用 score()函数、mean_squared_error()函数计算均方根误差进行评估。

(1)基于线性回归的波士顿房价预测。

```
# 线性回归:
def li_model():
    model = linear_model.LinearRegression()
    return model
```

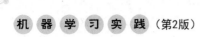

```
model1 = li_model()
model1.fit(x_train, y_train)
train_score1 = model1.score(x_train, y_train)
test_score1 = model1.score(x_test, y_test)
print("训练集上的 train_score: ", train_score1)
print("测试集上的 train_score: ", test_score1)

y_pred1 = model1.predict(x_test)
rmse1 = (np.sqrt(mean_squared_error(y_test, y_pred1)))
print("测试集上的 rmse: ", rmse1)
```

输出结果如下所示：

训练集上的 train_score: 0.7239410298290112
测试集上的 train_score: 0.7952617563243858
测试集上的 rmse: 4.116196425564963

（2）基于 Lasso 回归的波士顿房价预测。

```
# 岭回归:
def la_model():
    model = linear_model.LassoCV()
    return model


model2 = la_model()
model2.fit(x_train, y_train)

# Lasso 系数
print(model2.alpha_)
# 相关系数
print(model2.coef_)

train_score2 = model2.score(x_train, y_train)
test_score2 = model2.score(x_test, y_test)
print("训练集上的 train_score: ", train_score2)
print("测试集上的 train_score: ", test_score2)

y_pred2 = model2.predict(x_test)
rmse2 = (np.sqrt(mean_squared_error(y_test, y_pred2)))
print("测试集上的 rmse: ", rmse2)
```

输出结果如下所示：

0.006848057478670192
[−1.04627962 1.0952031 −0.33778052 0.8531124 −1.77967908 2.53107055
 −0.25071085 −3.0417173 2.55200506 −1.73738179 −1.95608356 0.90793361
 −3.41528279]
训练集上的 train_score: 0.7239147183349263
测试集上的 train_score: 0.7953129722912958
测试集上的 rmse: 4.115681553106814

（3）基于多项式回归的波士顿房价预测。

```
# 多项式回归:
def pn_model(degree = 1):
```

```
pn_feature = PolynomialFeatures(degree = degree, include_bias = False)
li = linear_model.LinearRegression()
pipeline = Pipeline([('pn',pn_feature),('li',li)])
return pipeline
```

```
model3 = pn_model(degree = 2)
model3.fit(x_train, y_train)
train_score3 = model3.score(x_train, y_train)
test_score3 = model3.score(x_test, y_test)
print("训练集上的 train_score: ", train_score3)
print("测试集上的 train_score: ", test_score3)

y_pred3 = model3.predict(x_test)
rmse3 = (np.sqrt(mean_squared_error(y_test, y_pred3)))
print("测试集上的 rmse: ", rmse3)
```

输出结果如下所示：

```
训练集上的 train_score:  0.9305468799409318
测试集上的 train_score:  0.8600492818189005
测试集上的 rmse:  3.403174122380949
```

通过以上模型的预测结果我们可以看出，多项式回归模型取得了最佳的回归效果，显著降低了使用线性回归模型的均方根误差值，但是通过观察模型在训练集和测试集的表现可知，模型面临了过拟合的情况，也就是模型在训练集上性能较好，但是在测试集上性能较差。

步骤 4：模型结果可视化

在此步骤中，将训练好的多项式回归模型的预测效果进行可视化展示。理想状态下，模型的预测值与真实值相等，即 $y'=y$，两者应该在直线 $y=x$ 上分布。绘制以真实值为横坐标，预测值为纵坐标的散点图，观察预测值与 $y=x$ 直线的分布差异，可直观判断回归模型的性能。

```
plt.scatter(y_test, y_pred3, label = "test")
plt.plot([y_test.min(), y_test.max()],
         [y_test.min(), y_test.max()],
         'k--',
         lw = 3,
         label = "predict"
         )

plt.show()
```

输出结果如图 3-1-2 所示。

由图可以看出，多项式回归模型在小于 35 时的房价预测的较为准确。在超过 35 后，预测值会小于真实值。

在以上实践中，我们对比了几种简单的回归算法在波士顿房价预测数据集上的表现。对于回归算法来说，线性回归算法只能处理线性可分的数据，对于线性不可分数据，需要使用对数线性回归、广义线性回归或者其他回归算法，感兴趣的读者可以自行查阅资料学习。

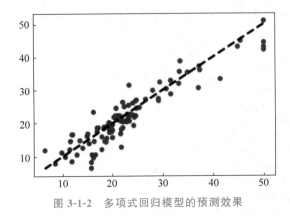

图 3-1-2　多项式回归模型的预测效果

基于朴素贝叶斯实现文本分类

3.2　实践二：基于朴素贝叶斯实现文本分类

分类问题是机器学习领域的另一个经典问题，和回归问题预测输入数据对应的连续值相对。分类问题即预测一系列的离散值，有很多经典的分类算法，例如贝叶斯算法、支持向量机以及逻辑回归算法等。贝叶斯分类算法是以贝叶斯定理为基础的一系列分类算法，包含朴素贝叶斯算法与树增强型朴素贝叶斯算法。朴素贝叶斯算法是最简单但是十分高效的贝叶斯分类算法，因为其假设输入特征之间相互独立，因此得名"朴素"。

在文本分类中，根据贝叶斯定理 $P(c|d) = \dfrac{P(d|c) * P(c)}{P(d)}$，文档 d 属于类型 c 的概率等于文档 d 对类型 c 的条件概率乘以类型 c 的出现概率，再除以文档 d 的出现概率，取概率最大的类型作为文本的判别类型，可形式化为 $y' = \underset{c \in C}{\mathrm{argmax}} \dfrac{P(d|c)P(c)}{P(d)}$，其中同一文档计算概率大小时，$P(d)$ 相同，故可省略，因此 $y' = \underset{c \in C}{\mathrm{argmax}} P(d|c)P(c)$。假设文档的特征为 $d = (x_1, x_2, x_3, \cdots, x_n)$，根据朴素贝叶斯的核心思想，各变量之间相互独立，则有 $P(d|c) = P(x_1|c)P(x_2|c)P(x_3|c)\cdots P(x_n|c)$，因此最终的分类结果变为：$y' = \underset{c \in C}{\mathrm{argmax}} P(x_1|c)P(x_2|c)P(x_3|c)\cdots P(x_n|c)P(c) = \underset{c \in C}{\mathrm{argmax}} P(c)\prod_{x \in d} P(x|c)$。根据上述观察，只需在全局数据集上统计 $P(c)$ 以及 $P(x|c)$，便可轻松获得文本的类型。

本节依旧使用 Sklearn 包中封装好的朴素贝叶斯算法，实现文本分类。本节实践的平台为 AI Studio，实践环境为 Python 3.7。

步骤 1：数据集简介

本实践采用的数据集为网上公开的从中文新闻网站上爬取 56821 条新闻摘要数据，数据集中包含 10 个类型（各类型数据量统计如表 3-2-1 所示），本节实践将其中 90% 作为训练集，10% 作为验证集。

表 3-2-1　新闻数据集样本数统计

国际	4354	汽车	7469
文化	5110	教育	8066
娱乐	6043	科技	6017
体育	4818	证券	3654
财经	7432	房产	3858

步骤 2：文本数据预处理

文本数据由于其自然语言形式，无法直接输入到计算机进行处理，需要对其进行自然语言到数字的转化。本实践最终将文本表示为 one-hot 形式，即对于给定词表，若文本中出现了词表中的词，则将与词表大小相同的向量中该词对应的位置置为 1，否则为 0。因此，需要在全局语料上构建一个词表，首先使用结巴分词对语料进行分词，为了不使词表过大造成过度复杂的计算，本实践只采样一定数量的高频词作为词表集合，同时为了避免一些高频无意义的词干扰文本表示，在构建词表时，首先也会将上述高频无意义的停用词去除。

```python
# 导入必要的包
import random
import jieba                                          # 处理中文
from sklearn import model_selection
from sklearn.naive_bayes import MultinomialNB
from sklearn.metrics import accuracy_score,classification_report
import re,string
```

首先，加载文本，过滤其中的特殊字符。

```python
# 结巴分词,将文本转化为词列表
def text_to_words(file_path):
    sentences_arr = []
    lab_arr = []
    with open(file_path,'r',encoding = 'utf8') as f:
        for line in f.readlines():
            lab_arr.append(line.split('_!_')[1])          # 文本所属标签
            sentence = line.split('_!_')[-1].strip()
            # 去除标点符号
            sentence = re.sub("[\s + \.\!\/_,$ % SymbolYCp * ( + \"\')] + | [ + ——( )?
【】""!,.?、~@#￥ % …… & * ()«»:] + ", "",sentence)
            sentence = jieba.lcut(sentence, cut_all = False)
            sentences_arr.append(sentence)
    return sentences_arr, lab_arr
```

加载停用词表，对文本词频进行统计，过滤掉停用词及词频较低的词，构建词表。

```python
# 加载停用词表
def load_stopwords(file_path):
    stopwords = [line.strip() for line in open(file_path, encoding = 'UTF - 8').readlines()]
    return stopwords
# 词频统计
def get_dict(sentences_arr,stopswords):
    word_dic = {}
    for sentence in sentences_arr:
```

```
        for word in sentence:
            if word != ' ' and word.isalpha():
                if word not in stopswords:                    # 停用词处理
                    word_dic[word] = word_dic.get(word,1) + 1
# 按词频序排列
word_dic = sorted(word_dic.items(),key = lambda x:x[1],reverse = True)
return word_dic

# 构建词表,过滤掉频率低于 word_num 的单词
def get_feature_words(word_dic,word_num):
    '''
    从词典中选取 N 个特征词,形成特征词列表
    return: 特征词列表
    '''
    n = 0
    feature_words = []
    for word in word_dic:
        if n < word_num:
            feature_words.append(word[0])
        n += 1
return feature_words

# 文本特征表示
def get_text_features(train_data_list, test_data_list, feature_words):
        # 根据特征词,将数据集中的句子转化为特征向量
        def text_features(text, feature_words):
        text_words = set(text)
        features = [1 if word in text_words else 0 for word in feature_words]
        return features                                    # 返回特征
    train_feature_list = [text_features(text, feature_words) for text in
train_data_list]
    test_feature_list = [text_features(text, feature_words) for text in test_data_list]
return train_feature_list, test_feature_list

# 调用上述函数,完成词表构建
sentences_arr, lab_arr = text_to_words('data/data6826/news_classify_data.txt')
# 加载停用词
stopwords = load_stopwords('data/data43470/stopwords_cn.txt')
# 生成词典
word_dic = get_dict(sentences_arr,stopwords)
# 生成特征词列表,此处使用词维度为 10000
feature_words = get_feature_words(word_dic,10000)
```

切分数据集,并将文本数据转化为固定长度的 ID 向量。

```
# 数据集划分
train_data_list, test_data_list, train_class_list, test_class_list = model_selection.train_
test_split(sentences_arr,lab_arr, test_size = 0.1)
# 生成特征向量
train_feature_list,test_feature_list = get_text_features(train_data_list,test_data_list,
feature_words)
```

步骤 3：模型定义与训练

上述概率计算中,可能存在某一个单词在某个类型中从来没有出现过,即某个属性的条

件概率为 0($P(x|c)=0$),此时会导致整体概率为 0。为了避免这种情况出现,引入拉普拉斯平滑参数,将条件概率为 0 的属性的概率设定为固定值,具体地,对每个类型下所有单词的计数加 1,当训练样本集数量充分大时,并不会对结果产生影响。下面调用接口的参数中,alpha 为 1 时,表示使用拉普拉斯平滑方式,若设置为 0,则不使用平滑;fit_prior 代表是否学习先验概率 $P(Y=c)$,如果设置为 False,则所有的样本类别输出都有相同的类别先验概率;class_prior 为各类型的先验概率,如果没有给出具体的先验概率则自动根据数据进行计算。

```
# 获取朴素贝叶斯分类器
classifier = MultinomialNB(alpha = 1.0,          # 拉普拉斯平滑
                           fit_prior = True,      # 是否要考虑先验概率
                           class_prior = None)

# 进行训练
classifier.fit(train_feature_list, train_class_list)
```

步骤 4:模型验证

模型训练结束后,可使用验证集测试模型的性能,同第 3.2 节,输出准确率的同时,对各个类型的精确率、召回率以及 F1 值也进行输出。

```
# 在验证集上进行验证
test_accuracy = classifier.score(test_feature_list, test_class_list)
print(test_accuracy)
predict = classifier.predict(test_feature_list)
print(classification_report(test_class_list, predict))
```

输出结果如图 3-2-1 所示。

```
accuracy_score: 0.7700
Classification report for classifier:
              precision    recall  f1-score   support

           0       0.73      0.70      0.72       522
           1       0.74      0.86      0.79       558
           2       0.89      0.82      0.86       504
           3       0.64      0.66      0.65       784
           4       0.82      0.79      0.81       371
           5       0.85      0.85      0.85       733
           6       0.82      0.83      0.83       847
           7       0.71      0.69      0.70       572
           8       0.78      0.66      0.72       433
           9       0.76      0.81      0.78       359

    accuracy                           0.77      5683
   macro avg       0.77      0.77      0.77      5683
weighted avg       0.77      0.77      0.77      5683
```

图 3-2-1 朴素贝叶斯文本分类结果

步骤 5:模型预测

使用上述训练好的模型,对任意给定的文本数据,可进行预测,观察模型的泛化性能。

```
# 加载句子,对句子进行预处理:去除标点、分词
def load_sentence(sentence):
```

```
# 去除标点符号
    sentence = re.sub("[\s + \.\!\/_, $ % SymbolYCp * ( + \"\')] + |[ + ——()?【】""!,.?、~@ #
¥ % …& * ()«»:] + ", "",sentence)
    sentence = jieba.lcut(sentence, cut_all = False)
return sentence


lab = [ '文化', '娱乐', '体育', '财经','房产', '汽车', '教育', '科技', '国际', '证券']


p_data = '【中国稳健前行】应对风险挑战必须发挥制度优势'
sentence = load_sentence(p_data)
sentence = [sentence]
print('分词结果:', sentence)
# 形成特征向量
p_words = get_text_features(sentence,sentence,feature_words)
res = classifier.predict(p_words[0])
print(lab[int(res)])
```

输出结果如图 3-2-2 所示。

```
分词结果: [['中国', '稳健', '前行', '应对', '风险', '挑战', '必须', '发挥', '制度', '优势']]
所属类型: 财经
```

图 3-2-2　文本分类预测结果展示

3.3　实践三：基于逻辑回归模型实现手写数字识别

基于逻辑回归模型实现手写数字识别

逻辑回归是线性回归的一个变体版本,即建模函数 $\ln \dfrac{y}{1-y} = \boldsymbol{w}^{\top}\boldsymbol{x} + \boldsymbol{b}$。此处,$y$ 为样本 x 作为正样本的可能性,$1-y$ 为其为负样本的可能性,两者的比值 $\dfrac{y}{1-y}$ 称为几率,反映了 x 作为正样本的相对可能性,因此逻辑回归又称作对数几率回归。

逻辑回归虽然称作回归,但实际上是一种分类学习算法,无须事先假设数据的分布即可进行建模,避免了先验假设分布偏差带来的影响,并且得到的是近似概率预测,对需要概率结果辅助决策的任务十分友好。逻辑回归使用极大似然估计进行参数学习,即最大化模型的对数似然值,使得每个样本属于真实标签的概率越大越好。该优化目标可以通过牛顿法、梯度下降法等求得最优解。

Sklearn 是 Python 的一个机器学习库,它有比较完整的监督学习与非监督学习的算法实现,本节将利用 Sklearn 中的逻辑回归算法,实现 MNIST 手写数字识别。本节实践的平台为 AI Studio,实践环境为 Python 3.7。

步骤 1：数据集加载及预处理

MNIST 数据集来自美国国家标准与技术研究所,训练集由来自 250 个不同人手写的数字构成,其中,50% 是高中学生,50% 是人口普查局的工作人员,测试集也包含同样比例人群的手写数字图片。数据集总共包含 60000 个训练集和 10000 测试数据集,分为图片和标签,图片是 28×28 的像素矩阵,标签为 0~9 共 10 个数字。由于数据集存储格式为二进制,因此在读取时需要逐字节进行解析。首先将数据集挂载到当前工作空间下，然后解压（在 AI Studio 可编辑 Notebook 界面中，若要执行 Linux 命令，只需在命令前加"!"即可），读取图片数据。

```
!unzip data/data7869/mnist.zip
!gzip -dfq mnist/train-labels-idx1-ubyte.gz
!gzip -dfq mnist/t10k-labels-idx1-ubyte.gz
!gzip -dfq mnist/train-images-idx3-ubyte.gz
!gzip -dfq mnist/t10k-images-idx3-ubyte.gz

# 导入相关包
import struct,os
import numpy as np
from array import array as pyarray
from numpy import append, array, int8, uint8, zeros
from sklearn.metrics import accuracy_score,classification_report
import matplotlib.pyplot as plt

# 定义加载 MNIST 数据集的函数
def load_mnist(image_file, label_file, path = "mnist"):
    digits = np.arange(10)

    fname_image = os.path.join(path, image_file)
    fname_label = os.path.join(path, label_file)

    flbl = open(fname_label, 'rb')                          # 读取标签文件
    magic_nr, size = struct.unpack(">II", flbl.read(8))
    lbl = pyarray("b", flbl.read())
    flbl.close()

    fimg = open(fname_image, 'rb')                          # 读取图片文件
    magic_nr, size, rows, cols = struct.unpack(">IIII", fimg.read(16))
    img = pyarray("B", fimg.read())
    fimg.close()

    ind = [ k for k in range(size) if lbl[k] in digits ]
    N = len(ind)

    images = zeros((N, rows * cols), dtype = uint8)
    labels = zeros((N, 1), dtype = int8)
    for i in range(len(ind)):                               # 将图片转化为像素矩阵格式
        images[i] = array(img[ ind[i] * rows * cols : (ind[i] + 1) * rows * cols ]).reshape((1,
rows * cols))
        labels[i] = lbl[ind[i]]

    return images, labels

# 定义图片展示函数
def show_image(imgdata, imgtarget, show_column, show_row):
    # 注意这里的 show_column * show_row == len(imgdata)
    for index,(im,it) in enumerate(list(zip(imgdata,imgtarget))):
        xx = im.reshape(28,28)
```

```
        plt.subplots_adjust(left = 1, bottom = None, right = 3, top = 2, wspace = None, hspace =
None)
        plt.subplot(show_row, show_column, index + 1)
        plt.axis('off')
        plt.imshow(xx , cmap = 'gray',interpolation = 'nearest')
        plt.title('label: % i' % it)
```

```
# 调用函数,加载训练集数据
train_image, train_label = load_mnist("train - images - idx3 - ubyte", "train - labels - idx1 -
ubyte")
# 调用函数,加载测试集数据
test_image, test_label = load_mnist("t10k - images - idx3 - ubyte","t10k - labels - idx1 -
ubyte")
# 显示训练集前 50 个数字
show_image(train_image[:50], train_label[:50], 10,5)
```

输出结果如图 3-3-1 所示。

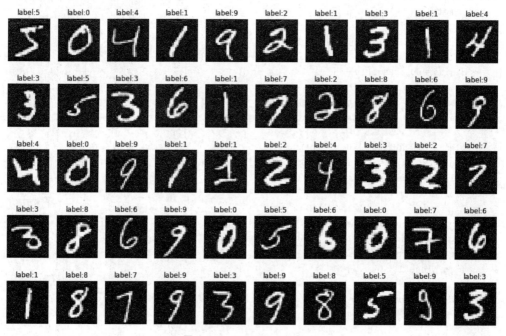

图 3-3-1　MINST 手写数字

步骤 2：模型定义

此处直接将 sklearn. linear_model 中的 LogisticRegression 导入即可,注意,虽然逻辑回归并没有直接建模输出 y 与输入特征 x 之间的映射关系,但它本质上是线性回归算法的一种变体,且回归参数 w 对于输入特征而言仍是线性的,因此也属于线性模型的范畴。

```
# 导入 LogisticRegression 类
from sklearn.linear_model import LogisticRegression
# 实例化 LogisticRegression 类
lr = LogisticRegression()
```

步骤 3：模型学习

由于图片数据的像素值取值范围为 0～255,过大的计算值可能导致计算结果非常大,或者梯度变化剧烈,因此不利于模型的学习与收敛。为避免上述情况出现,首先需要对训练数据做预处理,也就是尺度缩放,比如对每个像素值都除以其最大像素值 255,将所有像素值压缩到 0～1 的范围内,然后再进行学习。

```
# 数据缩放
train_image = [im/255.0 for im in train_image]
# 训练模型
lr.fit(train_image,train_label)
```

步骤 4：模型验证

模型训练结束后,可在验证集或测试集上测试其性能,对于分类任务,最常见的评价指标包括准确率(accuracy)、精确率(precision)、召回率(recall)、F1 值(F1-score)等。其中,精确率反映正样本的判断准确率,召回率反映正样本中被实际识别的样本比例,而 F1 值则是精确率与召回率的折中,在各类型样本数量不均衡时,该指标很好地反映模型的性能。

```
# 数据缩放
test_image = [im/255.0 for im in test_image]
# 测试集结果预测
predict = lr.predict(test_image)
# 打印准确率及各分类评价指标
print("accuracy_score: %.4lf" % accuracy_score(predict,test_label))
print("Classification report for classifier %s:\n%s\n" % (lr, classification_report(test_label, predict)))
```

各指标输出如图 3-3-2 所示。

```
accuracy_score: 0.9257
Classification report for classifier LogisticRegression
              precision    recall  f1-score   support

           0       0.95      0.98      0.96       980
           1       0.96      0.98      0.97      1135
           2       0.93      0.90      0.91      1032
           3       0.90      0.91      0.91      1010
           4       0.94      0.93      0.93       982
           5       0.91      0.88      0.89       892
           6       0.94      0.95      0.94       958
           7       0.94      0.92      0.93      1028
           8       0.87      0.88      0.88       974
           9       0.91      0.92      0.91      1009

    accuracy                           0.93     10000
   macro avg       0.92      0.92      0.92     10000
weighted avg       0.93      0.93      0.93     10000
```

图 3-3-2　逻辑回归手写数字识别结果

3.4　实践四：基于 SVM/决策树/XGBoost 算法实现鸢尾花

支持向量机(SVM)的主要思想为最大化不同类型的样本到分类超平面之间的距离和。

基于 SVM/
决策树/
XGBoost
算法实现
鸢尾花

当数据完全线性可分时,得到的最大间隔是硬间隔,即两个平行的超平面(间隔带)之间不存在样本点;当数据部分线性可分时,两个超平面之间允许存在一些样本点,此时得到的最大间隔平面是软间隔平面。对于完全线性不可分的数据,一般的支持向量机算法无法满足要求,但是适当使用核技巧,将非线性样本特征映射到高维线性可分空间,便可应用支持向量机进行分类,此时的支持向量机称为非线性支持向量机。常用的核技巧包括:线性核函数、多项式核函数、高斯核函数(径向基函数)。其中,高斯核函数需要进行调参,即核变换的带宽,它控制径向作用范围。

决策树算法也是一种典型的分类算法,其首先对数据进行处理,利用归纳算法生成可读的规则和决策树,然后使用决策对新数据进行分析。生成的决策树是一种树形结构,其中,每个内部节点表示一个属性上的测试,每个分支代表一个测试输出,每个叶节点代表一种类别。本质上决策树是通过一系列规则对数据进行分类的过程。具体来说,对于决策的过程,首先从根节点开始,测试待分类项中相应的特征属性,并按照其值选择输出分支,直至到达叶节点,将叶节点存放的类别作为决策结果。

集成学习在分类任务中是另一种经典的算法,其通过将多个弱分类器集成在一起,使它们共同完成学习任务以构建一个强分类器。潜在的哲学思想是"三个臭皮匠,赛过诸葛亮"。集成学习中有两类集成方法,分别为 Bagging(Bootstrap Aggregating)和 Boosting 方法。Bagging 方法基于数据随机重抽样的思想,利用 Bootstrap 抽样(有放回的随机抽样)方法从整体数据集中抽样得到 N 个数据集,之后在每个数据集上学习出一个弱分类器模型,再利用 N 个模型的输出投票得到最后的强分类器的预测结果。对于 Bagging 方法,可以使用决策树作为其基分类器。Boosting 方法基于错误提升分类器性能的思想,通过集中关注被已有分类器分类错误的样本,构建新的分类器。也就是说,每一次迭代时训练集的选择都与前面各轮的学习结果有关,而且每次都是通过更新各个样本权重的方式来改变数据分布。在Boosting 方法中,最终生成的强分类器中的各个弱分类器也具有不同的权重,预测效果越好的弱分类器的权重越高,预测效果越差的弱分类器的权重越低。Boosting 方法的代表算法包括随机森林、GBDT(Gradient Boosting Decision Tree)梯度提升决策树算法以及 xgboost算法等。

Boosting 方法采用的是加法模型和前向分步算法来解决分类和回归问题,而以决策树作为基函数的提升方法称为提升树。GBDT 是提升树算法的一种,其使用 CART(Classification and Regression Tree)分类和回归树中的回归树作为基分类器。GBDT 是一种迭代的决策树算法,通过多轮迭代,每轮学习都在上一轮训练的残差(损失函数的负梯度)的基础上进行训练。在回归问题中,每轮迭代产生一棵 CART 回归树,迭代结束时将得到多棵 CART 回归树,然后把所有的树加总起来就得到了最终的提升树。XGBoost 算法是Boosting 集成学习算法中的另一个经典算法,其基于 GBDT 算法改进而来的,二者本质上都利用了 Boosting 算法中拟合残差的思想。

本节使用 Sklearn 中封装好的支持向量机、决策树算法以及优化的分布式梯度增强库XGBoost 实现鸢尾花数据集的分类任务,并绘制分类超平面,可视化分类效果。本节实践的平台为 AI Studio,实践环境为 Python 3.7。

步骤 1：数据集加载

在第 3.1 节是直接从 sklearn. datasets 中加载集成的数据集，而本小节采用另一种数据加载方式，从挂载在当前目录下的数据集文件中读取数据，用于训练。

```
# 加载相关包
import numpy as np
from matplotlib import colors
from sklearn import svm
from sklearn import model_selection
import matplotlib.pyplot as plt
import matplotlib as mpl

# 将字符串转化为整形
def iris_type(s):
    it = {b'Iris - setosa':0, b'Iris - versicolor':1, b'Iris - virginica':2}
    return it[s]

# 加载数据
data = np.loadtxt('/home/aistudio/data/data2301/iris.data',
                  dtype = float,                           # 数据类型
                  delimiter = ',',                         # 数据分割符
                  converters = {4:iris_type})              # 将标签用 iris_type 进行转换
# 数据分割,将样本特征与样本标签进行分割
x, y = np.split(data, (4, ), axis = 1)
x = x[:, :2]                                               # 取前两个特征进行分类
# 调用 model_selection 函数进行训练集、测试集切分
x_train, x_test, y_train, y_test = model_selection.train_test_split(x, y, random_state = 1,
test_size = 0.2)
```

步骤 2：模型配置及训练

调用 fit() 函数构造训练函数。

```
# 训练函数
def train(clf, x_train, y_train):
    clf.fit(x_train, y_train.ravel())
```

（1）构造 SVM 分类器。

sklearn. svm. SVC()函数提供多个可配置参数。其中，C 为错误项的惩罚系数。C 越大，对训练集错误项的惩罚越大，模型在训练集上的准确率越高，越容易过拟合；C 越小，越允许训练样本中有一些误分类错误的样本，泛化能力越强。对于训练样本带有噪声的情况，一般采用较小的 C，把训练样本集中错误分类的样本作为噪声。kernel 为采用的核函数，可选的为 linear/poly/rbf/sigmoid/precomputed，默认为线性核；decision_function_shape 设置为 ovr 时表示一对多分类决策函数，设置为 ovo 时表示一对一分类决策函数。

```
# SVM 分类器构建
from sklearn import svm
# 构建 SVM 分类器
def SVM_classifier():
```

```
clf = svm.SVC(C = 0.8, kernel = 'rbf', decision_function_shape = 'ovo')
return clf

# 生成 SVM 模型以及调用函数训练
clf1 = SVM_classifier()
train(clf1, x_train, y_train)
```

（2）构造决策树分类器。

调用 sklearn. tree. DecisionTreeClassifier()函数构造决策树模型,其中包含了一系列的可选参数。例如：criterion 为特性选择的标准,默认设置为 gini,即基尼系数,其是 CART 算法中采用的度量标准,该参数还可以设置为 entropy,表示信息增益;splitter 为特征节点划分标准,默认设置为 best,其表示在所有特征上递归,一般用于训练样本数据量不大的场合,该参数还可以设置为 random,表示随机选择一部分特征进行递归,一般用于训练数据量较大的场合,可以减少计算量;max_depth 为设置决策树的最大深度,默认为 None,None 表示不对决策树的最大深度作约束,直到每个叶节点上的样本均属于同一类,或者少于 min_samples_leaf 参数指定的叶节点上的样本个数,也可以指定一个整型数值,设置树的最大深度,在样本数据量较大时,可以通过设置该参数提前结束树的生长;min_samples_split 为当对一个内部节点划分时,要求该节点上的最小样本数,默认为 2;min_samples_leaf 为设置叶节点上的最小样本数,默认为 1。

```
from sklearn. tree import DecisionTreeClassifier
# 构建决策树分类器
def dtree_classifier():
    clf = DecisionTreeClassifier(criterion = "entropy", splitter = 'best',
                                  max_depth = None,
                                  min_samples_split = 5,
                                  min_samples_leaf = 1,
                                  min_weight_fraction_leaf = 0.0,
                                  max_features = None,
                                  random_state = None,
                                  max_leaf_nodes = None,
                                  min_impurity_decrease = 0.0,
                                  min_impurity_split = None,
                                  class_weight = None,
                                  presort = False)

    return clf

# 生成决策树模型定义以及调用函数训练
clf2 = dtree_classifier()
train(clf2, x_train, y_train)
```

（3）构造 xgboost 分类器。

调用 xgboost. XGBClassifier 构造 xgboost 模型,其中包含了一系列的可选参数。例如：learning_rate 为学习率,用于控制每次迭代更新权重时的步长,默认为 0.3;n_estimatores 为总共迭代的次数,即决策树的个数;max_depth 表示决策树的最大深度,默认值为 6;objective 用于指定训练任务的目标,参数默认为 reg：squarederror,表示以平方损失为损失函数的回归模型,还可以设置为 binary：logistic 以及 multi：softmax 等;binary：logistic 表示二分类逻辑回归模型（输出为概率，即 sigmoid 函数值）；multi:softmax 表示使用 softmax 作为目标函数的多分类模型。

```
from xgboost import XGBClassifier
def xgb_classifier():
    clf = XGBClassifier(learning_rate = 0.001,
                        n_estimators = 3,           # 树的个数, 10 棵树建 xgboost
                        max_depth = None,           # 树的深度
                        min_child_weight = 1,       # 叶节点最小权重
                        gamma = 0,                  # 惩罚项中叶节点个数前的参数
                        subsample = 1,              # 所有样本建立决策树
                        colsample_btree = 1,        # 所有特征建立决策树
                        scale_pos_weight = 0.7,     # 解决样本个数不均衡的问题
                        random_state = 27,          # 随机数
                        objective = 'multi:softprob',
                        slient = 0)
    return clf

# 生成 xgboost 模型定义以及调用函数训练
clf3 = xgb_classifier()
train(clf3, x_train, y_train)
```

步骤 3：模型验证

在划分好的测试集上测试模型的准确率，使用 Sklearn 中机器学习模型封装好的方法 score() 计算模型预测结果的准确率。对于 SVM 模型，同时输出样本 x 到各个决策超平面的距离。

```
def print_accuracy(clf, x_train, y_train, x_test, y_test, model_name):
    print(model_name + ': ')
    print('\t training prediction: %.3f' % (clf.score(x_train, y_train)))
    print('\t test prediction: %.3f' % (clf.score(x_test, y_test)))

    if model_name == 'SVM':
        print('\t decision_function:\n \t\t', clf.decision_function(x_train)[:1])
```

输出 SVM、决策树以及 xgboost 模型的模型验证结果。

```
print_accuracy(clf1, x_train, y_train, x_test, y_test, 'SVM')
print_accuracy(clf2, x_train, y_train, x_test, y_test, 'DecisionTree')
print_accuracy(clf3, x_train, y_train, x_test, y_test, 'XGBoost')
```

通过图 3-4-1 可以看到，SVM 算法取得了最好的模型预测效果。

```
SVM:
        training prediction:0.800
        test prediction:0.833
        decision_function:
                [[-1.13785175 -1.09754144 -0.16640687]]
DecisionTree:
        training prediction:0.892
        test prediction:0.733
XGBoost:
        training prediction:0.850
        test prediction:0.767
```

图 3-4-1　鸢尾花分类的各个模型的预测结果

步骤4：模型效果可视化展示

针对 SVM 模型的预测效果，绘制可视化结果。若要绘制各个类型对应的空间区域，需要采样大量的样本点，但是本数据集仅包含 150 条数据，绘制的区域不太精细。因此，需要生成大规模的样本数据，并根据生成的数据进行分类区域的绘制，过程如下（本实践采用样本的前两维特征进行分类）：首先在各维特征的最大值与最小值区间内进行采样，生成行相同矩阵（矩阵每行向量中各元素值都相同）与列相同矩阵（矩阵每列向量中各元素值都相同），然后将两矩阵拉平为两个长向量，两个长向量每个元素分别作为样本的第一个特征与第二个特征，使用训练好的 SVM 模型对生成的样本点进行预测，将生成的样本点使用不同的颜色散落在坐标空间中，当样本点足够多时，分类边界便会显示得更加精细。

```python
def draw(clf, x):
    iris_feature = 'sepal length', 'sepal width', 'petal length', 'petal width'
    x1_min, x1_max = x[:, 0].min(), x[:, 0].max()
    x2_min, x2_max = x[:, 1].min(), x[:, 1].max()

    x1, x2 = np.mgrid[x1_min:x1_max:200j, x2_min:x2_max:200j]
    grid_test = np.stack((x1.flat, x2.flat), axis = 1)
    print("grid_test:\n", grid_test[:2])

    grid_hat = clf.predict(grid_test)

    # 预测分类值 得到[0, 0, ..., 2, 2]
    print('grid_hat:\n', grid_hat)
    # 使得 grid_hat 和 x1 形状一致
    grid_hat = grid_hat.reshape(x1.shape)
    cm_light = mpl.colors.ListedColormap(['#A0FFA0', '#FFA0A0', '#A0A0FF'])
    cm_dark = mpl.colors.ListedColormap(['g', 'b', 'r'])

    plt.pcolormesh(x1, x2, grid_hat, cmap = cm_light)
    plt.scatter(x[:, 0], x[:, 1], c = np.squeeze(y), edgecolor = 'k', s = 50, cmap = cm_dark )
    plt.scatter(x_test[:, 0], x_test[:, 1], s = 120, facecolor = 'none', zorder = 10 )
    plt.xlabel(iris_feature[0], fontsize = 20)            # 注意单词的拼写 label
    plt.ylabel(iris_feature[1], fontsize = 20)
    plt.xlim(x1_min, x1_max)
    plt.ylim(x2_min, x2_max)
    plt.title('Iris data classification via SVM', fontsize = 30)
    plt.grid()
    plt.show()
draw(clf1, x)
```

输出结果如图 3-4-2 和图 3-4-3 所示。

```
grid_test:
 [[4.3        2.       ]
 [4.3        2.0120603]]
grid_hat:
 [0. 0. 0. ... 2. 2. 2.]
```

图 3-4-2　SVM 鸢尾花分类—预测结果

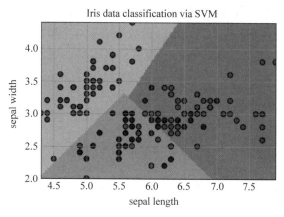

图 3-4-3　SVM 鸢尾花分类可视化

基于 K-means/层次聚类算法实现自制数据集聚类

3.5　实践五：基于 K-means/层次聚类算法实现自制数据集聚类

聚类问题是无监督学习的问题,算法的思想在于"物以类聚,人以群分",聚类算法通过感知样本间的相似度,进行类别归纳,对新的输入进行输出预测。经典的聚类算法包括 K-means 算法以及层次聚类算法等。

K-means 算法是一种经典的无监督聚类算法,对于给定的样本集,按照样本之间的距离大小,将样本集划分为 K 个簇,让簇内的点尽量紧密的连在一起,而让簇间的距离尽量的大。K-means 的学习过程本质上是不停更新簇心的过程,一旦簇心确定,该算法便完成了学习过程。K 的取值也需要人为定义,K 很大时,模型趋向于在训练集上表现地好,即过拟合,但在测试集上性能可能较差;K 过小时,可能导致簇心不准确,在训练集与测试集上的性能均较差。因此,虽然 K-means 算法较为简单,但是也存在天然的弊端,且对离群点很敏感。具体来说,K-means 算法首先随机初始化或随机抽取 K 个样本点作为簇心,然后以这 K 个簇心进行聚类,聚类后重新计算簇心(一般为同一簇内样本的均值),重复上述操作,直至簇心趋于稳定或者达到指定迭代次数时停止迭代。

层次聚类算法是第二类重要的聚类方法。层次聚类方法是对给定的数据集进行层次的分解,直到满足某种条件为止。层次聚类方法可以分为两类:"自底向上"的聚合策略和"自顶向下"的分拆策略。对于"自底向上"的聚合策略,每一个对象都是一个聚类簇,选最近的聚类簇合并,最终所有的对象都属于一个聚类簇。对于"自顶向下"的分拆策略,所有的对象都属于一个聚类簇,按一定规则将聚类簇分拆,最终每一个对象都是一个聚类簇。

本书使用 K-means 算法以及层次聚类算法实现聚类。本节实践的平台为 AI Studio,实践环境为 Python 3.7。

步骤 1：创建数据集

使用 sklearn. datasets. make_blobs() 函数构建聚类数据集,其中包含一些可设置的参数。例如：n_samples 表示样本数量;n_features 表示每一个样本包含的特征值数量;centers 表示聚类中心点的数量,即样本中包含的类别数;random_state 为随机数种子,可以

用于固定随机生成的数据；cluster_std 用于设置每个类别的方差。

在本节实践代码中，调用 make_blobs()函数生成 600 个样本点，并设置 4 类的聚类簇。

```python
import matplotlib.pyplot as plt
import numpy as np
from sklearn.datasets import make_blobs
import matplotlib.pyplot as plt

# 自己创建聚类数据集
X, y = make_blobs(n_samples = 600, n_features = 3, centers = 4, random_state = 1)
fig, ax1 = plt.subplots(1)
```

将生成的所有样本点进行可视化，结果如图 3-5-1 所示。

```python
ax1.scatter(X[:, 0], X[:, 1], marker = 'o', s = 8)
plt.savefig('./1.png')
plt.show()
```

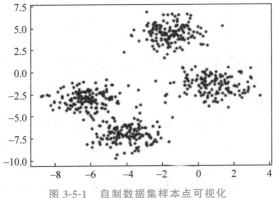

图 3-5-1　自制数据集样本点可视化

将样本点所属的聚类簇进行可视化，结果如图 3-5-2 所示。

```python
# 绘制二维数据分布图，每个样本使用两个特征，绘制其二维数据分布图
color = ["red","pink","orange","gray"]
fig, ax1 = plt.subplots(1)
for i in range(4):
    ax1.scatter(X[y == i, 0], X[y == i, 1], marker = 'o', s = 8, c = color[i])
plt.savefig('./2.png')
plt.show()
```

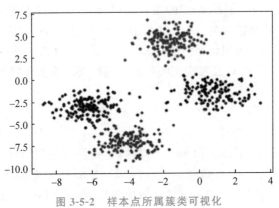

图 3-5-2　样本点所属簇类可视化

步骤 2：模型配置及训练

调用 fit( )函数构造训练函数。

```
# 训练函数
def train(estimator):
    estimator.fit(X)                               # 聚类
```

（1）构造 K-means 聚类模型，且设置聚类簇数为 4。

```
from sklearn.cluster import KMeans

# 构造 K - Means 聚类模型
def Kmeans_model(n_clusters):
    model = KMeans(n_clusters = n_clusters)        # 构造聚类器
    return model

# 初始化实例,并开启训练拟合
model1 = Kmeans_model(4)
train(model1)
```

（2）构造层次聚类模型，且设置聚类簇数为 4。

```
from sklearn.cluster import AgglomerativeClustering

# 构造层次聚类模型
def Agg_model(n_clusters):
    model = AgglomerativeClustering(linkage = 'ward', n_clusters = n_clusters)
    return model

# 初始化实例,并开启训练拟合
model2 = Agg_model(4)
train(model2)
```

步骤 3：模型效果可视化展示

模型训练结束后，通过 labels 获取聚类标签进行可视化。聚类结果如图 3-5-3 和图 3-5-4 所示，可以看到，两类聚类模型都取得了较好的聚类效果，二者聚类出的样本点的分布形式接近于其真实分布。

（1）K-means 聚类模型。

```
label_pred = model1.labels_                        # 获取聚类标签
# 绘制 K - means 聚类结果
x0 = X[label_pred == 0]
x1 = X[label_pred == 1]
x2 = X[label_pred == 2]
x3 = X[label_pred == 3]
plt.scatter(x0[:, 0], x0[:, 1], c = "red", marker = 'o', label = 'label0')
plt.scatter(x1[:, 0], x1[:, 1], c = "green", marker = '*', label = 'label1')
plt.scatter(x2[:, 0], x2[:, 1], c = "blue", marker = '+', label = 'label2')
plt.scatter(x3[:, 0], x3[:, 1], c = "purple", marker = 'SymbolYCp', label = 'label3')
plt.xlabel('Feature1')
```

机 器 学 习 实 践 （第2版）

```
plt.ylabel('Feature2')
plt.legend(loc = 2)
plt.savefig('./3.png')
plt.show()
```

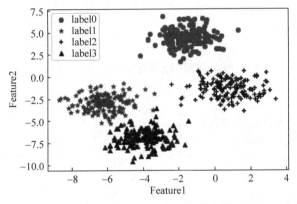

图 3-5-3　K-means 模型聚类结果

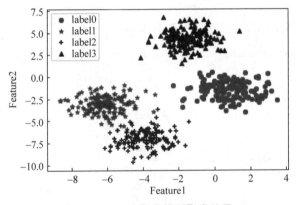

图 3-5-4　层次聚类模型聚类结果

（2）层次聚类模型。

```
label_pred = model2.labels_                              # 获取聚类标签
# 绘制层次聚类结果
x0 = X[label_pred == 0]
x1 = X[label_pred == 1]
x2 = X[label_pred == 2]
x3 = X[label_pred == 3]
plt.scatter(x0[:, 0], x0[:, 1], c = "red", marker = 'o', label = 'label0')
plt.scatter(x1[:, 0], x1[:, 1], c = "green", marker = ' * ', label = 'label1')
plt.scatter(x2[:, 0], x2[:, 1], c = "blue", marker = ' + ', label = 'label2')
plt.scatter(x3[:, 0], x3[:, 1], c = "purple", marker = 'SymbolYCp', label = 'label3')
plt.xlabel('Feature1')
plt.ylabel('Feature2')
plt.legend(loc = 2)
plt.savefig('./4.png')
plt.show()
```

66

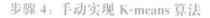

步骤 4：手动实现 K-means 算法

在以上步骤中，调用了 Sklearn 封装好的库快速实现了 K-means 算法。下面，将手动实现 K-means 以更好地了解其实现过程。

（1）首先定义距离测量标准，本书使用欧氏距离衡量两样本之间的距离。

```
# 欧氏距离计算
def distEclud(x, y):
    return np.sqrt(np.sum((x - y) ** 2))          # 计算欧氏距离
```

（2）定义簇心，此处使用随机抽取的 K 个样本点为簇心，进行后续计算。

```
# 为给定数据集构建一个包含 K 个随机质心 centroids 的集合
def randCent(dataSet, k):
    m, n = dataSet.shape
    centroids = np.zeros((k, n))
    for i in range(k):
        index = int(np.random.uniform(0, m))
        centroids[i, :] = dataSet[index, :]
    return centroids
```

（3）实现 K-means 算法：首先初始化簇心，然后遍历所有点，找到其对应的簇，更新簇心，重复迭代上述过程，直到簇心不再发生变化。

```
# K 均值聚类算法
def KMeans(dataSet, k):
    m = np.shape(dataSet)[0]

    clusterAssment = np.mat(np.zeros((m, 2)))
    clusterChange = True

    # 1.初始化质心 centroids
    centroids = randCent(dataSet, k)
    while clusterChange:
        # 样本所属簇不再更新时停止迭代
        clusterChange = False

        # 遍历所有的样本
        for i in range(m):
            minDist = 100000.0
            minIndex = -1

            # 遍历所有的质心
            # 2.找出最近的质心
            for j in range(k):
                # 计算该样本到质心的欧式距离，找到距离最近的那个质心 minIndex
                distance = distEclud(centroids[j, :], dataSet[i, :])
                if distance < minDist:
                    minDist = distance
                    minIndex = j
```

```
        # 3.更新该行样本所属的簇
        if clusterAssment[i,0] != minIndex:
            clusterChange = True
            clusterAssment[i,:] = minIndex,minDist ** 2
    # 4.更新质心
    for j in range(k):
        # np.nonzero(x)返回值不为零的元素的下标,它的返回值是一个长度为 x.ndim(x 的
轴数)的元组
        # 元组的每个元素都是一个整数数组,其值为非零元素的下标在对应轴上的值
        # 矩阵名.A 代表将矩阵转化为 array 数组类型

        # 这里取矩阵 clusterAssment 所有行的第一列,转为一个 array 数组,与 j(簇类标签
值)比较,返回 true or false
        # 通过 np.nonzero 产生一个 array,其中是对应簇类所有的点的下标值(x 个)
        # 再用这些下标值求出 dataSet 数据集中的对应行,保存为 pointsInCluster(x * 4)
        pointsInCluster = dataSet[np.nonzero(clusterAssment[:,0].A == j)[0]]
                                                # 获取对应簇类所有的点(x * 4)
        centroids[j,:] = np.mean(pointsInCluster,axis = 0)
                                                # 求均值,产生新的质心


    print("cluster complete")
    return centroids,clusterAssment
```

（4）可视化展示函数定义,分别取前两个维度的特征与后两个维度的特征绘图,便于观察聚类效果。

```
def draw(data,center,assment):
    length = len(center)
    fig = plt.figure
    data1 = data[np.nonzero(assment[:,0].A == 0)[0]]
    data2 = data[np.nonzero(assment[:,0].A == 1)[0]]
    data3 = data[np.nonzero(assment[:,0].A == 2)[0]]
    data4 = data[np.nonzero(assment[:,0].A == 3)[0]]
    # 选取前两个维度绘制原始数据的散点图
    plt.scatter(data1[:,0],data1[:,1],c = "red",marker = 'o',label = 'label0')
    plt.scatter(data2[:,0],data2[:,1],c = "green", marker = '*', label = 'label1')
    plt.scatter(data3[:,0],data3[:,1],c = "blue", marker = '+', label = 'label2')
    plt.scatter(data4[:,0],data4[:,1],c = "purple", marker = 'SymbolYCp', label = 'label3')
    # 绘制簇的质心点
    for i in range(length):
        plt.annotate('center',xy = (center[i,0],center[i,1]),xytext = \
        (center[i,0] + 1,center[i,1] + 1),arrowprops = dict(facecolor = 'yellow'))
    plt.savefig('./5.png')
    plt.show()
```

（5）执行 K-means 过程,实现样本点的聚类,此处同样直接设置聚类簇数 $K = 4$。

```
k = 4
centroids,clusterAssment = KMeans(X, k)
draw(dataSet, centroids, clusterAssment)
```

可视化结果如图 3-5-5 所示，其中箭头指向簇心。

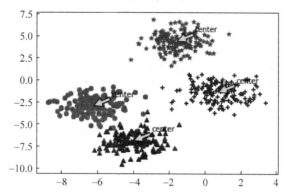

图 3-5-5　手动实现 K-Means 聚类模型的聚类效果

第4章 神经网络基础实践

基于全连接
神经网络实
现鲍鱼年龄
预测

4.1 实践一：基于全连接神经网络实现鲍鱼年龄预测

在第 3.1 节中，本书使用 sklearn 包中的线性回归模型对波士顿房价进行了回归预测，本质上，在神经网络中，线性回归是一个单层的感知机，是一层不带激活函数的全连接层。因此，本小节实践将带领大家使用神经网络的方式从 0 到 1 构建线性回归模型，包括：模型的构建、损失函数的定义、优化器的选择、网络的前向计算、网络的反向传播等关键操作。本节实践的平台为 AI Studio，实践环境为 Python 3.7、Paddle 2.0。

步骤 1：数据加载及预处理

本节实践需要鲍鱼年龄的数据集，因此我们提前将下载好的鲍鱼年龄数据集上传到 AI Studio 的工作空间中。数据集总共包含 4177 行，每行包含 9 列的数据，前 8 列数据用来描述鲍鱼的各种特征信息，分别是性别、长度、直径、高度、总重量、皮重、内脏重量以及克重，最后 1 列为该鲍鱼的年龄，我们希望模型对鲍鱼的预测值可以接近于最后一列其具有的真实年龄值。数据集的格式如图 4-1-1 所示。

```
M,0.455,0.365,0.095,0.514,0.2245,0.101,0.15,15
M,0.35,0.265,0.09,0.2255,0.0995,0.0485,0.07,7
F,0.53,0.42,0.135,0.677,0.2565,0.1415,0.21,9
M,0.44,0.365,0.125,0.516,0.2155,0.114,0.155,10
I,0.33,0.255,0.08,0.205,0.0895,0.0395,0.055,7
I,0.425,0.3,0.095,0.3515,0.141,0.0775,0.12,8
F,0.53,0.415,0.15,0.7775,0.237,0.1415,0.33,20
F,0.545,0.425,0.125,0.768,0.294,0.1495,0.26,16
M,0.475,0.37,0.125,0.5095,0.2165,0.1125,0.165,9
F,0.55,0.44,0.15,0.8945,0.3145,0.151,0.32,19
F,0.525,0.38,0.14,0.6065,0.194,0.1475,0.21,14
```

图 4-1-1 鲍鱼年龄预测数据集

数据准备的过程总共包括 3 个步骤：从文件中加载数据、对数据进行归一化以及构造训练和测试数据集。

首先导入相关的库函数。

```
import paddle
import numpy as np
import os
```

```
import matplotlib
import matplotlib.pyplot as plt
import pandas as pd
import seaborn as sns
import warnings
warnings.filterwarnings('ignore')
% matplotlib inline

print(paddle.__version__)
```

（1）从文件中加载数据。

在此步骤中，首先完成数据集的读取，然后将第一列的鲍鱼的性别信息转化为数字的形式以方便后续处理，最后分割出数据的特征部分（前 8 列）和其标签部分（最后 1 列）。

```
# 读取文件
import numpy as np
import os
import matplotlib.pyplot as plt
data_X = []
data_Y = []
# 将性别(M:雄性,F:雌性,I:未成年)映射成数字
sex_map = { 'I': 0, 'M': 1, 'F': 2 }
with open ('data/data361/AbaloneAgePrediction.txt') as f:
    for line in f.readlines():
        line = line.split(',')
        line[0] = sex_map[line[0]]
        data_X.append(line[:-1])
        data_Y.append(line[-1:])
# 转换为 np.array
data_X = np.array(data_X, dtype = 'float32')
data_Y = np.array(data_Y, dtype = 'float32')
# 检查大小
print('data shape', data_X.shape, data_Y.shape)
print('data_x shape[1]', data_X.shape[1])
```

输出结果如下所示，可以看出数据集包含 4177 条样本，每条样本包含 8 列的特征信息和 1 列的标签信息，即鲍鱼的年龄，与前文的介绍相符。

```
data shape (4177, 8) (4177, 1)
data_x shape[1] 8
```

（2）对数据进行归一化。

采用最小最大值归一化方法，即通过求取数据列中的最大值和最小值进行标准化处理的方法。标准化后的数值处于[0,1]，计算方式为数据与该列的最大值作差，再除以极差。

```
# 归一化
for i in range(data_X.shape[1]):
    _min = np.min(data_X[:,i])                      # 每一列的最小值
    _max = np.max(data_X[:,i])                      # 每一列的最大值
    data_X[:, i] = (data_X[:, i] - _min) / (_max - _min)  # 归一化到 0~1
```

（3）构造训练和测试数据集。

首先调用 sklearn.model_selection.train_test_split()函数将数据集按照训练集和测试

集为 8∶2 的比例进行划分。其中,data_X 参数为被划分的样本特征集;data_Y 参数为被划分的样本标签;random_state 为设置的随机数种子,可以保证在需要重复实践的时候,每次实践都能生成一组一样的随机数。之后将训练集和测试集的特征部分和标签部分进行拼接,最后打印出训练集和测试集的 shape。

```python
from sklearn.model_selection import train_test_split
# 分割训练集、测试集
X_train, X_test, y_train, y_test = train_test_split(data_X, data_Y, test_size = 0.2,
random_state = 1)

train_data = np.concatenate((X_train, y_train), axis = 1)
test_data = np.concatenate((X_test, y_test), axis = 1)

print(train_data.shape)
print(test_data.shape)
```

输出结果如下所示,可以看出经过上述划分后,训练集包含 3341 条样本,测试集包含 836 条样本。

```
(3341, 9)
(836, 9)
```

步骤 2:模型配置

线性回归本质上是一层不带激活函数的全连接层,因此本节使用 paddle.nn.Linear(in_features,out_features,weight_attr = None,bias_attr = None,name = None)实现线性变换。其中,in_features 为输入特征的维度;out_features 为输出特征的维度;weight_attr 指定权重参数的属性,表示使用默认的权重参数属性,将权重参数初始化为 0;bias_attr 指定偏置参数的属性,设置为 False 时,表示不会为该层添加偏置;name 用于网络层输出的前缀标识。在自定义网络模型时,应当继承 paddle.nn.Layer 类,该类属于基于 OOD 实现的动态图,实现了训练模式与验证模式,训练模式会执行反向传播,而验证模式不包含反向传播,同时也为 dropout 等训练、验证时不同的操作提供了支持。在神经网络中,从输入到输出的过程称为网络的前向计算,在飞桨中,可用 forward 关键字标识,forward()函数中定义网络从前到后的完整计算过程,是实现网络框架最重要的环节。

```python
import paddle
# 定义动态图
class Regressor(paddle.nn.Layer):
    def __init__(self):
        super(Regressor, self).__init__()
        # 定义一层全连接层,输出维度是 1,激活函数为 None,即不使用激活函数
        self.fc = paddle.nn.Linear(8,1)

    # 网络的前向计算函数
    def forward(self, inputs):
        pred = self.fc(inputs)
        return pred
```

步骤 3：模型训练

定义好模型框架后,首先定义用于实现模型训练的函数 train()。在训练阶段,调用 model.train(),开启训练模式,该模式具备反向传播功能。然后定义损失函数,在回归任务中,通常使用均方误差损失函数,paddle.nn.MSELoss(reduction = 'mean')类提供了计算接口,参数 reduction 可以是 'none'、'mean'、'sum',设为'none'时不使用约简,设为'mean'时返回 loss 的均值,设为'sum'时返回 loss 的和。神经网络模型的反向传播需要定义传播规则,也就是说如何计算梯度,每个参数更新多少,更新的速度、幅度等,优化器正是用来实现上述目的的工具。paddle.optimizer 中实现了诸如 SGD、Adam 等多种优化器,读者可根据不同的任务,挑选最合适的优化器。使用优化器需要制定学习率,也就是梯度的更新步长,太大的学习率可能导致网络无法收敛,太小的学习率会使网络收敛很慢,因此可设置动态学习率,在网络训练初期使用较大的学习率,在后期使用较小的学习率。本实践中使用 paddle.optimizer.Adam(learning_rate = 0.001, beta1 = 0.9, beta2 = 0.999, epsilon = 1e08, parameters = None, weight_decay = None, grad_clip = None, name = None, lazy_mode = False)进行优化,其中,learning_rate 为学习率,也就是参数梯度的更新步长,parameters 指定优化器需要优化的参数,weight_decay 为权重衰减系数,grad_clip 为梯度裁剪的策略,支持 3 种裁剪策略：paddle.nn.ClipGradByGlobalNorm、paddle.nn.ClipGradByNorm、paddle.nn.ClipGradByValue。梯度裁剪将梯度值阶段约束在一个范围内,防止使用深度网络时出现梯度爆炸的情况,默认值为 None,此时将不进行梯度裁剪。定义好模型、损失函数、优化器之后,将数据分批送入模型中,并执行梯度反向传播更新参数(loss.backward()),以达到训练目的。

```python
y_preds = []
labels_list = []
BATCH_SIZE = 50


def train(model):
    print('start training ... ')
    # 开启模型训练模式
    model.train()
    EPOCH_NUM = 100
    train_num = 0
    mse_loss = paddle.nn.MSELoss()                      # 均方误差损失函数

    optimizer = paddle.optimizer.Adam(learning_rate = 0.001, parameters = model.parameters())
    for epoch_id in range(EPOCH_NUM):
        # 在每轮迭代开始之前,将训练数据的顺序随机地打乱
        np.random.shuffle(train_data)
        # 将训练数据进行拆分,每个 batch 包含 20 条数据
        mini_batches = [train_data[k: k + BATCH_SIZE] for k in range(0, len(train_data),
BATCH_SIZE)]
        for batch_id, data in enumerate(mini_batches):
            features_np = np.array(data[:, :8], np.float32)
            labels_np = np.array(data[:, -1:], np.float32)

            features = paddle.to_tensor(features_np)
            labels = paddle.to_tensor(labels_np)
```

```
# 前向计算
y_pred = model(features)
cost = mse_loss(y_pred, label = labels)
train_cost = cost.numpy()[0]
# 反向传播
cost.backward()
# 最小化 loss,更新参数
optimizer.step()
# 清除梯度
optimizer.clear_grad()
if batch_id % 30 == 0 and epoch_id % 50 == 0:
    print("Pass: % d,Cost: % 0.5f" % (epoch_id, train_cost))

train_num = train_num + BATCH_SIZE
train_nums.append(train_num)
train_costs.append(train_cost)

model = Regressor()
train(model)
```

```
start training ...
Pass:0,Cost:100.55779
Pass:0,Cost:120.81368
Pass:0,Cost:99.26246
Pass:50,Cost:9.39063
Pass:50,Cost:6.74884
Pass:50,Cost:6.71771
```

图 4-1-2 　鲍鱼年龄预测训练过程中的部分输出结果

当 batch_id 可以整除 30 以及 epoch_id 可以整除 50 时,打印模型的损失,模型训练过程中部分输出如图 4-1-2 所示,可以看出,随着模型的训练,损失呈现出了一种下降的趋势。

步骤 4: 模型评估

(1) 模型训练结束后,根据保存的损失值的中间结果,绘制损失值随模型迭代次数的变化过程。

```
# 定义绘制训练过程的损失值变化趋势的方法 draw_train_process
train_nums = []
train_costs = []
def draw_train_process(iters,train_costs):
    title = "training cost"
    plt.title(title, fontsize = 24)
    plt.xlabel("iter", fontsize = 14)
    plt.ylabel("cost", fontsize = 14)
    plt.plot(iters, train_costs,color = 'red',label = 'training cost')
    plt.grid()
    plt.show()

draw_train_process(train_nums, train_costs)
```

模型损失值随迭代次数变化趋势如图 4-1-3 所示。

(2) 为了判断上述模型的性能,可调用之前训练好的模型对验证集的数据进行预测。在此代码中,模型首先对全部数据进行预测,之后以 15 条验证集数据为例,输出其预测值和真实值,同时打印模型预测时的平均损失。

```
# 获取预测数据
INFER_BATCH_SIZE = 15
```

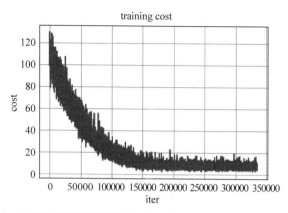

图 4-1-3　鲍鱼年龄预测模型训练过程中的损失值随迭代次数变化趋势

```
infer_features_np = np.array([data[:8] for data in test_data]).astype("float32")
infer_labels_np = np.array([data[-1] for data in test_data]).astype("float32")

infer_features = paddle.to_tensor(infer_features_np)
infer_labels = infer_labels_np
fetch_list = model(infer_features)
sum_cost = 0
infer_results = []                                          # 预测值
groud_truths = []                                           # 真实值
for i in range(INFER_BATCH_SIZE):
    infer_result = fetch_list[i]
    ground_truth = infer_labels[i]
    infer_results.append(infer_result)                      # 预测值
    groud_truths.append(ground_truth)                       # 真实值
    print("No. % d: infer result is % .2f,ground truth is % .2f" % (i, infer_result, ground_
truth))
    cost = paddle.pow(infer_result - ground_truth, 2)
    sum_cost += cost
mean_loss = sum_cost / INFER_BATCH_SIZE
print("Mean loss is:", mean_loss.numpy())
```

模型的预测结果如图 4-1-4 所示。

```
No.0: infer result is 8.94,ground truth is 10.00
No.1: infer result is 10.22,ground truth is 8.00
No.2: infer result is 7.10,ground truth is 9.00
No.3: infer result is 10.07,ground truth is 10.00
No.4: infer result is 10.05,ground truth is 16.00
No.5: infer result is 5.18,ground truth is 6.00
No.6: infer result is 12.25,ground truth is 9.00
No.7: infer result is 9.66,ground truth is 10.00
No.8: infer result is 14.52,ground truth is 12.00
No.9: infer result is 7.56,ground truth is 9.00
No.10: infer result is 9.98,ground truth is 11.00
No.11: infer result is 4.83,ground truth is 4.00
No.12: infer result is 12.01,ground truth is 9.00
No.13: infer result is 12.40,ground truth is 10.00
No.14: infer result is 6.18,ground truth is 6.00
Mean loss is: [5.424973]
```

图 4-1-4　鲍鱼年龄预测模型的预测结果

（3）绘制模型在测试集上的效果，预测结果与真实值之间的差异。当模型的预测值等于真实值时，模型的预测效果是最优的，但是这种情况几乎不可能出现，因此作为对照，可以观察预测值与真实值构成的坐标点位于 $y=x$ 直线的位置，判断模型性能的好坏。可视化结果如图 4-1-5 所示。

```
def draw_infer_result(groud_truths, infer_results):
    title = 'abalone'
    plt.title(title, fontsize = 24)
    x = np.arange(1,20)
    y = x
    plt.plot(x, y)
    plt.xlabel('ground truth', fontsize = 14)
    plt.ylabel('infer result', fontsize = 14)
    plt.scatter(np.array(groud_truths).astype("float32"), np.array(infer_results).astype
("float32"),color = 'green', label = 'training cost')
    plt.grid()
    plt.show()

draw_infer_result(groud_truths, infer_results)
```

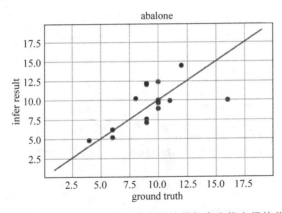

图 4-1-5　鲍鱼年龄预测模型的预测结果与真实值之间的差异

上述方法获得模型的拟合能力并没有达到最优，仍然具有很大的优化空间。线性回归算法只能处理线性可分的数据，对于线性不可分数据，在传统机器学习算法中，需要使用对数线性回归、广义线性回归或者其他回归算法，但是在神经网络中，可以通过添加激活函数、加深网络深度，实现任意函数的拟合。

4.2　实践二：基于全连接神经网络实现车辆分类

基于全连接神经网络实现车辆分类

车辆分类是一个针对图像的三分类任务，对于给定的车辆图像，判断其所属的标签类型。

开源的车辆数据集中包含 3 种车辆类别，分别为：汽车、摩托车以及货车。所有类别的图像被保存在同一个文件夹下，图像文件的命名为"类型名_图像 id"的格式。以"汽车"类型的图像为例，如图 4-2-1 所示。

图 4-2-1　车辆分类数据集示例图像

本实践使用全连接神经网络实现车辆分类,实践的平台为 AI Studio,实践环境为 Python 3.7、Paddle 2.0。

步骤 1:数据加载及预处理

(1) 在创建新项目时,先下载相应数据集,数据集链接为 https://aistudio.baidu.com/ aistudio/datasetdetail/72920,然后解压并读取数据集中的图片。为了方便处理,可将各个类型的图片的绝对路径及标签保存于一个文件中,这样在训练模型之前加载数据时,可直接从文件中读取,避免烦琐的路径解析过程,同时配置参数,包括数据集相关的参数、训练模型的相关参数等。

```python
# 加载必要的包
import os
import zipfile
import random
import paddle
import numpy as np
import matplotlib.pyplot as plt
import PIL.Image as Image
from paddle.io import Dataset

# 参数配置
train_parameters = {
    "input_size": [3, 120, 120],                              # 输入图片的 shape
    "class_dim": 3,                                           # 分类数
    "src_path":"/home/aistudio/data/data72920/Data.zip",     # 原始数据集路径
    "target_path":"/home/aistudio/work/",                    # 要解压的路径
    "train_list_path": "/home/aistudio/data/train.txt",      # train.txt 路径
    "eval_list_path": "/home/aistudio/data/eval.txt",        # eval.txt 路径
    "label_dict":{'0':'汽车','1':'摩托车','2':'货车'},          # 标签字典
    "num_epochs": 5,                                          # 训练轮数
    "train_batch_size": 8,                                    # 训练时每个批次的大小
    "learning_strategy": {                                    # 优化函数相关的配置
        "lr": 0.001                                          # 超参数学习率
    },
    'skip_steps': 50,                                         # 每 N 个批次打印一次结果
    'save_steps': 500,                                        # 每 N 个批次保存一次模型参数
    "checkpoints": "/home/aistudio/work/checkpoints"         # 保存的路径
}
```

```
# 定义解压函数,解压原始数据集
def unzip_data(src_path, target_path):
    if(not os.path.isdir(os.path.join(target_path, 'Data'))):
        z = zipfile.ZipFile(src_path, 'r')
        z.extractall(path = target_path)
        z.close()
        print('数据集解压完成')
    else:
        print('文件已存在')

unzip_data('data/data72920/Data.zip','/home/aistudio/work/')
```

生成数据列表：读取图像,将绝对路径统一保存于文件中。

```
def get_data_list(target_path, train_list_path, eval_list_path):
    data_dir = 'work/Data'
    all_data_list  = []

    for im in os.listdir(data_dir):
        img_path = os.path.join(data_dir, im)
        img_label = str(int(im.split('_')[0]) - 1)
        all_data_list.append(img_path + '\t' + img_label + '\n')

    # 对训练列表进行乱序
    random.shuffle(all_data_list)

    with open(train_list_path, 'a') as f1:
        with open(eval_list_path, 'a') as f2:
            for ind, img_path_label in enumerate(all_data_list):
                # 划分测试集和训练集
                if ind % 10 == 0:
                    f2.write(img_path_label)
                else:
                    f1.write(img_path_label)
    print ('生成数据列表完成!')
```

调用前面的功能函数,生成数据列表,用于后面的训练与验证。

```
# 参数初始化
src_path = train_parameters['src_path']
target_path = train_parameters['target_path']
train_list_path = train_parameters['train_list_path']
eval_list_path = train_parameters['eval_list_path']

# 解压原始数据到指定路径
unzip_data(src_path,target_path)

# 每次生成数据列表前,先清空 train.txt 和 eval.txt
with open(train_list_path, 'w') as f:
    f.seek(0)
    f.truncate()
with open(eval_list_path, 'w') as f:
```

```
        f.seek(0)
        f.truncate()
```

\# 生成数据列表
```
get_data_list(target_path,train_list_path,eval_list_path)
```

（2）为训练模型，需要定义一个数据集类将数据进行封装，该类需要继承 paddle. io. Dataset 抽象类，Dataset 抽象了数据集的方法和行为，须实现以下方法：

__getitem__：根据给定索引获取数据集中指定样本，在 paddle. io. DataLoader 中需要使用此函数通过下标获取样本；

__len__：返回数据集样本个数，paddle. io. BatchSampler 中需要样本个数生成下标序列。

本实践中自定义 dataset（命名可自定义）类继承 Dataset，然后再使用 paddle. io. DataLoader 进行批量数据处理，获取可批量迭代的数据加载器。

```
class dataset(Dataset):
    def __init__(self, data_path, mode = 'train'):
        super().__init__()
        self.data_path = data_path
        self.img_paths = []
        self.labels = []

        if mode == 'train':
            with open(os.path.join(self.data_path, "train.txt"), "r", encoding = "utf-8")
as f:
                self.info = f.readlines()
            for img_info in self.info:
                img_path, label = img_info.strip().split('\t')
                self.img_paths.append(img_path)
                self.labels.append(int(label))

        else:
            with open(os.path.join(self.data_path, "eval.txt"), "r", encoding = "utf-8")
as f:
                self.info = f.readlines()
            for img_info in self.info:
                img_path, label = img_info.strip().split('\t')
                self.img_paths.append(img_path)
                self.labels.append(int(label))

    def __getitem__(self, index):
        # 第一步打开图像文件并获取 label 值
        img_path = self.img_paths[index]
        img = Image.open(img_path)
        if img.mode != 'RGB':
            img = img.convert('RGB')
        img = np.array(img).astype('float32')
        img = img.transpose((2, 0, 1)) / 255
        label = self.labels[index]
        label = np.array([label], dtype = "int64")
        return img, label
```

```
def print_sample(self, index: int = 0):
    print("文件名", self.img_paths[index], "\t标签值", self.labels[index])

def __len__(self):
    return len(self.img_paths)
```

之后，生成上述类的对象实例以完成训练数据以及测试数据的加载。

```
# 训练数据加载
train_dataset = dataset('/home/aistudio/data', mode = 'train')
train_loader = paddle.io.DataLoader(train_dataset, batch_size = train_parameters['train_batch_size'], shuffle = True)

# 测试数据加载
eval_dataset = dataset('/home/aistudio/data', mode = 'eval')
eval_loader = paddle.io.DataLoader(eval_dataset, batch_size = train_parameters['train_batch_size'], shuffle = False)
```

（3）打印观察数据集的组成情况。

```
train_dataset.print_sample(200)
print('训练集样本数为:', train_dataset.__len__())

eval_dataset.print_sample(0)
print('验证集样本数为:', eval_dataset.__len__())
print(eval_dataset.__getitem__(10)[0].shape)
print(eval_dataset.__getitem__(10)[1].shape)
```

输出结果如图 4-2-2 所示，由此可以看出，构造的数据集中，训练集包含 1414 张图像，验证集包含 158 张图像，且图像的大小为 $120 \times 120 \times 3$。

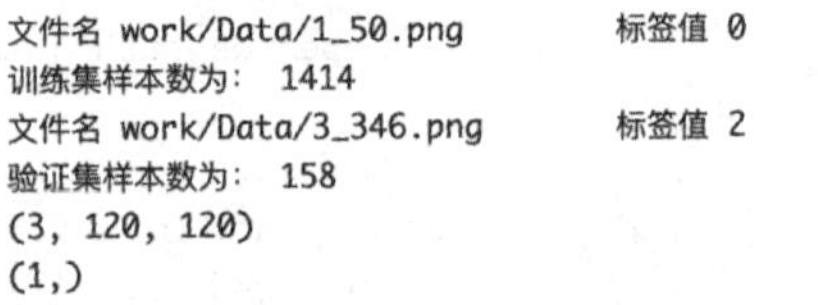

```
文件名 work/Data/1_50.png        标签值 0
训练集样本数为: 1414
文件名 work/Data/3_346.png       标签值 2
验证集样本数为: 158
(3, 120, 120)
(1,)
```

图 4-2-2　车辆分类数据集的数据划分结果

步骤 2：模型配置

数据处理完毕后，需要设计模型实现车辆图像分类，本小节实践使用简单的深度全连接网络模型来实现。在定义神经网络模型时，需要继承 paddle.nn.Layer，然后实现继承类的初始化函数 __init__（self，args）。在该初始化函数中，通常会定义网络中的子模块操作，全连接神经网络包含线性模块与激活模块，本实践使用 paddle.nn.Linear 与 paddle.nn.ReLU 实现网络的构建，paddle.nn.ReLU 的激活方式为 $f(x) = \max(x, 0)$，也就是若单元值为负数时，其激活值为 0，否则激活值仍为本身。

```
# 定义 DNN 网络
class MyDNN(paddle.nn.Layer):
    def __init__(self):
        super(MyDNN, self).__init__()
        self.linear1 = paddle.nn.Linear(in_features = 3 * 120 * 120, out_features = 4096)
        self.relu1 = paddle.nn.ReLU()

        self.linear2 = paddle.nn.Linear(in_features = 4096, out_features = 2048)
        self.relu2 = paddle.nn.ReLU()
```

```
        self.linear3 = paddle.nn.Linear(in_features = 2048, out_features = 1024)
        self.relu3 = paddle.nn.ReLU()

        self.linear4 = paddle.nn.Linear(in_features = 1024, out_features = 512)
        self.relu4 = paddle.nn.ReLU()

        self.linear5 = paddle.nn.Linear(in_features = 512, out_features = 3)

    def forward(self, input):                      # forward 定义执行实际运行时网络的执行逻辑
        x = paddle.reshape(input, shape = [-1, 3 * 120 * 120])
        x = self.linear1(x)
        x = self.relu1(x)
        x = self.linear2(x)
        x = self.relu2(x)
        x = self.linear3(x)
        x = self.relu3(x)
        x = self.linear4(x)
        x = self.relu4(x)
        y = self.linear5(x)
        return y
```

步骤 3：模型训练

（1）创建好模型之后，下一步就是模型的训练。在训练模型之前，构建函数 draw_process(title,color,iters,data,label)，用来可视化训练过程中损失函数值与训练集准确率随迭代步数的变化趋势。

```
def draw_process(title, color, iters, data, label):
    plt.title(title, fontsize = 24)
    plt.xlabel("iter", fontsize = 20)
    plt.ylabel(label, fontsize = 20)
    plt.plot(iters, data, color = color, label = label)
    plt.legend()
    plt.grid()
    plt.savefig(title + '.png')
    plt.show()
```

（2）模型的训练包括模型实例化、开启训练模式、定义损失函数、定义优化器、循环前向迭代与反向参数更新等过程，与第 4.1 节中回归问题不同，对于分类任务，Paddle 提供多种损失函数，例如：交叉熵损失 CrossEntropyLoss、二值交叉熵损失 BCELoss、带 log 的二值交叉熵损失 BCEWithLogitsLoss、KLD 散度损失 KLDivLoss 等。本实践使用交叉熵损失，接口参数为 paddle.nn.CrossEntropyLoss(weight=None,ignore_index=-100,reduction='mean',soft_label=False,axis=-1,name=None)。其中，weight 指定每个类别的权重，其默认为 None，如果提供该参数，则维度必须为类别数；ignore_index 指定一个忽略的标签值，此标签值不参与计算；reduction 指定应用于输出结果的计算方式，数据类型为 string，可选值有 none、mean、sum，通常默认为 mean，即计算 mini-batch loss 的均值，设置为 sum时，用于计算 mini-batch loss 的总和，设置为 none 时，则返回 loss Tensor，即每个样本的损失；soft_label 指明 label 是否为软标签，默认为 False，表示 label 为硬标签，若 soft_label=

True 则表示软标签,软标签指在各个类别上均有概率,是一个平滑的值;axis 指定进行 softmax 计算的维度索引,读者可根据需要,替换使用不同的损失函数。

paddle. metric 提供了一系列评估器 API,如 recall 召回率评估器类以及 precision 精确率评估器类,如图 4-2-3 所示。本实践使 paddle. metric. accuracy(input, label, k = 1, correct = None, total = None, name = None)直接计算分类的准确率,如果正确的标签在 top k 个预测值里,则计算结果加 1。其中: input 为预测分类的概率分布; shape 为[sample_number, class_dim]; label 为数据集的标签; shape 为 [sample_number, 1]; k 代表取每个类别中 k 个预测值用于计算,默认值为 1; correct 为正确预测值的个数,默认值为 None; total 为总共的预测值,默认值为 None。

API名称	API功能
Metric	评估器基类
Accuracy	准确率评估器类
Auc	auc评估器类
Precision	精确率评估器类
Recall	召回率评估器类

图 4-2-3　paddle. metric 提供的一系列评估器 API

```
model = MyDNN()
model.train()
cross_entropy = paddle.nn.CrossEntropyLoss()
optimizer = paddle.optimizer.Adam(learning_rate = train_parameters['learning_strategy']['lr'],
parameters = model.parameters())
steps = 0
Iters, total_loss, total_acc = [], [], []

for epo in range(train_parameters['num_epochs']):
    for _, data in enumerate(train_loader()):
        steps += 1
        x_data = data[0]
        y_data = data[1]
        predicts = model(x_data)
        loss = cross_entropy(predicts, y_data)
        acc = paddle.metric.accuracy(predicts, y_data)
        loss.backward()
        optimizer.step()
        optimizer.clear_grad()
        if steps % train_parameters["skip_steps"] == 0:
            Iters.append(steps)
            total_loss.append(loss.numpy()[0])
            total_acc.append(acc.numpy()[0])
            # 打印中间过程
            print('epo: {}, step: {}, loss is: {}, acc is: {}'\.format(epo, steps, loss.numpy(),
acc.numpy()))
        # 保存模型参数
        if steps % train_parameters["save_steps"] == 0:
            save_path = train_parameters["checkpoints"] + "/" + "save_dir_" + str(steps) +
'.pdparams'
            print('save model to: ' + save_path)
            paddle.save(model.state_dict(), save_path)
paddle.save(model.state_dict(), train_parameters["checkpoints"] + "/" + "save_dir_final.
pdparams")
```

模型训练过程中部分输出及变化曲线如图 4-2-4 所示。

```
epo: 0, step: 50, loss is: [0.79655385], acc is: [0.5]
epo: 0, step: 100, loss is: [0.9519658], acc is: [0.375]
epo: 0, step: 150, loss is: [0.80150384], acc is: [0.5]
epo: 1, step: 200, loss is: [0.9290192], acc is: [0.5]
epo: 1, step: 250, loss is: [0.8432049], acc is: [0.75]
epo: 1, step: 300, loss is: [0.43404824], acc is: [0.875]
epo: 1, step: 350, loss is: [0.83083534], acc is: [0.75]
epo: 2, step: 400, loss is: [0.5200701], acc is: [0.625]
epo: 2, step: 450, loss is: [0.73347586], acc is: [0.75]
epo: 2, step: 500, loss is: [1.5741653], acc is: [0.375]
save model to: /home/aistudio/work/checkpoints/save_dir_500.pdparams
```

图 4-2-4　车辆分类模型训练过程中的部分输出

绘制迭代次数-准确率/损失函数值曲线,可视化结果如图 4-2-5 和图 4-2-6 所示。

```
draw_process("trainning loss","red",Iters,total_loss,"trainning loss")
draw_process("trainning acc","green",Iters,total_acc,"trainning acc")
```

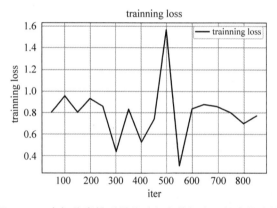

图 4-2-5　车辆分类模型训练过程中的损失函数变化趋势

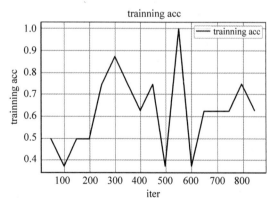

图 4-2-6　车辆分类模型训练过程中的准确率变化趋势

步骤 4:模型评估

模型训练完成后,需要对模型的泛化性能进行评估。在前面步骤划分数据集时预留的测试集上进行模型性能的评估，并输出其准确率。首先加载保存的模型参数，然后将参数值赋值给新实例化的模型，调用 model.eval() 函数开启模型的验证模式，分批将测试数据输入到网络中进行预测。

```
model__state_dict = paddle.load('work/checkpoints/save_dir_final.pdparams')
model_eval = MyDNN()
model_eval.set_state_dict(model__state_dict)
model_eval.eval()

accs = []
for _, data in enumerate(eval_loader()):
    x_data = data[0]
    y_data = data[1]
    predicts = model_eval(x_data)
    acc = paddle.metric.accuracy(predicts, y_data)
    accs.append(acc.numpy()[0])
print('模型在验证集上的准确率为:', np.mean(accs))
```

输出结果如图 4-2-7 所示。

模型在验证集上的准确率为: 0.72291666

图 4-2-7　车辆分类模型在验证集上的准确率

步骤 5：模型预测

对于训练好的模型，可将其应用于实际场景的图像类型推理，因此，对于给定条或多条预测样本，需要首先定义基本的图像处理函数，对输入图像进行预处理，然后加载训练好的模型，在验证模式下进行预测。

```
def load_image(img_path):
    img = Image.open(img_path)
    # print(img.mode)
    if img.mode != 'RGB':
        img = img.convert('RGB')
    img = img.resize((120, 120), Image.ANTIALIAS)
    img = np.array(img).astype('float32')
    img = img.transpose((2, 0, 1)) / 255                # HWC to CHW 并像素归一化
    return img

model__state_dict = paddle.load('work/checkpoints/save_dir_final.pdparams')
model_predict = MyDNN()
model_predict.set_state_dict(model__state_dict)
model_predict.eval()
infer_path = 'work/Data/1_100.png'
infer_img = Image.open(infer_path)
plt.imshow(infer_img)                                   # 根据数组绘制图像
plt.savefig('./1_100.png')
plt.show()                                              # 显示图像
# 对预测图片进行预处理
infer_img = load_image(infer_path)
infer_img = infer_img[np.newaxis,:, : ,:]              # reshape(-1,3,50,50)
infer_img = paddle.to_tensor(infer_img)
```

```
results = model_predict(infer_img)
print(results)
results = paddle.nn.functional.softmax(results)
print(results)
print("汽车:{:.2f},摩托车:{:.2f},货车:{:.2f}".format(results.numpy()[0][0],results.numpy()[0][1], results.numpy()[0][2]))
```

输出结果如图 4-2-8 所示。

```
Tensor(shape=[1, 3], dtype=float32, place=CUDAPlace(0), stop_gradient=False,
       [[ 0.88033462, -0.32089347, -1.83866262]])
Tensor(shape=[1, 3], dtype=float32, place=CUDAPlace(0), stop_gradient=False,
       [[0.73165447, 0.22009961, 0.04824591]])
汽车:0.73,摩托车:0.22, 货车:0.05
```

图 4-2-8 车辆分类模型预测的可视化结果

4.3 实践三: 基于高层 API 实现车辆分类

基于高层 API 实现车辆分类

飞桨深度学习平台全新推出高层 API,是对飞桨 API 的进一步封装与升级,提供了更加简洁易用的 API,进一步提升了飞桨的易学易用性,并增强飞桨的功能。飞桨高层 API 面向从深度学习小白到资深开发者的所有人群,对于 AI 初学者来说,使用高层 API 可以简单快速地构建深度学习项目;对于资深开发者来说,可以快速完成算法迭代。

飞桨高层 API 具有以下特点:

(1)易学易用。高层 API 是对普通动态图 API 的进一步封装和优化,同时保持与普通 API 的兼容性。高层 API 使用更加易学易用,同样的实现使用高层 API 可以节省大量的代码。

(2)低代码开发。使用高层 API 的一个明显特点是编程代码量大大缩减。

(3)动静转换。高层 API 支持动静转换,只需要改一行代码即可实现将动态图代码在静态图模式下训练,既方便使用动态图调试模型,又提升了模型训练效率。

在功能增强与使用方式上,高层 API 有以下升级。

(1)模型训练方式升级。高层 API 中封装了 Model 类,继承了 Model 类的神经网络,可以仅用几行代码完成模型的训练。

(2)新增图像处理模块 transform。飞桨新增了图像预处理模块,其中包含数十种数据处理函数,基本涵盖了常用的数据处理、数据增强方法。

（3）提供常用的神经网络模型可供调用。高层 API 中集成了计算机视觉领域和自然语言处理领域常用模型，包括但不限于 mobilenet、resnet、yolov3、cyclegan、bert、transformer、seq2seq 等。同时，高层 API 发布了对应模型的预训练模型，可以直接使用这些模型或者在此基础上完成二次开发。

在第 4.2 节中，本书使用基于全连接神经网络的方法实现车辆图像分类，该方法中使用的是基础的 API 接口，本节将使用高层 API 实现上述任务，直观地展示高层 API 的高效性、简单性。

针对车辆图像分类任务，数据加载及预处理方式与第 4.2 节中相同，此处不再赘述，请读者参考前文。

paddle 高层 API，实现了几个重要的封装，即 model()、summary()、prepare()、fit()、evaluate()、predict()、save()、load()，下面对其分别进行介绍。

步骤 1：模型封装

paddle 高层 API 提供两种组网方式：Sequential 组网、SubClass 组网。针对顺序的线性网络结构可以直接使用 Sequential 来快速完成组网，可以减少类的定义等代码编写；针对一些比较复杂的网络结构，就可以使用 Layer 子类定义的方式来进行模型代码编写，在 __init__ 构造函数中进行组网 Layer 的声明，在 forward 中使用声明的 Layer 变量进行前向计算。子类组网方式也可以实现 sublayer 的复用，针对相同的 layer 可以在构造函数中一次性定义，在 forward 中多次调用。第 4.2 节中的组网方式便为 SubClass 组网，由于该模型是顺序的线性网络结构，因此，本小节将尝试使用 Sequential 来定义网络，定义好网络结构之后来使用 paddle.Model() 完成模型的封装，将网络结构组合成一个可快速使用高层 API 进行训练、评估和预测的类。

```
MyDNN = paddle.nn.Sequential(
    paddle.nn.Flatten(start_axis = 1),            # 将单个图像输入拉平为一维
    paddle.nn.Linear(3 * 120 * 120, 4096),
    paddle.nn.ReLU(),
    paddle.nn.Linear(4096, 2048),
    paddle.nn.ReLU(),
    paddle.nn.Linear(2048, 1024),
    paddle.nn.ReLU(),
    paddle.nn.Linear(1024, 512),
    paddle.nn.ReLU(),
    paddle.nn.Linear(512, 3)
)
model = paddle.Model(MyDNN)                        # 模型封装
```

步骤 2：模型可视化

在组建好网络结构后，可以对网络结构进行可视化，逐层去对齐网络结构参数，看看是否符合预期。这里可以通过 summary 接口进行可视化展示，summary 接口有两种使用方式，除了 model.summary 这种配套 paddle.Model() 封装使用的接口外，还有一套配合没有经过 paddle.Model() 封装的方式来使用，可以直接将实例化好的 Layer 子类放到 paddle.

summary()接口中进行可视化。

```
model.summary((1, 3, 120, 120))
paddle.summary(MyDNN, (1, 3, 120, 120))
```

上述两种方式的输出结果相同,如图 4-3-1 所示。

```
-------------------------------------------------------------------------
 Layer (type)      Input Shape          Output Shape         Param #
=========================================================================
  Flatten-1       [[1, 3, 120, 120]]    [1, 43200]              0
  Linear-1        [[1, 43200]]          [1, 4096]         176,951,296
   ReLU-1         [[1, 4096]]           [1, 4096]               0
  Linear-2        [[1, 4096]]           [1, 2048]           8,390,656
   ReLU-2         [[1, 2048]]           [1, 2048]               0
  Linear-3        [[1, 2048]]           [1, 1024]           2,098,176
   ReLU-3         [[1, 1024]]           [1, 1024]               0
  Linear-4        [[1, 1024]]           [1, 512]             524,800
   ReLU-4         [[1, 512]]            [1, 512]                0
  Linear-5        [[1, 512]]            [1, 3]                1,539
=========================================================================
Total params: 187,966,467
Trainable params: 187,966,467
Non-trainable params: 0
-------------------------------------------------------------------------
Input size (MB): 0.16
Forward/backward pass size (MB): 0.45
Params size (MB): 717.04
Estimated Total Size (MB): 717.65
-------------------------------------------------------------------------
```

图 4-3-1　模型结构可视化

调用该接口,会输出网络从下往上的结构,并且输出总参数量等参数。此处,summary 传递了一个参数(1,3,120,120),该参数为 input_size,因为在动态图中,网络定义阶段是还没有得到输入数据的形状信息,想要做网络结构的呈现就无从下手,这时就需要通过告知接口网络结构的输入数据形状,这样网络就可以通过逐层的计算推导得到完整的网络结构信息并进行呈现。如果是动态图运行模式,那么就不需要给 summary 接口传递输入数据形状这个值了,因为在 Model 封装的时候已经定义好了 InputSpec,其中包含了输入数据的形状格式。

步骤 3:模型准备

网络结构通过 paddle.Model()接口封装成模型类后进行执行操作非常的简洁方便,直接通过调用 model.fit()就可以完成训练过程。使用 model.fit()接口启动训练前,需要先通过 model.prepare()接口来对训练进行提前的配置准备工作,包括设置模型优化器、loss 计算方法以及精度计算方法等。

```
# 定义损失函数、优化器和精度计算方式等
model.prepare(optimizer = paddle.optimizer.Adam(parameters = model.parameters()), loss =
paddle.nn.CrossEntropyLoss(), metrics = paddle.metric.Accuracy())
```

步骤 4:模型训练

做好模型训练的前期准备工作后,正式调用 fit()接口来启动训练过程,需要指定至少 3

个关键参数：训练数据集、训练轮次和单次训练数据批次大小。fit()的第一个参数不仅可以传递数据集 paddle.io.Dataset(及继承类)，还可以传递 DataLoader，如果想要实现某个自定义的数据集抽样等逻辑，可以在 fit()外自定义 DataLoader，然后传递给 fit()函数。在模型训练达到预期后，可以使用 save()接口将模型保存下来，用于后续模型的微调。

```
# 启动模型全流程训练
model.fit(train_dataset, eval_dataset, epochs = train_parameters['num_epochs'], batch_size =
train_parameters["train_batch_size"], shuffle = True, verbose = 1)
# 保存模型
model.save('model_save_dir')
```

训练过程中部分输出如图 4-3-2 所示。

```
Epoch 4/5
step 177/177 [==============================] - loss: 1.2259 - acc: 0.6612 - 16ms/step
save checkpoint at /home/aistudio/chk_points/3
Eval begin...
step 20/20 [==============================] - loss: 0.6382 - acc: 0.6266 - 10ms/step
Eval samples: 158
Epoch 5/5
step 177/177 [==============================] - loss: 0.7661 - acc: 0.6294 - 16ms/step
save checkpoint at /home/aistudio/chk_points/4
Eval begin...
step 20/20 [==============================] - loss: 0.3247 - acc: 0.7152 - 7ms/step
Eval samples: 158
```

图 4-3-2　调用高层 API 模型训练过程中的部分输出

在具体任务中，可能需要使用自定义的评价指标、损失函数或者回调函数，而飞桨就提供了对自定义评价指标、损失函数及回调函数的支持，只需实现具体类的继承，符合编写规范即可。

步骤 5：模型评估

对于训练好的模型进行评估操作可以使用 evaluate()接口来实现。事先定义好用于评估使用的数据集后，可以简单地调用 evaluate()接口完成模型评估操作，结束后根据 prepare()中 loss 和 metric 的定义来进行相关评估结果计算返回，返回格式是一个字典。

```
model.evaluate(eval_dataset, verbose = 1)
```

输出结果如图 4-3-3 所示。

```
Eval begin...
step 158/158 [==============================] - loss: 0.4218 - acc: 0.7152 - 3ms/step
Eval samples: 158
{'loss': [0.4218404], 'acc': 0.7151898734177216}
```

图 4-3-3　调用高层 API 模型评估过程中的部分输出

步骤 6：模型预测

高层 API 中提供了 predict()接口来方便对训练好的模型进行预测验证，只需要基于训练好的模型将需要进行预测测试的数据放到接口中进行计算即可(测试数据也需要封装为 Dataset 或者 DataLoader 形式)，接口会返回经过模型计算得到的预测结果，返回格式是一个 list,元素数目对应模型的输出数目。

```
out = model.predict(eval_dataset)
lab = np.argmax(out, axis = - 1)[0]
for i in range(len(lab) - 10, len(lab)):
    gt = eval_dataset.__getitem__(i)[1]
    print('预测值:{}, 真实值:{}'.format(lab[i][0], gt[0]))
```

预测过程中部分输出如图 4-3-4 所示。

```
Predict begin...
step 158/158 [==============================] - 2ms/step
Predict samples: 158
预测值: 1, 真实值: 1
预测值: 0, 真实值: 1
预测值: 0, 真实值: 0
预测值: 1, 真实值: 1
预测值: 0, 真实值: 0
预测值: 0, 真实值: 0
预测值: 1, 真实值: 1
预测值: 1, 真实值: 1
预测值: 0, 真实值: 0
预测值: 1, 真实值: 1
```

图 4-3-4　调用高层 API 模型预测过程中的部分输出

Paddle 高层 API 将一些常用到的数据集进行了封装,比如常用的视觉相关的数据集封装在 paddle.vision.datasets,而常用的自然语言处理的数据集封装在 paddle.text 中。执行下面代码,可输出被封装的常用的数据集。

```
print('视觉相关数据集:', paddle.vision.datasets.__all__)
print('自然语言相关数据集:', paddle.text.__all__)
```

输出结果如图 4-3-5 所示。

```
视觉相关数据集: ['DatasetFolder', 'ImageFolder', 'MNIST', 'FashionMNIST', 'Flowers', 'Cifar10', 'Cifar100', 'VOC2012']
自然语言相关数据集: ['Conll05st', 'Imdb', 'Imikolov', 'Movielens', 'UCIHousing', 'WMT14', 'WMT16', 'ViterbiDecoder', 'viterbi_decode']
```

图 4-3-5　高层 API 封装的常用数据集

第5章 计算机视觉基础实践

计算机视觉(Computer Vision)又称为机器视觉(Machine Vision),顾名思义就是要让计算机能够去"看"人类眼中的世界并进行理解和描述。

图像分类是计算机视觉中的一个重要的领域,其核心是向计算机输入一张图像,计算机能够从给定的分类集合中为图像分配一个标签。这里的标签来自预定义的可能类别集。例如,我们预定义类别集合 categories = {'猫','狗','其他'},然后输入一张图片,计算机给出这幅图片的类别标签'猫',或者给出这幅图片属于每个类别标签的概率{'猫':0.9,'狗':0.04,'其他':0.06},这样就完成了一个图像分类任务。

本章中将通过实践的方式介绍图像数据处理方法以及利用深度学习实现计算机视觉中的图像分类任务。

5.1 实践一:图像数据预处理实践

图像数据预
处理实践

步骤1:单通道、多通道图像读取

(1) 单通道图,俗称灰度图,每个像素点只能有一个值表示颜色,它的像素值在0到255,0是黑色,255是白色,中间值是一些不同等级的灰色。图5-1-1展示了灰度图像素值与颜色的变化。

(2) 三通道图,每个像素点都有3个值表示,所以就是3通道,也有4通道的图。例如,RGB图片即为三通道图片。RGB色彩模式是工业界的一种颜色标准,是通过对红(R)、绿(G)、蓝(B)3个颜色通道的变化以及它们相互之间的叠加来得到各式各样的颜色的,RGB即是代表红、绿、蓝三个通道的颜色,这个标准几乎包括了人类视力所能感知的所有颜色,是目前运用最广的颜色系统之一。图5-1-2展示了三通道图的可视化效果。

图5-1-1 灰度图像素值与颜色变化

图5-1-2 三通道图(RGB)

（3）四通道图像，采用的颜色依然是红（R）、绿（G）、蓝（B），只是多出一个 alpha 通道。alpha 通道一般用作不透明度参数，例如，一个像素的 alpha 通道数值为 0，那它就是完全透明的（也就是看不见的），而数值为 100％则意味着一个完全不透明的像素（传统的数字图像）。

Python 处理数据图像通常需要使用到以下 3 个库：

NumPy：Python 科学计算库的基础，包含了强大的 N 维数组对象和向量运算。

PIL：Python Image Library，是 Python 的第三方图像处理库，提供了丰富的图像处理函数。

cv2：一个计算机视觉库，实现了图像处理和计算机视觉方面的很多通用算法。

下面介绍不同通道图像的读取。

（1）单通道图像。

首先，使用 PIL 的 Image 模块读取图片，获得一个 Image 类实例 img。在 jupyter 中，可使用 display(img)展示图片，也可使用 img. size 查看图片尺寸。

```
# 引入依赖包
import numpy as np
from PIL import Image
# 读取单通道图像
img = Image.open('work/lena_gray.png')
display(img)
print(img)
print(img.size)
```

输出结果如图 5-1-3 所示。

```
<PIL.PngImagePlugin.PngImageFile image mode=L size=512x512 at 0x7F1121ACD650>
(512, 512)
```

图 5-1-3　图像读取

然后，使用 np. arrary()将图像转化为像素矩阵，既可以将像素矩阵打印查看，也可以通过 shape 属性查看矩阵维度。

```
# 将图片转为矩阵表示
img_np = np.array(img)
print("图像尺寸:", img_np.shape)
```

91

```
print("图像矩阵:\n", img_np)
```

输出结果如图 5-1-4 所示。

可以利用 np.savetxt(fname,X,fmt)将矩阵保存为文本,其中,fname 为文件名,X 为要保存到文本中的数据(像素矩阵),fmt 为数据的格式。

```
# 将矩阵保存成文本,数字格式为整数
np.savetxt('lena_gray.txt', img, fmt = '% 4d')
```

文本预览如图 5-1-5 所示。

```
图像尺寸: (512, 512)
图像矩阵:
  [[162 162 162 ... 170 155 128]
  [162 162 162 ... 170 155 128]
  [162 162 162 ... 170 155 128]
  ...
  [ 43  43  50 ... 104 100  98]
  [ 44  44  55 ... 104 105 108]
  [ 44  44  55 ... 104 105 108]]
```

图 5-1-4　图像大小与像素值输出

```
162  162  162  161  162  157  163  161  166  162  162
162  162  162  161  162  157  163  161  166  162  162
162  162  162  161  162  157  163  161  166  162  162
162  162  162  161  162  157  163  161  166  162  162
162  162  162  161  162  157  163  161  166  162  162
164  164  158  155  161  159  159  160  161  160  155
160  160  163  158  160  162  159  156  159  163  158
159  159  155  157  158  159  156  157  159  162  162
155  155  158  158  159  160  157  157  163  157  159
```

图 5-1-5　图像数字格式

(2) 三通道图像。

多通道读取方式与单通道一样,直接用 Image.open()打开即可。

```
# 读取彩色图像
img = Image.open('work/lena.png')
print(img)
# 将图片转为矩阵表示
img_np = np.array(img)
print("图像尺寸:", img_np.shape)
print("图像矩阵:\n", img_np)
```

输出结果如图 5-1-6 所示。

```
<PIL.JpegImagePlugin.JpegImageFile image mode=RGB size=532x528 at 0x7F1128D18A90>
图像尺寸: (528, 532, 3)
图像矩阵:
  [[[236 242 255]
  [236 242 255]
  [236 242 254]
  ...
  [238 242 251]
  [238 242 251]
  [238 242 251]]
```

图 5-1-6　三通道图像读取

通过运行结果中的输出,可以看出单通道图像与三通道图像的不同,单通道图像的 mode 为“L”,三通道图像 mode 为“RGB”,三通道图像相比于单通道图像增加了一个维度。

步骤 1：彩色图像通道分离

上面已经介绍了彩色三通道图像的读取。彩色图的 RBG 3 个颜色通道是可以分开单独访问的。

第一种方法：使用 PIL 对颜色通道进行分离。这里既可以使用 Image 类的 split 方法进行颜色通道分离,也可以使用 Image 类的 getchannel 方法分别获取 3 个颜色通道的数据。

```
# 读取彩色图像
img = Image.open('work/lena.png')
# 使用 split 分离颜色通道
r,g,b = img.split()
# 使用 getchannel 分离颜色通道
r = img.getchannel(0)
g = img.getchannel(1)
b = img.getchannel(2)
# 展示各通道图像
display(img.getchannel(0))
display(img.getchannel(1))
display(img.getchannel(2))
# 将矩阵保存成文本,数字格式为整数
np.savetxt('lena-r.txt', r, fmt = '%4d')
np.savetxt('lena-g.txt', g, fmt = '%4d')
np.savetxt('lena-b.txt', b, fmt = '%4d')
```

获取到的 R、G、B 3 个通道的图像如图 5-1-7 所示。

图 5-1-7　3 个通道图像

第二种方法:使用 cv2.split()分离颜色通道。首先,使用 cv2.imread()读取图片信息,获取图片的像素矩阵;然后,使用 cv2.split()对图像的像素矩阵进行分离;最后,使用 matplotlib.pyplot 将分离和合并结果展示出来。

```
# 引入依赖包
% matplotlib inline
import cv2
import matplotlib.pyplot as plt

img = cv2.imread('work/lena.png')

# 通道分割
b, g, r = cv2.split(img)

# 通道合并
RGB_Image = cv2.merge([b,g,r])
RGB_Image = cv2.cvtColor(RGB_Image, cv2.COLOR_BGR2RGB)
plt.figure(figsize = (12,12))

# 绘图展示各通道图像及合并后的图像
plt.subplot(141)
```

```
plt.imshow(RGB_Image,'gray')
plt.title('RGB_Image')
plt.subplot(142)
plt.imshow(r,'gray')
plt.title('R_Channel')
plt.subplot(143)
plt.imshow(g,'gray')
plt.title('G_Channel')
plt.subplot(144)
plt.imshow(b,'gray')
plt.title('B_Channel')
```

输出结果如图 5-1-8 所示。

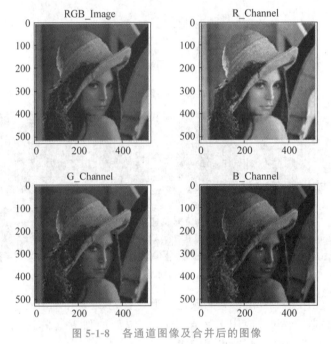

图 5-1-8　各通道图像及合并后的图像

步骤 2：图像的通道转换

上一小节中提前使用了 OpenCV 读取图片并进行通道分离，本节将会对 OpenCV 库的使用做更详细的介绍。

cv2.imread()：用来读取图片，第一个参数是图片路径，第二个参数是一个标识，用来指定图像的读取方式。

cv2.imshow()：用来显示图像，第一个参数是窗口的名字，第二个参数是图像数据。

cv2.imwrite()：用来保存图像，第一个参数是要保存的文件名，第二个参数是要保存的图像。可选的第三个参数，它针对特定的格式：对于 JPEG，其表示的是图像的质量，用 0～100 的整数表示，默认为 95；对于 png，第三个参数表示的是压缩级别，默认为 3。

我们在使用 cv2.imread()读取图像时，cv2 会默认将三通道彩色图像转化为 GBR 格式，因此经常需要将其转化为 RGB 格式。本节的内容主要介绍如何使用 cv2.cvtColor()对图像通道进行转化以及如何将彩色图像转化为灰度图像。

在图像处理中最常用的颜色空间转换如下：RGB 或 BGR 到灰度（COLOR_RGB2GRAY，COLOR_BGR2GRAY）、RGB 或 BGR 到 YcrCb（或 YCC）（COLOR_RGB2YCrCb，COLOR_BGR2YCrCb）、RGB 或 BGR 到 HSV（COLOR_RGB2HSV，COLOR_BGR2HSV）、RGB 或 BGR 到 Luv（COLOR_RGB2Luv，COLOR_BGR2Luv）以及灰度到 RGB 或 BGR（COLOR_GRAY2RGB，COLOR_GRAY2BGR）。

（1）BGR 图像转灰度图像。

```
import numpy as np
import cv2
img = cv2.imread('work/lena.png')          ♯ 默认为彩色图像
♯ 打印图片的形状
print(img.shape)
♯ 形状中包括行数、列数和通道数
height, width, channels = img.shape
print('图片高度:{},宽度:{},通道数:{}'.format(height,width,channels))
♯ 转换为灰度图
img_gray = cv2.cvtColor(img, cv2.COLOR_BGR2GRAY)
print(img_gray.shape)
```

读取的三通道彩色图像图片维度为(528,532,3)。

通过 cv2.cvtColor(img,cv2.COLOR_BGR2GRAY)获取到灰度图像的维度为(350,350)，可以使用 cv2.imwrite()将图像保存。结果如图 5-1-9 所示。

```
♯ 保存灰度图
cv2.imwrite('img_gray.jpg', img_gray)
```

（2）GBR 图像转为 RGB 图像。

将 GBR 图像转为 RGB 图像的方式十分简单，只需要将 cv2.cvtColor()中第二个参数设置为 cv2.COLOR_BGR2RGB 即可。

图 5-1-9　灰度图保存结果

```
import cv2
♯ 加载彩色图
img = cv2.imread('work/lena.png', 1)
♯ 将彩色图的 BGR 通道顺序转成 RGB
img = cv2.cvtColor(img, cv2.COLOR_BGR2RGB)
```

步骤 3：图像拼接与缩放

图像拼接，顾名思义就是将两张图像拼接在一起成为一张图像。本节实践先将一张图像从中间切割成两张图像，然后再进行拼接。

首先，我们用 cv2.imread()读取图 5-1-10，即获得图像的像素矩阵，然后通过 numpy array 的 shape 方法获取矩阵的尺寸，根据尺寸将图像分割成两张图像。

```
img = cv2.imread('work/test.png')
sum_rows = img.shape[0]
print(img.shape)
sum_cols = img.shape[1]
```

图 5-1-10　原始实践图

```
part1 = img[0:sum_rows, 0:int(sum_cols/2)]
print(part1.shape)
part2 = img[0:sum_rows, int(sum_cols/2):sum_cols]
print(part2.shape)
plt.figure(figsize = (12,12))

# 显示分割后图像
plt.subplot(121)
plt.imshow(part1)
plt.title('Image1')
plt.subplot(122)
plt.imshow(part2)
plt.title('Image2')
```

分割后的图像如图 5-1-11 所示。

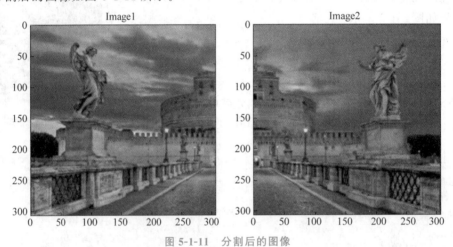

图 5-1-11　分割后的图像

　　然后，尝试将两张图像进行拼接。我们根据原始图像的大小用 np.zeros() 初始化一个全为 0 的矩阵 final_matrix，其尺寸大小为 $254 \times 510 \times 3$（与原始图像大小相同），再将两张图像的像素矩阵赋值到 final_matrix 的响应位置，形成一个完整的像素矩阵，也就完成了图像的拼接。

```
final_matrix = np.zeros((308, 614, 3), np.uint8)

final_matrix[0:308, 0:307] = part1
final_matrix[0:308, 307:614] = part2
plt.subplot(111)
```

```
plt.imshow(final_matrix)
plt.savefig('final_img.png')
plt.title('final_img')
```

拼接后的图像如图 5-1-12 所示。

图 5-1-12　拼接后的图像

缩放图像就是调整图像的大小。在本节实践中我们使用 cv2.resize(input,output,size, fx,fy,interpolation)函数实现缩放。其中,input 为输入图片,output 为输出图片,size 为输出图片尺寸,fx 和 fy 为沿 x 轴和 y 轴的缩放系数,interpolation 为缩放插入方法。

cv2.resize()提供了多种图像缩放插入方法,如下所示:

cv2.INTER_NEAREST:最近邻插值。

cv2.INTER_LINEAR:线性插值(默认缩放方式)。

cv2.INTER_AREA:基于局部像素的重采样,区域插值。

cv2.INTER_CUBIC:基于邻域 $4×4$ 像素的三次插值。

cv2.INTER_LANCZOS4:基于 $8×8$ 像素邻域的 Lanczos 插值。

首先,读取一张图像并将其转化为 RGB 格式;然后使用 cv2.resize()将图像进行缩放,若缩放方法没有设置,则默认为线性插值方法,如下面代码所示。通过输出图像可以看到,将一张尺寸为 $308×614$ 的图像缩放成了 $224×224$。

```
img = cv2.imread('work/test.png')
img1 = cv2.cvtColor(img, cv2.COLOR_BGR2RGB)
print(img1.shape)
# 按照指定的宽度、高度缩放图像
img2 = cv2.resize(img1, (224, 224))
plt.figure(figsize = (12,12))
# 显示缩放前后的图像
plt.subplot(121)
plt.imshow(img1)
plt.title('Image1')
plt.subplot(122)
plt.imshow(img2)
plt.title('Image2')
```

缩放前后的图像如图 5-1-13 所示。

下面尝试通过设置 x、y 轴缩放系数来对图像进行缩放。我们尝试将 x 轴放大 5 倍,y 轴放大 2 倍。

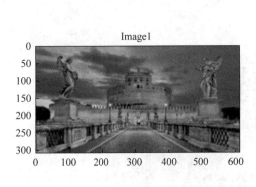

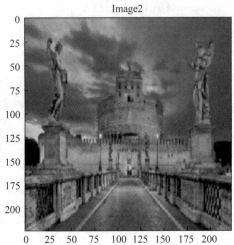

图 5-1-13　缩放前后的图像

```
# 按照比例缩放,如 x,y 轴均放大一倍
img3 = cv2.resize(img, None, fx = 5, fy = 2, interpolation = cv2.INTER_LINEAR)
plt.imshow(img3)
plt.savefig('img3.png')
```

缩放后的效果如图 5-1-14 所示。

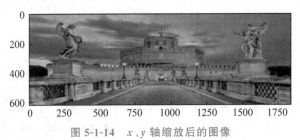

图 5-1-14　x、y 轴缩放后的图像

步骤 4：图像二值化处理

图像二值化是为了方便提取图像中的信息,二值图像在进行计算机识别时可以增加识别效率。我们已经知道图像像素点的灰度值在 0 到 255,图像的二值化简单来说就是通过设定一个阈值,将像素点灰度值大于阈值的变成一类值,小于阈值的变成另一类值。

Opencv 提供的 cv2.threshold()可以用来方便地实现图像的二值化。该函数有四个参数,第一个是原图像,第二个是进行分类的阈值,第三个是高于(低于)阈值时赋予的新值,第四个是一个方法选择参数。常用的有：

0：cv2.THRESH_BINARY,当前点值大于阈值时,取 Maxval,也就是第四个参数,否则设置为 0。

1：cv2.THRESH_BINARY_INV,当前点值大于阈值时,设置为 0,否则设置为 Maxval。

2：cv2.THRESH_TRUNC,当前点值大于阈值时,设置为阈值,否则不改变。

3：cv2.THRESH_TOZERO,当前点值大于阈值时,不改变,否则设置为 0。

4：cv2. THRESH_TOZERO_INV，当前点值大于阈值时，设置为 0，否则不改变。

尝试对一张图像进行二值化。我们设置像素点的灰度值超过 127 则将该像素点的灰度值重新赋值为 255；灰度值小于 127 则将该像素点的灰度值重新赋值为 0。

```
# 原图
img = cv2.imread('work/lena.png')
img = cv2.cvtColor(img, cv2.COLOR_BGR2RGB)

# 灰度图读入
img_gray = cv2.imread('work/lena.png', 0)
img_ = cv2.cvtColor(img_gray, cv2.COLOR_BGR2RGB)
ret, th = cv2.threshold(img_, 127, 255, cv2.THRESH_BINARY)

plt.figure(figsize = (12,12))
plt.subplot(121)
plt.imshow(img)
plt.title('Image1')
plt.subplot(122)
plt.imshow(th)
plt.title('Image2')
```

二值化前后的图像如图 5-1-15 所示。

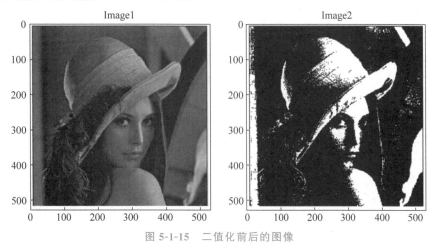

图 5-1-15　二值化前后的图像

步骤 5：图像归一化处理

图像的归一化是对图像的像素矩阵进行一系列的变化，使像素的灰度值都落入一个特定的区间。在机器学习中，对数据进行归一化可以加快训练网络的收敛性。

飞桨深度学习平台提供的 paddle. vision. transforms. normalize()方法可以方便地实现对图像数据的归一化。该方法包含四个参数，第一个参数为图像的 np. array 格式数据，第二个参数为用于每个通道归一化的均值，第三个参数为用于每个通道归一化的标准差值，第三个参数为数据的格式，第四个参数为是否转换为 rgb 的格式，默认为 False。

下面尝试对一幅三通道图像进行归一化处理。我们设置图像三个通道的归一化后的均值为 127.5，图像三个通道的标准差为 127.5，图像的格式为"HWC"。

```
import numpy as np
from PIL import Image
from paddle.vision.transforms import functional as F

img = np.asarray(Image.open('work/lena.png'))

mean = [127.5, 127.5, 127.5]
std = [127.5, 127.5, 127.5]

normalized_img = F.normalize(img, mean, std, data_format = 'HWC')
print(normalized_img)
```

输出结果如图 5-1-16 所示，可以看到，图像经过归一化后的像素值在 0 至 1。

```
[[[0.8509804  0.8980392  1.        ]
  [0.8509804  0.8980392  1.        ]
  [0.8509804  0.8980392  0.99215686]
  ...
  [0.8666667  0.8980392  0.96862745]
  [0.8666667  0.8980392  0.96862745]
  [0.8666667  0.8980392  0.96862745]]]
```

图 5-1-16　归一化前后的图像

步骤 6：图像增强

Gamma 变换采用了非线性函数（指数函数）对图像的灰度值进行幂次方变换，其作用是提升图像暗部细节，可以将漂白（相机曝光）或过暗（曝光不足）的图像，进行矫正。数学公式如下：

$$\boldsymbol{V}_{\text{out}} = A\boldsymbol{V}_{\text{in}}^{\gamma}$$

其中，$\boldsymbol{V}_{\text{in}}$ 是归一化后的图像矩阵，因此像素点取值范围为 $0\sim1$，$\boldsymbol{V}_{\text{out}}$ 是经过 Gamma 变换后的像素点矩阵，A 为一个常数，γ 指数为 Gamma。当 Gamma > 1 时，会减小灰度级较高的地方，增大灰度级较低的地方；当 Gamma < 1 时，会增大灰度级较高的地方，减小灰度级较低的地方。

定义函数 gamma_transfer() 函数实现对图像的增强，首先用 PIL.Image 读取图像，之后使用 numpy.power() 方法对归一化的图像数据进行幂次变换，并将变换前后的图像进行展示。

```
import cv2
import numpy as np
from PIL import Image
import matplotlib.pyplot as plt

# 图像增强,Gamma 变换采用了非线性函数(指数函数)对图像的灰度值进行变换
# 当 Gamma > 1 时,会减小灰度级较高的地方,增大灰度级较低的地方;当 Gamma < 1 时,会增大灰度级
#   较高的地方,减小灰度级较低的地方
# Gamma 变换对像素值做的是幂次方变换,主要是图像的灰度级发生改变
def gama_transfer(path, power1 = 1):
    img = np.array(Image.open(img_path))

    img_g = 255 * np.power(img/255, power1)
    img_g = np.around(img_g)
    img_g[img_g > 255] = 255
    out = img_g.astype(np.uint8)
```

```
plt.figure(figsize = (12,12))
plt.subplot(121)
plt.imshow(img)
plt.title('Image1')
plt.subplot(122)
plt.imshow(out)
plt.title('Image2')
```

```
img_path = 'work/lena.png'
gama_transfer(img_path, 2)
```

图像增强前后的效果如图 5-1-17 所示。

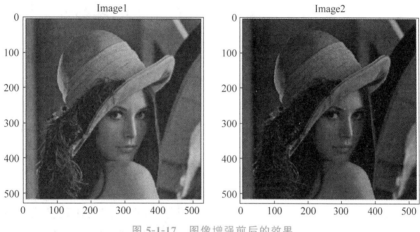

图 5-1-17　图像增强前后的效果

5.2　实践二：基于卷积神经网络实现宝石分类

本节实践中,我们使用卷积神经网络(CNN)解决宝石图像的分类问题。CNN 由纽约大学的 Yann LeCun 于 1998 年提出。CNN 本质上是一个多层感知机,其成功的原因关键在于它所采用的局部连接和共享权值的方式,一方面减少了权值的数量使得网络易于优化,另一方面降低了过拟合的风险。

本实践代码运行的环境为 Python 3.7、Paddle 2.0,实践的平台为 AI Studio。

步骤 1：数据加载及预处理

宝石分类是一个图像多分类任务,旨在针对所给宝石图像,判断其所属的标签类型。

开源宝石数据集中包含 25 种宝石类别,每个类别的图像被单独保存在一个文件夹下,文件夹命名为其类型名。所有的类型如图 5-2-1 所示。

图 5-2-1　宝石分类数据集类型

部分宝石图像如图 5-2-2 所示。

benitoite_0.jpg　　benitoite_1.jpg　　benitoite_2.jpg　　benitoite_4.jpg

benitoite_5.jpg　　benitoite_6.jpg　　benitoite_7.jpg　　benitoite_8.jpg

benitoite_10.jpg　　benitoite_11.jpg　　benitoite_12.jpg　　benitoite_13.jpg

图 5-2-2　部分宝石分类数据集

本实践使用的数据集包含 800 余幅格式为 jpg 的三通道彩色图像。对于本实践中的数据包，具体处理及加载方式与车辆图像分类实践基本相同（代码可参考本书第 4.2 节内容），主要步骤如下：

首先，我们定义 unzip_data()对数据集的压缩包进行解压，解压后可以观察到数据集文件夹结构如图 5-2-3 所示。

然后，定义 get_data_list()函数遍历文件夹和图像，按照一定的比例将数据划分为训练集和验证集，并生成 train.txt 以及 eval.txt，文件内的格式为"图像路径 标签类别"，部分内容如图 5-2-4 所示。

⌂ > data > dataset

🗁 Almandine

🗁 Alexandrite

🗁 Benitoite

🗁 Beryl Golden

🗁 Carnelian

🗁 Cats Eye

```
/home/aistudio/data/dataset/Hessonite/hessonite_16.jpg    2
/home/aistudio/data/dataset/Benitoite/benitoite_15.jpg    6
/home/aistudio/data/dataset/Tanzanite/tanzanite_11.jpg    1
/home/aistudio/data/dataset/Danburite/danburite_16.jpg   18
/home/aistudio/data/dataset/Emerald/emerald_35.jpg       16
/home/aistudio/data/dataset/Sapphire Blue/sapphire blue_21.jpg    3
/home/aistudio/data/dataset/Almandine/almandine_17.jpg   23
/home/aistudio/data/dataset/Jade/jade_1.jpg 13
```

图 5-2-3　解压后的数据集文件夹结构　　　图 5-2-4　train.txt 以及 eval.txt 中的部分内容

接下来，定义一个数据加载器 GemReader，用于加载训练和评估时要使用的数据。这里需要继承基类 Dataset。具体代码包括：

__init__：构造函数，实现数据的读取逻辑。

__getitem__：实现对数据的处理操作，返回图像的像素矩阵和标签值。

__len__：返回数据集样本个数。

```
class GemReader(Dataset):
    def __init__(self, data_path, mode = 'train'):
```

```
        super().__init__()
        self.data_path = data_path
        self.img_paths = []
        self.labels = []

        if mode == 'train':
            with open(os.path.join(self.data_path, "train.txt"), "r", encoding = "utf-8")
as f:
                self.info = f.readlines()
            for img_info in self.info:
                img_path, label = img_info.strip().split('\t')
                self.img_paths.append(img_path)
                self.labels.append(int(label))

        else:
            with open(os.path.join(self.data_path, "eval.txt"), "r", encoding = "utf-8")
as f:
                self.info = f.readlines()
            for img_info in self.info:
                img_path, label = img_info.strip().split('\t')
                self.img_paths.append(img_path)
                self.labels.append(int(label))

    def __getitem__(self, index):
        # 第一步打开图像文件并获取 label 值
        img_path = self.img_paths[index]
        img = Image.open(img_path)
        if img.mode != 'RGB':
            img = img.convert('RGB')
        img = img.resize((224, 224), Image.BILINEAR)
        img = np.array(img).astype('float32')
        img = img.transpose((2, 0, 1)) / 255
        label = self.labels[index]
        label = np.array([label], dtype = "int64")
        return img, label

    def print_sample(self, index: int = 0):
        print("文件名", self.img_paths[index], "\t 标签值", self.labels[index])

    def __len__(self):
        return len(self.img_paths)
```

之后,利用 paddle.io.DataLoader()方法定义训练数据加载器 train_loader 和验证数据
加载器 eval_loader,并设置 batch_size 大小。

```
# 训练数据加载
train_dataset = GemReader('/home/aistudio/', mode = 'train')
train_loader = paddle.io.DataLoader(train_dataset, batch_size = 16, shuffle = True)
# 测试数据加载
eval_dataset = GemReader('/home/aistudio/', mode = 'eval')
eval_loader = paddle.io.DataLoader(eval_dataset, batch_size = 8, shuffle = False)
```

步骤 2：自定义卷积神经网络模型

本实践使用的卷积网络结构（CNN），输入的是归一化后的 RGB 图像样本，每张图像的尺寸被裁切到了 224×224，经过三次"卷积—池化"操作，最后连接一个全连接层作为预测层。具体模型结构如图 5-2-5 所示。

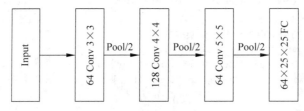

图 5-2-5　自定义卷积神经网络的结构

在了解了本节实践的网络结构后，接下来就可以使用飞桨深度学习框架搭建该网络来解决美食识别的问题。本节实践主要使用卷积神经网络进行图像的分类，自定义模型类 MyCNN，该类继承 nn. Layer 抽象类，实现模型训练、验证模式的切换等功能。在飞桨中，paddle. nn. Conv2D(in_channels, out_channels, kernel_size, stride=1, padding=0, dilation=1, groups=1, padding_mode='zeros', weight_attr=None, bias_attr=None, data_format='NCHW')可实现二维卷积，根据输入通道数（in_channels）、输出通道数（out_channels）、卷积核大小（kernel_size）、步长（stride）、填充（padding）、空洞大小（dilations）等参数计算输出特征层大小。输入和输出是 NCHW 或 NHWC 格式，其中 N 是批大小，C 是通道数，H 是特征高度，W 是特征宽度；卷积核是 MCHW 格式，M 是输出图像通道数，C 是输入图像通道数，H 是卷积核高度，W 是卷积核宽度，如果组数（groups）大于 1，C 等于输入图像通道数除以组数的结果。其中，输入的单个通道图像维度与输出的单个通道图像维度的对应计算关系如下：

$$H_{out} = \frac{(H_{in} + 2 \times paddings[0] - (dilations[0] \times (kernel\_size[0]-1)+1))}{strides[0]} + 1$$

$$W_{out} = \frac{(W_{in} + 2 \times paddings[1] - (dilations[1] \times (kernel\_size[1]-1)+1))}{strides[1]} + 1$$

在应用卷积操作之后，可以对卷积后的特征映射进行下采样，以达到降维的效果。本节实践采用最大池化 paddle. nn. MaxPool2D(kernel_size, stride=None, padding=0, ceil_mode=False, return_mask=False, data_format='NCHW', name=None)类实现特征的下采样。其中，kernel_size 为池化核大小。如果它是一个元组或列表，则它必须包含两个整数值（pool_size_Height, pool_size_Width）；如果它是一个整数，则它的平方值将作为池化核大小，比如若 pool_size=2，则池化核大小为 2×2。stride（可选）为池化层的步长，使用规则同 pool_size，默认值为 None，这时会使用 kernel_size 作为 stride。padding（可选）为池化填充。如果它是一个字符串，则可以是"VALID"或者"SAME"，表示填充算法；如果它是一个元组或列表，则可以有 3 种格式。①包含 2 个整数值，即[pad_height, pad_width]；②包含 4 个整数值，即[pad_height_top, pad_height_bottom, pad_width_left, pad_width_right]；③包含 4 个二元组，当 data_format 为"NCHW"时，为[[0,0],[0,0],[pad_height_top,pad_ height_bottom],[pad_width_left,pad_width_right]],当 data_format 为"NHWC"时,为 [[0,0],[pad_height_top,pad_height_bottom],[pad_width_left,pad_width_right],[0, 0]],若为一个整数,则表示 H 和 W 维度上均为该值。ceil_mode(可选)表示是否用 ceil 函数计算输出高度和宽度,如果是 True,则使用 ceil 计算输出形状的大小。return_mask(可选)指示是否返回最大索引和输出,默认为 False。data_format(可选)指输入和输出的数据格式,可以是"NCHW"和"NHWC",N 是批尺寸,C 是通道数,H 是特征高度,W 是特征宽度,默认值为 NCHW。

详细介绍了各个卷积类与池化类之后,就可以实现分类算法,如下所示。

```python
# 定义卷积神经网络实现宝石识别
class MyCNN(nn.Layer):
    def __init__(self):
        super(MyCNN,self).__init__()
        self.conv0 = nn.Conv2D(in_channels = 3,out_channels = 64, kernel_size = 3, stride = 1)
        self.pool0 = nn.MaxPool2D(kernel_size = 2,stride = 2)

        self.conv1 = nn.Conv2D(in_channels = 64, out_channels = 128, kernel_size = 4, stride = 1)
        self.pool1 = nn.MaxPool2D(kernel_size = 2,stride = 2)

        self.conv2 = nn.Conv2D(in_channels = 128,out_channels = 64,kernel_size = 5)
        self.pool2 = nn.MaxPool2D(kernel_size = 2,stride = 2)

        self.fc1 = nn.Linear(in_features = 64 * 25 * 25,out_features = 25)

    def forward(self,input):
        x = self.conv0(input)
        x = self.pool0(x)
        x = self.conv1(x)
        x = self.pool1(x)
        x = self.conv2(x)
        x = self.pool2(x)
        x = paddle.reshape(x,shape = [ - 1,64 * 25 * 25])
        y = self.fc1(x)

        return y
```

步骤 3:模型训练与评估

上一小节中我们已经定义好 MyCNN 模型结构,接下来实例化一个模型并进行迭代训练。对于分类问题,依旧使用交叉熵损失函数,使用 paddle.optimizer.Adagrad 优化器进行参数梯度的计算。

```python
model = MyCNN()                                          # 模型实例化
model.train()                                            # 训练模式
cross_entropy = paddle.nn.CrossEntropyLoss()
opt = paddle.optimizer.Adagrad(learning_rate = train_parameters['learning_strategy']['lr'],
parameters = model.parameters())

epochs_num = train_parameters['num_epochs']              # 迭代次数
for pass_num in range(train_parameters['num_epochs']):
```

```
    for batch_id,data in enumerate(train_loader()):
        image = data[0]
        label = data[1]
        predict = model(image)                              # 数据传入 model
        loss = cross_entropy(predict,label)
        acc = paddle.metric.accuracy(predict,label)          # 计算精度
        if batch_id!= 0 and batch_id % 5 == 0:
            Batch = Batch + 5
            Batchs.append(Batch)
            all_train_loss.append(loss.numpy()[0])
            all_train_accs.append(acc.numpy()[0])
            print("epoch:{},step:{},train_loss:{},train_acc:{}".format(pass_num,batch_id,
loss.numpy(),acc.numpy()))
        loss.backward()
        opt.step()
        opt.clear_grad()                                    # 重置梯度
paddle.save(model.state_dict(),'MyCNN')                       # 保存模型
```

训练过程中的部分输出如图 5-2-6 所示。

```
epoch:19,step:5,train_loss:[0.7246032],train_acc:[0.8125]
epoch:19,step:10,train_loss:[0.43328825],train_acc:[0.9375]
epoch:19,step:15,train_loss:[0.49731687],train_acc:[0.9375]
epoch:19,step:20,train_loss:[0.40940693],train_acc:[0.9375]
epoch:19,step:25,train_loss:[0.71382046],train_acc:[0.75]
epoch:19,step:30,train_loss:[0.5805962],train_acc:[0.875]
epoch:19,step:35,train_loss:[0.6296073],train_acc:[0.875]
epoch:19,step:40,train_loss:[0.45943573],train_acc:[0.875]
epoch:19,step:45,train_loss:[0.38437143],train_acc:[1.]
```

图 5-2-6　宝石分类模型训练过程中的部分输出

保存模型之后，接下来我们对模型进行评估。模型评估就是在验证数据集上计算模型输出结果的准确率。与训练部分代码不同，评估模型时不需要进行参数优化，因此，需要使用验证模式。

```
# 模型评估
para_state_dict = paddle.load("MyCNN")
model = MyCNN()
model.set_state_dict(para_state_dict)                         # 加载模型参数
model.eval()                                                  # 验证模式

accs = []

for batch_id,data in enumerate(eval_loader()):               # 测试集
    image = data[0]
    label = data[1]
    predict = model(image)
    acc = paddle.metric.accuracy(predict,label)
    accs.append(acc.numpy()[0])
avg_acc = np.mean(accs)
print("当前模型在验证集上的准确率为:",avg_acc)
```

输出结果如图 5-2-7 所示。

当前模型在验证集上的准确率为：0.75

图 5-2-7　宝石分类模型在验证集上的准确率

步骤 4：模型预测

在此步骤中，将训练好的宝石图像分类模型应用于验证集。首先将验证集解压缩，之后定义基本的图像处理函数，对输入图像进行预处理，最后加载训练好的模型，在验证模式下进行预测。

```python
def unzip_infer_data(src_path, target_path):
    if(not os.path.isdir(target_path)):
        z = zipfile.ZipFile(src_path, 'r')
        z.extractall(path = target_path)
        z.close()


def load_image(img_path):
    img = Image.open(img_path)
    if img.mode != 'RGB':
        img = img.convert('RGB')
    img = img.resize((224, 224), Image.BILINEAR)
    img = np.array(img).astype('float32')
    img = img.transpose((2, 0, 1))                 # HWC to CHW
    img = img/255                                   # 像素值归一化
    return img


infer_src_path = '/home/aistudio/data/data55032/archive_test.zip'
infer_dst_path = '/home/aistudio/data/archive_test'
unzip_infer_data(infer_src_path, infer_dst_path)
para_state_dict = paddle.load("MyCNN")
model = MyCNN()
model.set_state_dict(para_state_dict)              # 加载模型参数
model.eval()                                        # 验证模式

# 展示预测图片
infer_path = 'data/archive_test/alexandrite_3.jpg'
img = Image.open(infer_path)
plt.imshow(img)                                     # 根据数组绘制图像
plt.show()                                          # 显示图像
infer_imgs = []                                     # 对预测图片进行预处理
infer_imgs.append(load_image(infer_path))
infer_imgs = np.array(infer_imgs)
label_dic = train_parameters['label_dict']
for i in range(len(infer_imgs)):
    data = infer_imgs[i]
    dy_x_data = np.array(data).astype('float32')
    dy_x_data = dy_x_data[np.newaxis, :, :, :]
    img = paddle.to_tensor(dy_x_data)
    out = model(img)
    lab = np.argmax(out.numpy())                    # argmax():返回最大数的索引
    print("第{}个样本,被预测为:{},真实标签为:{}".format(i + 1, label_dic[str(lab)], infer_
path.split('/')[-1].split("_")[0]))
print("预测结束")
```

107

输出结果如图 5-2-8 所示。

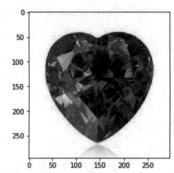

第1个样本,被预测为: Alexandrite,真实标签为: *alexandrite*
预测结束

图 5-2-8　宝石分类模型的预测可视化结果

基于 VGGNet
网络模型实
现美食分类

5.3　实践三: 基于 VGGNet 网络模型实现美食分类

本次实践我们使用 VGG 网络模型解决美食分类问题。VGGNet 是牛津大学计算机视觉组和 Google DeepMind 公司的研究员一起研发的深度卷积神经网络。VGG 主要探究了卷积神经网络的深度和其性能之间的关系,通过反复堆叠 3×3 的小卷积核和 2×2 的最大池化层,VGGNet 成功地搭建了 16～19 层的深度卷积神经网络,通过不断加深网络来提升性能。

本实践代码运行的环境为 Python 3.7、Python 2.0,实践的平台为 AI Studio。

步骤 1: 美食分类数据集准备

本实践使用的数据集包含 5000 余幅格式为 jpg 的三通道彩色图像,共 5 种食物类别。对于本实践中的数据包,处理及加载的主要步骤如下。

首先,我们定义 unzip_data()对数据集的压缩包进行解压。

```
def unzip_data(src_path,target_path):
    '''
    解压原始数据集,将 src_path 路径下的 zip 包解压至 target_path 目录下
    '''
    if(not os.path.isdir(target_path + "foods")):
        z = zipfile.ZipFile(src_path, 'r')
        z.extractall(path = target_path)
        z.close()
```

解压后可以观察到数据集文件夹结构如图 5-3-1 所示。

然后,定义 get_data_list()遍历文件夹和数据集图像,按照一定比例将数据划分为训练集和验证集,并生成相应的 train.txt 以及 eval.txt,同时创建数据集的说明文件。

```
def get_data_list(target_path,train_list_path,eval_list_path):
    # 存放所有类别的信息
    class_detail = []
```

图 5-3-1　美食分类数据集的结构

```python
# 获取所有类别保存的文件夹名称
data_list_path = target_path + "foods/"
class_dirs = os.listdir(data_list_path)
# 总的图像数量
all_class_images = 0
# 存放类别标签
class_label = 0
# 存放类别数目
class_dim = 0
# 存储要写进 eval.txt 和 train.txt 中的内容
trainer_list = []
eval_list = []
# 读取每个类别
for class_dir in class_dirs:
    if class_dir != ".DS_Store":
        class_dim += 1
        # 每个类别的信息
        class_detail_list = {}
        eval_sum = 0
        trainer_sum = 0
        # 统计每个类别有多少幅图像
        class_sum = 0
        # 获取类别路径
        path = data_list_path + class_dir
        # 获取所有图像
        img_paths = os.listdir(path)
        for img_path in img_paths:                                      # 遍历文件夹下的每幅图像
            name_path = path + '/' + img_path                           # 每幅图像的路径
            if class_sum % 8 == 0:                                      # 每 8 幅图像取一个做验证数据
                eval_sum += 1                                           # test_sum 为测试数据的数目
                eval_list.append(name_path + "\t%d" % class_label + "\n")
            else:
                trainer_sum += 1
                trainer_list.append(name_path + "\t%d" % class_label + "\n")
                                                                        # trainer_sum:测试数据的数目
            class_sum += 1                                              # 每类图像的数目
            all_class_images += 1                                      # 所有类图像的数目

        # 说明的 json 文件的 class_detail 数据
        class_detail_list['class_name'] = class_dir                     # 类别名称
        class_detail_list['class_label'] = class_label                  # 类别标签
        class_detail_list['class_eval_images'] = eval_sum
class_detail_list['class_trainer_images'] = trainer_sum                 # 该类数据的训练集数目
        class_detail.append(class_detail_list)
        # 初始化标签列表
```

```
            train_parameters['label_dict'][str(class_label)] = class_dir
            class_label += 1
    # 初始化分类数
    train_parameters['class_dim'] = class_dim
    # 乱序
    random.shuffle(eval_list)
    with open(eval_list_path, 'a') as f:
        for eval_image in eval_list:
            f.write(eval_image)
    random.shuffle(trainer_list)
    with open(train_list_path, 'a') as f2:
        for train_image in trainer_list:
            f2.write(train_image)

    # 说明的 JSON 文件信息
    readjson = {}
    readjson['all_class_name'] = data_list_path          # 文件父目录
    readjson['all_class_images'] = all_class_images
    readjson['class_detail'] = class_detail
    jsons = json.dumps(readjson, sort_keys = True, indent = 4, separators = (',', ': '))
    with open(train_parameters['readme_path'],'w') as f:
        f.write(jsons)
    print ('生成数据列表完成!')
```

train.txt 中训练样本的格式如图 5-3-2 所示。

```
/home/aistudio/data/foods/beef_carpaccio/560891.jpg 2
/home/aistudio/data/foods/baby_back_ribs/1807563.jpg 4
/home/aistudio/data/foods/beef_carpaccio/3769247.jpg 2
/home/aistudio/data/foods/apple_pie/2598068.jpg 1
/home/aistudio/data/foods/apple_pie/3555118.jpg 1
/home/aistudio/data/foods/baklava/1133981.jpg 0
/home/aistudio/data/foods/apple_pie/2600379.jpg 1
```

图 5-3-2　美食分类数据集 train.txt 中训练样本的格式

接下来，定义一个数据加载器 FoodDataset，用于加载训练和评估时要使用的数据。

```
import paddle
import paddle.vision.transforms as T
import numpy as np
from PIL import Image

class FoodDataset(paddle.io.Dataset):
    """
    5 类 food 数据集类的定义
    """
    def __init__(self, mode = 'train'):
        """
        初始化函数
        """
        self.data = []
        with open('data/{}.txt'.format(mode)) as f:
            for line in f.readlines():
                info = line.strip().split('\t')
```

```
        if len(info) > 0:
            self.data.append([info[0].strip(), info[1].strip()])

    def __getitem__(self, index):
        """
        根据索引获取单个样本
        """
        image_file, label = self.data[index]
        image = Image.open(image_file)
        if image.mode != 'RGB':
            image = image.convert('RGB')
        image = image.resize((224, 224), Image.BILINEAR)
        image = np.array(image).astype('float32')
        image = image.transpose((2, 0, 1)) / 255
        return image, np.array(label, dtype = 'int64')

    def __len__(self):
        """
        获取样本总数
        """
        return len(self.data)
```

最后,利用 paddle.io.DataLoader()方法定义训练数据加载器 train_loader 和验证数据加载器 eval_loader,并设置 batch_size 大小,同时打印训练集和验证集的样本数量。

```
train_dataset = FoodDataset(mode = 'train')
train_loader = paddle.io.DataLoader(train_dataset, batch_size = 16, shuffle = True)
eval_dataset = FoodDataset(mode = 'eval')
eval_loader = paddle.io.DataLoader(eval_dataset, batch_size = 8, shuffle = False)

print("训练集样本数量为:", train_dataset.__len__())
print("验证集样本数量为:", eval_dataset.__len__())
```

输出结果如图 5-3-3 所示,可以看出,训练集总共包含 4375 个样本,验证集总共包含 625 个样本。

训练集样本数量为:　4375
验证集样本数量为:　625

图 5-3-3　美食分类数据集的划分结果

步骤 2：VGG 网络模型搭建

VGGNet 引入"模块化"的设计思想,将不同的层进行简单的组合构成网络模块,再用模块来组装成完整网络,而不再是以"层"为单元组装网络。VGGNet 中的经典模型包含 VGG-16 和 VGG-19。以 VGG-16 为例,输入是归一化后的 RGB 图像样本,每张图像的尺寸被裁切到了 224×224,使用 ReLU 作为激活函数,在全连接层使用 Dropout 防止过拟合。VGGNet 中所有的 3×3 卷积(conv3)都是等长卷积(步长 1,填充 1),因此特征图的尺寸在模块内是不变的。特征图每经过一次池化,其高度和宽度减少一半,作为弥补,其通道数增加一倍。最后通过全连接与 Softmax 层输出结果。

（1）VGG-16 网络模型。

VGG-16 整体包含 16 层，其网络结构如图 5-3-4 所示。

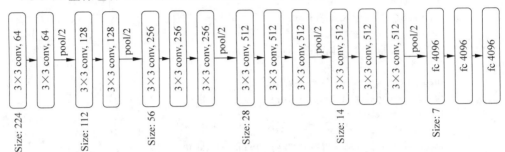

图 5-3-4　VGG-16 模型结构

在具体实现过程中，首先，根据"模块化"的思想，我们定义 VGG-16 要使用的"卷积池化"模块 ConvPool。在该模块中，使用了一种新的定义可训练层的方法，即 paddle. nn. Layer. add_sublayer(name,sublayer)，该方法为封装在 Layer 类中的函数。实现子层实例的添加需要传递两个参数：子层名 name（str）与 Layer 实例 sublayer（Layer），可以通过 self. name 访问该 sublayer。ConvPool 类的实现如下所示。

```
class ConvPool(paddle.nn.Layer):
    '''卷积+池化'''
    def __init__(self,
                num_channels,
                num_filters,
                filter_size,
                pool_size,
                pool_stride,
                groups,
                conv_stride = 1,
                conv_padding = 1,
                ):
        super(ConvPool, self).__init__()

        for i in range(groups):
            self.add_sublayer(                          # 添加子层实例
                'bb_ % d' % i,
                paddle.nn.Conv2D(                       # layer
                in_channels = num_channels,             # 通道数
                out_channels = num_filters,             # 卷积核个数
                kernel_size = filter_size,              # 卷积核大小
                stride = conv_stride,                   # 步长
                padding = conv_padding,                 # padding
                )
            )
            self.add_sublayer(
                'relu % d' % i,
                paddle.nn.ReLU()
            )
            num_channels = num_filters
```

```
        self.add_sublayer(
            'Maxpool',
            paddle.nn.MaxPool2D(
            kernel_size = pool_size,                    # 池化核大小
            stride = pool_stride                        # 池化步长
            )
        )

    def forward(self, inputs):
        x = inputs
        for prefix, sub_layer in self.named_children():
            x = sub_layer(x)
        return x
```

接下来，我们利用 Convpool 模块定义 VGG-16 网络模型。

```
class VGG16(paddle.nn.Layer):
    def __init__(self):
        super(VGG16, self).__init__()
        # 3 为通道数,64 为卷积核个数,3 为卷积核大小,2 为池化核大小,2 为池化步长,2 为连续
卷积个数
        self.convpool01 = ConvPool(3, 64, 3, 2, 2, 2)
        self.convpool02 = ConvPool(64, 128, 3, 2, 2, 2)
        self.convpool03 = ConvPool(128, 256, 3, 2, 2, 3)
        self.convpool04 = ConvPool(256, 512, 3, 2, 2, 3)
        self.convpool05 = ConvPool(512, 512, 3, 2, 2, 3)
        self.pool_5_shape = 512 * 7 * 7
        self.fc01 = paddle.nn.Linear(self.pool_5_shape, 4096)
        self.fc02 = paddle.nn.Linear(4096, 4096)
        self.fc03 = paddle.nn.Linear(4096, train_parameters['class_dim'])

    def forward(self, inputs, label = None):
        """前向计算"""
        out = self.convpool01(inputs)
        out = self.convpool02(out)
        out = self.convpool03(out)
        out = self.convpool04(out)
        out = self.convpool05(out)

        out = paddle.reshape(out, shape = [-1, 512 * 7 * 7])
        out = self.fc01(out)
        out = self.fc02(out)
        out = self.fc03(out)

        if label is not None:
            label = paddle.unsqueeze(label, axis = -1)
            acc = paddle.metric.accuracy(input = out, label = label)
            return out, acc
        else:
            return out
```

（2）VGG-19 网络模型。

VGG-19 相比于 VGG-16 增加了三层卷积层，同样使用 Convpool 模块定义 VGG-19 网

络模型。

```
class VGG19(paddle.nn.Layer):
    def __init__(self):
        super(VGG19, self).__init__()
        self.convpool01 = ConvPool(3, 64, 3, 2, 2, 2)
        self.convpool02 = ConvPool(64, 128, 3, 2, 2, 2)
        self.convpool03 = ConvPool(128, 256, 3, 2, 2, 4)
        self.convpool04 = ConvPool(256, 512, 3, 2, 2, 4)
        self.convpool05 = ConvPool(512, 512, 3, 2, 2, 4)
        self.pool_5_shape = 512 * 7 * 7
        self.fc01 = paddle.nn.Linear(self.pool_5_shape, 4096)
        self.fc02 = paddle.nn.Linear(4096, 4096)
        self.fc03 = paddle.nn.Linear(4096, train_parameters['class_dim'])

    def forward(self, inputs, label = None):
        """前向计算"""
        out = self.convpool01(inputs)
        out = self.convpool02(out)
        out = self.convpool03(out)
        out = self.convpool04(out)
        out = self.convpool05(out)

        out = paddle.reshape(out, shape = [ - 1, 512 * 7 * 7])
        out = self.fc01(out)
        out = self.fc02(out)
        out = self.fc03(out)

        if label is not None:
            label = paddle.unsqueeze(label, axis = - 1)
            acc = paddle.metric.accuracy(input = out, label = label)
            return out, acc
        else:
            return out
```

步骤3：模型训练与评估

第 5.2 节中我们已经定义好 VGGNet 模型结构，接下来实例化一个模型并进行迭代训练。本实践使用交叉熵损失函数，使用 paddle.optimizer.Adam（learning_rate，beta1，beta2，epsilon，parameters，weight_decay，grad_clip，name，lazy_mode）优化器，该优化器能够利用梯度的一阶矩估计和二阶矩估计动态调整每个参数的学习率。其中，learning_rate 为学习率，用于参数更新的计算，可以是一个浮点型值或者一个 _LRScheduler 类，默认值为 0.001；beta1 为一阶矩估计的指数衰减率，是一个 float 类型或者一个 shape 为[1]，默认值为 0.9；beta2 为二阶矩估计的指数衰减率，默认值为 0.999；epsilon 为保持数值稳定性的短浮点类型值，默认值为 1e-08；parameters 指定优化器需要优化的参数，在动态图模式下必须提供该参数，在静态图模式下默认值为 None，这时所有的参数都将被优化；weight_decay 为正则化方法，可以是 L2 正则化系数或者正则化策略；grad_clip 为梯度裁剪的策略，支持三种裁剪策略：paddle.nn.ClipGradByGlobalNorm、paddle.nn.ClipGradByNorm、paddle.nn.ClipGradByValue，默认值为 None 时，将不进行梯度裁剪；lazy_mode 设为 True

时，仅更新当前具有梯度的元素。以 VGG-16 为例的训练代码如下所示。

```
# VGG-16 模型训练
model1 = VGG16()
model1.train()
cross_entropy = paddle.nn.CrossEntropyLoss()
optimizer = paddle.optimizer.Adam(learning_rate = train_parameters['learning_strategy']['lr'],
parameters = model1.parameters())

steps = 0
Iters, total_loss, total_acc = [], [], []

for epo in range(train_parameters['num_epochs']):
    for _, data in enumerate(train_loader()):
        steps += 1
        x_data = data[0]
        y_data = data[1]
        predicts, acc = model1(x_data, y_data)

        loss = cross_entropy(predicts, y_data)
        loss.backward()
        optimizer.step()
        optimizer.clear_grad()
        if steps % train_parameters["skip_steps"] == 0:
            Iters.append(steps)
            total_loss.append(loss.numpy()[0])
            total_acc.append(acc.numpy()[0])
            # 打印中间过程
            print('epo: {}, step: {}, loss is: {}, acc is: {}'\
                  .format(epo, steps, loss.numpy(), acc.numpy()))
        # 保存模型参数
        if steps % train_parameters["save_steps"] == 0:
            save_path = train_parameters["checkpoints"] + "/" + "save_dir_" + str(steps) +
'.pdparams'
            print('save model to: ' + save_path)
            paddle.save(model1.state_dict(), save_path)

paddle.save(model1.state_dict(), train_parameters["checkpoints"] + "/" + "save_dir_final.
pdparams")
```

训练过程的部分输出如图 5-3-5 所示。

```
epo: 0, step: 200, loss is: [1.444011], acc is: [0.3125]
save model to: /home/aistudio/work/checkpoints/save_dir_200.pdparams
epo: 1, step: 400, loss is: [1.2611442], acc is: [0.5625]
save model to: /home/aistudio/work/checkpoints/save_dir_400.pdparams
epo: 2, step: 600, loss is: [0.81553876], acc is: [0.6875]
save model to: /home/aistudio/work/checkpoints/save_dir_600.pdparams
epo: 2, step: 800, loss is: [0.71179104], acc is: [0.625]
save model to: /home/aistudio/work/checkpoints/save_dir_800.pdparams
```

图 5-3-5　美食分类模型训练过程中的部分输出

保存模型之后，接下来我们对模型进行评估。模型评估就是在验证数据集上计算模型输出结果的准确率。与训练部分代码不同，评估模型时不需要进行参数优化，因此，需要使

用验证模式，以 VGG-16 为例的评估代码如下所示。

```
model1__state_dict = paddle.load('work/checkpoints/save_dir_final.pdparams')
model1_eval = VGG16()
model1_eval.set_state_dict(model1__state_dict)
model1_eval.eval()
accs1 = []

for _, data in enumerate(eval_loader()):
    x_data = data[0]
    y_data = data[1]
    predicts1 = model1_eval(x_data)
    y_data = paddle.unsqueeze(y_data, axis = -1)
    acc1 = paddle.metric.accuracy(predicts1, y_data)
    accs1.append(acc1.numpy()[0])
print('模型在验证集上的准确率为：', np.mean(accs1))
```

VGG-16 与 VGG-19 的评估结果如图 5-3-6 和图 5-3-7 所示。可以看到，VGG-19 由于具有更深的网络层数，因此在验证集上的准确率更高。

模型在验证集上的准确率为： 0.5949367   模型在验证集上的准确率为： 0.6075949

图 5-3-6　VGG-16 模型在验证集上的准确率　　　图 5-3-7　VGG-19 模型在验证集上的准确率

基于 ResNet 网络模型实现中草药分类

5.4　实践四：基于 ResNet 网络模型实现中草药分类

本实践使用 ResNet 网络模型实现中草药分类。ResNet 网络模型是于 2015 年由微软实践室中的何凯明等研究员提出，其致力于解决由于深度卷积神经网络层数加深带来的梯度消失问题。

本实践代码运行的环境为 Python 3.7、Paddle 2.0，实践的平台为 AI Studio。

步骤 1：中草药分类数据集准备

本实践使用的数据集包含 900 余幅格式为 jpg 的三通道彩色图像，共 5 种中草药类别。我们在 AI Studio 上提供了本实践的数据集压缩包 Chinese Medicine.zip。对于本实践中的数据包，具体处理与加载方式与美食分类实践类似（代码可参考第 5.3 节内容），主要步骤如下：

首先，定义 unzip_data() 对数据集的压缩包进行解压，解压后可以观察到数据集文件夹结构如图 5-4-1 所示。

图 5-4-1　中草药分类数据集的结构

然后,定义 get_data_list() 遍历文件夹和图片,按照一定比例将数据划分为训练集和验证集,并生成 train.txt 以及 eval.txt。train.txt 中训练样本的格式如图 5-4-2 所示。

```
/home/aistudio/data/Chinese Medicine/baihe/b (34).jpg      0
/home/aistudio/data/Chinese Medicine/jinyinhua/jyh_69.jpg   3
/home/aistudio/data/Chinese Medicine/gouqi/cgcjyfyj (84).jpg   2
/home/aistudio/data/Chinese Medicine/jinyinhua/jyh_52.jpg   3
/home/aistudio/data/Chinese Medicine/jinyinhua/jyh_96.jpg   3
```

图 5-4-2　中草药分类数据集 train.txt 中训练样本的格式

最后,定义一个数据加载器 dataset,用于加载训练和评估时要使用的数据,并利用 paddle.io.DataLoader() 方法定义训练数据加载器 train_loader 和验证数据加载器 eval_loader,并设置 batch_size 大小。

```
# 训练数据加载
train_dataset = dataset('/home/aistudio/data', mode = 'train')
train_loader = paddle.io.DataLoader(train_dataset, batch_size = 16, shuffle = True)
# 测试数据加载
eval_dataset = dataset('/home/aistudio/data', mode = 'eval')
eval_loader = paddle.io.DataLoader(eval_dataset, batch_size = 8, shuffle = False)
```

步骤 2:ResNet 网络模型搭建

ResNet 全名 Residual Network,意为残差网络。经典的 ResNet 结构有 ResNet18、ResNet34、ResNet50 等,其结构如图 5-4-3 所示。

layer name	output size	18-layer	34-layer	50-layer	10l-layer	152-layer
conv1	112×112	7×7,64, stride2				
		3×3 max pool, stride 2				
conv2_x	56×56	$\begin{bmatrix}3\times3,64\\3\times3,64\end{bmatrix}\times2$	$\begin{bmatrix}3\times3,64\\3\times3,64\end{bmatrix}\times3$	$\begin{bmatrix}1\times1,64\\3\times3,64\\1\times1,256\end{bmatrix}\times3$	$\begin{bmatrix}1\times1,64\\3\times3,64\\1\times1,256\end{bmatrix}\times3$	$\begin{bmatrix}1\times1,64\\3\times3,64\\1\times1,256\end{bmatrix}\times3$
conv3_x	28×28	$\begin{bmatrix}3\times3,128\\3\times3,128\end{bmatrix}\times2$	$\begin{bmatrix}3\times3,128\\3\times3,128\end{bmatrix}\times4$	$\begin{bmatrix}1\times1,128\\3\times3,128\\1\times1,512\end{bmatrix}\times4$	$\begin{bmatrix}1\times1,128\\3\times3,128\\1\times1,512\end{bmatrix}\times4$	$\begin{bmatrix}1\times1,128\\3\times3,128\\1\times1,512\end{bmatrix}\times8$
conv4_x	14×14	$\begin{bmatrix}3\times3,256\\3\times3,256\end{bmatrix}\times2$	$\begin{bmatrix}3\times3,256\\3\times3,256\end{bmatrix}\times6$	$\begin{bmatrix}1\times1,256\\3\times3,256\\1\times1,1024\end{bmatrix}\times6$	$\begin{bmatrix}1\times1,256\\3\times3,256\\1\times1,1024\end{bmatrix}\times23$	$\begin{bmatrix}1\times1,256\\3\times3,256\\1\times1,1024\end{bmatrix}\times36$
conv5_x	7×7	$\begin{bmatrix}3\times3,512\\3\times3,512\end{bmatrix}\times2$	$\begin{bmatrix}3\times3,512\\3\times3,512\end{bmatrix}\times3$	$\begin{bmatrix}1\times1,512\\3\times3,512\\1\times1,2048\end{bmatrix}\times3$	$\begin{bmatrix}1\times1,512\\3\times3,512\\1\times1,2048\end{bmatrix}\times3$	$\begin{bmatrix}1\times1,512\\3\times3,512\\1\times1,2048\end{bmatrix}\times3$
	1×1	average pool, 1000-d fc, softmax				
FLOPs		1.8×10^9	3.6×10^9	3.8×10^9	7.6×10^9	11.3×10^9

图 5-4-3　ResNet 网络结构

以 ResNet50 网络模型为例。在 ResNet50 结构中,首先是一个卷积核大小为 7×7 的卷积层;接下来是 4 个 Block 结构,其中每个 block 都包含 3 个卷积层,具体参数如上表中所示;最后是一个用于分类的全连接层。

飞桨深度学习平台对于计算机视觉领域内置集成了很多经典型,可以通过如下代码进行查看。

```
print('飞桨内置网络:', paddle.vision.models.__all__)
```

输出结果如图 5-4-4 所示。

飞桨内置网络：['ResNet', 'resnet18', 'resnet34', 'resnet50', 'resnet101', 'resnet152', 'VGG', 'vgg11', 'vgg13', 'vgg16', 'vgg19', 'MobileNetV1', 'mobilenet_v1', 'MobileNetV2', 'mobilenet_v2', 'LeNet']

图 5-4-4　飞桨深度学习平台内置的经典模型

由此可以看出，ResNet50 已经内置于 paddle. vision 中，通过如下代码可以直接获取模型实例。

```
model1 = paddle.vision.models.resnet50()        # 获取模型实例
paddle.summary(model1, (1, 3, 224, 224))        # 打印模型参数结构

model2 = paddle.vision.models.resnet101()       # 获取模型实例
paddle.summary(model2, (1, 3, 224, 224))        # 打印模型参数结构
```

步骤 3：模型训练与评估

对于模型的训练和评估，本实践采用飞桨深度学习平台提供的便捷的高层 API 来实现。以 ResNet50 为例，首先，需要用 paddle. Model()方法封装实例化的模型。

```
model1 = paddle.Model(model1)
```

然后，通过 Model 对象的 prepare 方法对优化方法、损失函数、评估方法进行设置。

```
model1.prepare(optimizer = paddle.optimizer.Adam(parameters = model1.parameters()), loss = paddle.nn.CrossEntropyLoss(), metrics = paddle.metric.Accuracy())
```

最后，通过 Model 对象的 fit 方法对训练数据、验证数据、训练轮次、批次大小进行加载、日志打印、模型保存等参数进行设置，并进行模型训练和评估。

```
model1.fit(train_dataset,              # 训练数据集
    eval_dataset,                      # 评估数据集
    epochs = 0,                        # 总的训练轮次
    batch_size = 16,                   # 批次计算的样本量大小
    shuffle = True,                    # 是否打乱样本集
    verbose = 1,                       # 日志展示格式
    save_dir = './chk_points1/',       # 分阶段的训练模型存储路径
    )
```

训练过程的部分输出如图 5-4-5 所示。

```
Epoch 9/10
step 50/50 [==============================] - loss: 0.6258 - acc: 0.9327 - 135ms/step
save checkpoint at /home/aistudio/chk_points1/8
Eval begin...
step 8/8 [==============================] - loss: 0.0217 - acc: 0.8261 - 98ms/step
Eval samples: 115
Epoch 10/10
step 50/50 [==============================] - loss: 0.2113 - acc: 0.9301 - 134ms/step
save checkpoint at /home/aistudio/chk_points1/9
Eval begin...
step 8/8 [==============================] - loss: 0.0418 - acc: 0.9217 - 100ms/step
Eval samples: 115
save checkpoint at /home/aistudio/chk_points1/final
```

图 5-4-5　中草药分类模型训练过程的部分输出

也可以单独调用 Model 对象的 evaluate 方法对模型进行评估。

```
model1.evaluate(eval_dataset, batch_size = 16, verbose = 1)
```

118

ResNet50 以及 ResNet101 的评估结果如图 5-4-6 与图 5-4-7 所示,可以看出,尽管 ResNet101 具有更深的层数,但是 ResNet50 取得了更准确的结果。

```
Eval begin...
step 8/8 [==============================] - loss: 0.0418 - acc: 0.9217 - 98ms/step
Eval samples: 115
{'loss': [0.041824978], 'acc': 0.9217391304347826}
```

图 5-4-6　ResNet50 模型的评估结果

```
Eval begin...
step 8/8 [==============================] - loss: 0.9725 - acc: 0.6261 - 101ms/step
Eval samples: 115
{'loss': [0.972527], 'acc': 0.6260869565217392}
```

图 5-4-7　ResNet101 模型的评估结果

5.5　实践五:基于 Faster RCNN 模型实现目标检测

基于 Faster RCNN 模型实现目标检测

在人工智能领域众多的热点任务之中,目标检测和图像分割算法发展迅速,一直占据着重要的地位,同时也是最具有挑战性的两大任务。区别于图像分类任务仅仅判断出目标实例的类别,目标检测任务不仅需要判断出目标实例的类别,同时也要给出目标实例的具体位置坐标。随着近年来深度学习技术的不断发展,早期的手工特征的方法被深度特征所取代,涌现出了大量的新的方法,在目标检测领域取得了显著性的突破。

当前的基于深度学习的检测方法根据检测的原理可以分为一阶段和两阶段的目标检测方法。一阶段的目标检测通常的作法是在特征图上根据设定不同的大小和长宽比首先预定义出一些候选边界框,之后对于两个子任务来说,定位任务是指对于候选边界框的中心位置以及长宽作回归矫正。两阶段的目标检测方法一般包含两个网络,一个是候选区域生成网络,另一个是目标检测以及识别网络。候选区域生成网络用于在特征图上自动生成候选边界框,之后定位和分类两个子任务就由检测以及识别网络完成。接下来具体介绍两种目标检测方法。

(1)一阶段目标检测方法。

典型的一阶段的目标检测方法包括 YOLO、SSD(Single Shot Detector)以及 RetinaNet 模型等。一阶段的方法首先会在特征图的每个位置上根据不同的大小和长宽比预定义固定数量的候选边界框,之后再对候选边界框的中心位置和长宽进行回归矫正,并对每个候选边界框中包含的目标对象进行分类。一阶段目标检测方法的主要优点是其具有很高的计算效率,缺点是其检测的精度通常低于二阶段的检测方法,其中主要原因之一是预定义的候选边界框中可能大部分都包含着背景,只有一小部分包含前景区域,也就是说可能会产生类别不平衡的问题。

以 SSD 模型为例,其提出的出发点是希望能够在不影响太多检测精度的前提下实现实时的检测速度。SSD 设置了多种宽高比的锚点框以及数据增强策略,它有效地结合了 Faster R-CNN、YOLO 和多尺度卷积特性中的思想,能够在达到与当时最先进的两阶段的检测方法相当的检测精度的同时,达到实时检测的要求。SSD 从 YOLO 中继承了将检测转化为回归的思路,一次性地端到端完成目标的定位和分类任务。与 YOLO 一样,SSD

对预先设定好的固定数量的候选边界框进行类别预测和边界框的回归，并采用非极大值抑制的处理方法生成最终的目标检测结果。SSD 其前面几层的设计是基于标准网络结构，在去掉网络的分类层之后，将几个尺度逐渐减小的卷积层添加到标准网络的末端构成 SSD 的主干网络。对于不同大小的目标对象，SSD 能够在多个不同尺度的特征图上进行预测。

本节实践以两阶段的目标检测网络 Faster R-CNN 模型为例。通过调用 PaddleDetection 来完成目标检测任务。本节实践的平台为 AI Studio，实践环境为 Python 3.7。

（2）两阶段目标检测方法。

典型的两阶段的目标检测方法有 R-CNN、Fast R-CNN、Faster R-CNN、R-FCN 及 Cascade R-CNN 等。这类方法通常包含两个阶段，第一阶段使用一个候选区域生成网络，第二阶段使用一个检测和识别网络。第一阶段首先通过采用区域提议的方法来生成候选边界框（与类别无关），然后在第二阶段根据得到的候选边界框从特征图中得到相应的特征，之后使用检测和识别网络来进行回归矫正，包括中心位置和长宽的回归，以进一步修正得到的区域的位置，并完成分类任务，确定目标对象所属的类别标签。

以 Faster R-CNN 模型为例，其是 Fast R-CNN 的进阶版本，虽然 Fast R-CNN 在检测速度方面显著提升，同时具有较高的检测精度、端到端的训练过程以及不需要存储特征到磁盘的优点，但是它的候选边界框提取的过程仍然是分离的，仍然依赖独立于网络之外的选择性搜索的区域提议方法。区域提议成为 Fast R-CNN 的瓶颈。因此，一个高效准确的区域提议网络（Region Proposal Network，RPN）被提出，其通过全卷积神经网络来生成区域提议，替代之前的基于选择性搜索的生成候选框的方法。Faster R-CNN 框架图在最后一个卷积层后面插入一个 RPN，直接产生区域提议，不需要额外算法产生区域提议，在 RPN 之后，像 Fast R-CNN 中一样，使用 ROI 池化和后续的分类器以及回归器。其中，RPN 和 Fast R-CNN 共享大量的卷积层。RPN 首先在特征图的每个位置根据不同大小和宽高比初始化 k 个 $n \times n$ 的锚点框（也就是所谓的 anchor boxes，k 代表特征图中每个像素点提取的框的个数，n 为特征图的尺寸），这些锚点框是平移不变的，在每个位置处都相同，每个锚点框会被映射到一个低维向量，同时该低维向量被并行地送入两个全连接层，回归器为每个锚点框计算偏移，分类器评测每个锚点框是物体的可能性。Faster R-CNN 通过采用 RPN 来生成区域提议，同时与检测网络共享卷积部分，使得它在检测效果和检测速度上都能得以提升。

步骤 1：认识 PASCAL VOC 数据集

在 Faster RCNN 实践中，我们将使用在目标检测领域中十分著名和经典的数据集 PASCAL VOC 目标检测数据集。PASCAL VOC 目标检测数据集包含 20 个类别，被看成目标检测问题的一个基准数据集。

本实践主要研究 PASCAL VOC 2007 和 PASCAL VOC 2012 两部分。其中，VOC 2007 包含 9963 张图片，共 24640 个物体；VOC 2012 包含 11540 张图片，共 27450 个物体。数据集共有 20 个类 person、bird、cat、cow、dog、horse、sheep、aeroplane、bicycle、boat、bus、car、motorbike、train、bottle、chair、dining table、potted plant、sofa、tv/monitor。

以 2007 数据集为例,数据集格式如图 5-5-1 所示,JPEGImages 目录下存放的是所有的图片,Annotations 文件下存储的是与图片对应的 xml 标注文件,ImageSets 下含 3 个子文件夹 Layout、Main、Segmentation,其中,Main 存放的是数据集划分的文件,分别对应训练、验证和测试集。

```
├── Annotations 进行 detection 任务时的标签文件, xml 形式, 文件名与图片名一一对应
├── ImageSets 包含三个子文件夹 Layout、Main、Segmentation, 其中 Main 存放的是分类和检测的数据集分割文件
├── JPEGImages 存放 .jpg 格式的图片文件
├── SegmentationClass 存放按照 class 分割的图片
└── SegmentationObject 存放按照 object 分割的图片

├── Main
│   ├── train.txt 写着用于训练的图片名称, 共 2501 个
│   ├── val.txt 写着用于验证的图片名称, 共 2510 个
│   ├── trainval.txt train与val的合集, 共 5011 个
│   └── test.txt 写着用于测试的图片名称, 共 4952 个
```

图 5-5-1　PASCAL VOC 2007 数据集结构

PASCAL VOC 创建了一个经典的目标检测标注格式,如图 5-5-2 所示:每个 object 代表图像中的一个目标实例,name 中是目标的类别,bndox 中存储着目标的位置(左上角,右下角)。

PASCAL VOC 数据集可在其官网下载:

http：//host．robots．ox．ac．uk/pascal/VOC/

步骤 2:PaddleDetection

PaddleDetection 飞桨目标检测开发套件,旨在帮助开发者更快更好地完成检测模型的组建、训练、优化及部署等全开发流程。

PaddleDetection 模块化地实现了多种主流目标检测算法,提供了丰富的数据增强策略、网络模块组件(如骨干网络)、损失函数等,并集成了模型压缩和跨平台高性能部署能力。

经过长时间产业实践打磨,PaddleDetection 已拥有顺畅、卓越的使用体验,被工业质检、遥感图像检测、无人巡检、新零售、互联网、科研等十多个行业广泛使用。图 5-5-3 展示了 PaddleDetection 的应用。

PaddleDetection 具有以下特点:

模型丰富:包含目标检测、实例分割、人脸检测等 100＋个预训练模型,涵盖多种全球竞赛冠军方案。

使用简洁:模块化设计,解耦各个网络组件,可以使开发者轻松搭建、试用各种检测模型及优化策略,快速得到高性能、定制化的算法。

端到端打通:从数据增强、组网、训练、压缩、部署端到端打通,并完备支持云端/边缘端多架构、多设备部署。

高性能:基于飞桨的高性能内核,模型训练速度及显存占用优势明显。支持 FP16 训练,支持多机训练。

PaddleDetection 如图 5-5-4 所示,可以实现一阶段目标检测方法:SSD、YOLOv3 和 PP-YOLO 等;两阶段目标检测方法:Faster RCNN、FPN 和 Cascade RCNN 等;实例分割模型 Mask RCNN、SOLOv2,以及人脸检测模型 FaceBoxes 等。

```xml
<annotation>
    <folder>VOC2007</folder>
    <filename>000001.jpg</filename>  # 文件名
    <source>
        <database>The VOC2007 Database</database>
        <annotation>PASCAL VOC2007</annotation>
        <image>flickr</image>
        <flickrid>341012865</flickrid>
    </source>
    <owner>
        <flickrid>Fried Camels</flickrid>
        <name>Jinky the Fruit Bat</name>
    </owner>
    <size>  # 图像尺寸，用于对 bbox 左上和右下坐标点做归一化操作
        <width>353</width>
        <height>500</height>
        <depth>3</depth>
    </size>
    <segmented>0</segmented>  # 是否用于分割
    <object>
        <name>dog</name>  # 物体类别
        <pose>Left</pose>  # 拍摄角度：front, rear, left, right, unspecified
        <truncated>1</truncated>  # 目标是否被截断（比如在图片之外），或者被遮挡（超过15%）
        <difficult>0</difficult>  # 检测难易程度，这个主要是根据目标的大小，光照变化，图片质量来判断
        <bndbox>
            <xmin>48</xmin>
            <ymin>240</ymin>
            <xmax>195</xmax>
            <ymax>371</ymax>
        </bndbox>
    </object>
    <object>
        <name>person</name>
        <pose>Left</pose>
        <truncated>1</truncated>
        <difficult>0</difficult>
        <bndbox>
            <xmin>8</xmin>
            <ymin>12</ymin>
            <xmax>352</xmax>
            <ymax>498</ymax>
        </bndbox>
    </object>
</annotation>
```

图 5-5-2　数据标注实例

图 5-5-3　PaddleDetection 应用示例

Architectures	Backbones	Components	Data Augmentation

• **Two-Stage Detection**
  ○ Faster RCNN
  ○ FPN
  ○ Cascade-RCNN
  ○ Libra RCNN
  ○ Hybrid Task RCNN
  ○ PSS-Det
 	
• **One-Stage Detection**
  ○ RetinaNet
  ○ YOLOv3
  ○ YOLOv4
  ○ PP-YOLO
  ○ SSD
 	
• **Anchor Free**
  ○ CornerNet-Squeeze
  ○ FCOS
  ○ TTFNet
 	
• **Instance Segmentation**
  ○ Mask RCNN
  ○ SOLOv2
 	
• **Face-Detction**
  ○ FaceBoxes
  ○ BlazeFace
  ○ BlazeFace-NAS
	• ResNet(&vd)
	• ResNeXt(&vd)
	• SENet
	• Res2Net
	• HRNet
	• Hourglass
	• CBNet
	• GCNet
	• DarkNet
	• CSPDarkNet
	• VGG
	• MobileNetv1/v3
	• GhostNet
	• Efficientnet
		• **Common**
		  ○ Sync-BN
		  ○ Group Norm
		  ○ DCNv2
		  ○ Non-local
		
		• **FPN**
		  ○ BiFPN
		  ○ BFP
		  ○ HRFPN
		  ○ ACFPN
		
		• **Loss**
		  ○ Smooth-L1
		  ○ GIoU/DIoU/CIoU
		  ○ IoUAware
		
		• **Post-processing**
		  ○ SoftNMS
		  ○ MatrixNMS
		
		• **Speed**
		  ○ FP16 training
		  ○ Multi-machine training
			• Resize
			• Flipping
			• Expand
			• Crop
			• Color Distort
			• Random Erasing
			• Mixup
			• Cutmix
			• Grid Mask
			• Auto Augment

图 5-5-4　PaddleDetection 模型库

同时，PaddleDetection 集成了 VGG、ResNet、MobileNet、Efficientnet 等一系列经典和前沿的骨干网络以及一些网络中所需的各种组件。除此之外，还集成了视觉任务的多种数据增强方式。

步骤 3：使用 PaddleDetection 实现目标检测

（1）准备环境。

首先需要通过 git 和 pip 命令下载并安装 PaddleDetection。

♯PaddleDetection 的代码库下载，同时支持 github 源和 gitee 源，为了在国内网络环境更快下载，此处使用 gitee 源。

```
# ! git clone https://github.com/PaddlePaddle/PaddleDetection.git
! git clone https://gitee.com/paddlepaddle/PaddleDetection.git
% cd PaddleDetection
# 安装其他依赖
! pip install paddledet == 2.0.1 - i https://mirror.baidu.com/pypi/simple
```

（2）数据下载。

通过执行 download_voc.py 下载数据。

```
! python PaddleDetection/dataset/voc/download_voc.py
```

（3）执行训练。

通过 train.py 可以直接开始网络的训练，其中涉及的参数如图 5-5-5 所示，需要给定配置文件的路径：配置文件中存储着网络训练过程涉及的一些超参数。除此之外，还可以通过给定 trian 文件传入参数设置是否验证、是否加载预训练模型、是否进行模型压缩等。

FLAG	支持脚本	用途	默认值	备注
-c	ALL	指定配置文件	None	必选，例如 -c configs/faster_rcnn/faster_rcnn_r50_f pn_1x_coco.yml
-o	ALL	设置或更改配置文件里的参数内容	None	相较于 -c 设置的配置文件有更高优先级，例如： -o use_gpu=False
--eval	train	是否边训练边测试	False	如需指定，直接 --eval 即可
-r/--resume_checkpoint	train	恢复训练加载的权重路径	None	例如：-r output/faster_rcnn_r50_1x_co co/10000
--slim_config	ALL	模型压缩策略配置文件	None	例如 --slim_config configs/slim/prune/ yolov3_prune_l1_norm.yml
--use_vdl	train/infer	是否使用VisualDL记录数据，进而在VisualDL面板中显示	False	VisualDL需Python>=3.5
--vdl_log_dir	train/infer	指定 VisualDL 记录数据的存储路径	train: vdl_log_dir/scalar infer: vdl_log_dir/image	VisualDL需Python>=3.5
--output_eval	eval	评估阶段保存json路径	None	例如 --output_eval=eval_output，默认为当前路径
--json_eval	eval	是否通过已存在的bbox.json或者mask.json进行评估	False	如需指定，直接 --json_eval 即可，json文件路径在 --output_eval 中设置
--classwise	eval	是否评估单类AP和绘制单类PR曲线	False	如需指定，直接 --classwise 即可
--output_dir	infer/export_model	预测后结果或导出模型保存路径	./output	例如 --output_dir=output
--draw_threshold	infer	可视化时分数阈值	0.5	例如 --draw_threshold=0.7
--infer_dir	infer	用于预测的图片文件夹路径	None	--infer_img 和 --infer_dir 必须至少设置一个
--infer_img	infer	用于预测的图片路径	None	--infer_img 和 --infer_dir 必须至少设置一个，infer_img 具有更高优先级

图 5-5-5　训练参数列表

```
! python tools/train.py – c \
./configs/faster_rcnn/faster_rcnn_r50_1x_coco.yml \
– – eval – – use_vdl = True – – vdl_log_dir = "./output"
```

（4）模型评估与预测。

通过执行 eval.py 开始验证模型，需要给定模型的配置文件和训练好的权重。

```
!python – u tools/eval.py \
– c ./configs/faster_rcnn/faster_rcnn_r50_1x_coco.yml  \
– o weights = output/faster_rcnn_r50_1x_coco/best_model.pdparams
```

通过执行 infer.py 开始用模型进行预测，需要给定模型的配置文件、训练好的权重和用于预测的图像。

```
!python tools/infer.py – c ./configs/faster_rcnn/faster_rcnn_r50_1x_coco.yml – o\
weights = output/faster_rcnn_r50_1x_coco/model_final.pdparams \
– – infer_img = dataset/roadsign_voc/images/road114.png
```

5.6　实践六：基于 U-Net 模型实现宠物图像分割

图像分割作为一项热点的研究任务，也是最具有挑战的任务之一，它可以构成很多其他更复杂任务的基础或核心任务。例如，对于场景理解任务来说，分割的精度直接决定着诸如

基于 U-Net 模型实现宠物图像分割

自动驾驶、三维重建、无人机控制与目标识别等应用的质量。图像分割包含了计算机视觉中的一类精细相关的问题,其中最经典的版本是语义分割。在语义分割中,每个像素被分类为一组预定的类别中的一个,以使得属于同一类别的像素作为图像中的唯一语义实体。近年来,基于深度学习的方法在计算机视觉、模式识别等领域取得了令人鼓舞的成就,其强大的特征表示学习能力使得其在图像分类、目标检测等方面的精度已经超过人类手工操作,越来越多的方法致力于提高图像分割领域的性能,推动了图像分割技术的发展。

　　近年来,鉴于深度学习技术的成熟并广泛应用,多种基于深度学习的图像语义分割方法被相继设计出来。与深度卷积神经网络相结合的图像语义分割,通常采用卷积神经网络的形式将图像进行像素级的分类并分割为表示不同语义类别的区域。

　　本实践选择了一个在医学图像分割领域最为熟知的 U-Net 网络结构,以其 U 形结构命名,如图 5-6-1 所示。网络结构主要分为三部分:编码器部分、解码器部分以及跳跃连接。编码器部分主要通过卷积和下采样来提取特征;解码器部分通过卷积和上采样来恢复图像的分辨率;中间通过跳跃连接的方式融合编码器和解码器的特征,并在最后的特征图上进行预测。

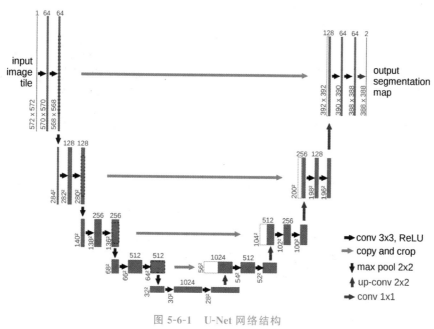

图 5-6-1　U-Net 网络结构

步骤 1: Oxford-IIIT Pet 数据集

(1) 数据集概述。

本次实践中使用 Oxford-IIIT Pet 数据集,其包含 37 类宠物,每个类别大约有 200 张图像。数据集统计的分布如图 5-6-2 所示。

　　数据分为原始图像和标签两个部分,每张图像对应着一个 mask 图像,图像中用不同的像素值代表着不同的类别和背景。数据集标注的可视化效果如图 5-6-3 所示。原始图像和标签分别存储在 image 和 annotation 目录下,image 目录下存储着所有的图像,annotation

下分别存储着 list.txt（存储着所有的样本列表）、trainval.txt（存储着用于训练的样本列表）、test.txt（存储着需要预测的图像名单），trimaps 目录下存储的则是与训练图像命名相同的标注图像，如图 5-6-4 所示。

Breed	Count
American Bulldog	200
American Pit Bull Terrier	200
Basset Hound	200
Beagle	200
Boxer	199
Chihuahua	200
English Cocker Spaniel	196
English Setter	200
German Shorthaired	200
Great Pyrenees	200
Havanese	200
Japanese Chin	200
Keeshond	199
Leonberger	200
Miniature Pinscher	200
Newfoundland	196
Pomeranian	200
Pug	200
Saint Bernard	200
Samyoed	200
Scottish Terrier	199
Shiba Inu	200
Staffordshire Bull Terrier	189
Wheaten Terrier	200
Yorkshire Terrier	200
Total	4978

1.Dog Breeds

Breed	Count
Abyssinian	198
Bengal	200
Birman	200
Bombay	200
British Shorthair	184
Egyptian Mau	200
Main Coon	190
Persian	200
Ragdoll	200
Russian Blue	200
Siamese	199
Sphynx	200
Total	2371

2.Cat Breeds

Family	Count
Cat	2371
Dog	4978
Total	7349

3.Total Pets

图 5-6-2 Oxford-IIIT Pet 数据集统计分布

图 5-6-3 数据集标注可视化

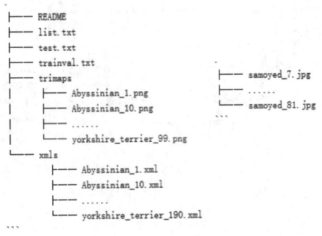

图 5-6-4 数据文件结构展示

（2）数据集下载。

数据可从其官网：https://www.robots.ox.ac.uk/~vgg/data/pets 下载。

（3）数据集类定义。

接下来，通过继承 paddle.io.Dataset 类来定义数据集类 PetDataset，通过继承父类 paddle.

io.Dataset,实现父类中的两个抽象方法:__getitem__ 和 __len__。通过 __getitem__ 在每次迭代的过程中返回数据和其对应的分割标签,并通过 __len__ 返回数据集的数量。

在 init 函数中,我们通过输入的 mode 参数决定输入生成的数据是用于训练、验证还是测试,并将对应的图像和标注图像地址添加到列表中。

```python
class PetDataset(Dataset):
    """
    数据集定义
    """
    def __init__(self, mode = 'train'):
        """
        构造函数
        """
        self.image_size = IMAGE_SIZE
        self.mode = mode.lower()

        assert self.mode in ['train', 'test', 'predict'], \
            "mode should be 'train' or 'test' or 'predict', but got {}".format(self.mode)

        self.train_images = []
        self.label_images = []

        with open('./{}.txt'.format(self.mode), 'r') as f:
            for line in f.readlines():
                image, label = line.strip().split('\t')
                self.train_images.append(image)
                self.label_images.append(label)
```

load_image 函数共有 3 个输入参数,分别是 path(需要加载图像或标注的路径)、color_mode='rgb'(加载图像或标注的方式)和 transforms=[](图像增强的方式)。在 load_image 函数中,首先通过 PilImage 来加载图像,对于加载格式不符合要求的图像进行格式上的转换,然后通过 paddle.vision.transforms 对读入的图像进行各种转换。

```python
    def _load_img(self, path, color_mode = 'rgb', transforms = []):
        """
        统一的图像处理接口封装,用于规整图像大小和通道
        """
        with open(path, 'rb') as f:
            img = PilImage.open(io.BytesIO(f.read()))
            if color_mode == 'grayscale':
                # if image is not already an 8 - bit, 16 - bit or 32 - bit grayscale image
                # convert it to an 8 - bit grayscale image.
                if img.mode not in ('L', 'I;16', 'I'):
                    img = img.convert('L')
            elif color_mode == 'rgba':
                if img.mode != 'RGBA':
                    img = img.convert('RGBA')
            elif color_mode == 'rgb':
                if img.mode != 'RGB':
                    img = img.convert('RGB')
            else:
                raise ValueError('color_mode must be "grayscale", "rgb", or "rgba"')
```

```
    return T.Compose([
        T.Resize(self.image_size)
    ] + transforms)(img)
```

getitem 通过调用 load_image 函数,在每次迭代的时候返回图像和标注图像。由于加载进来的图像不一定都符合自己的需求(可能会是 RGBA 格式的图像,不符合 3 通道的需求),因此需要进行图像的格式转换。除此之外,卷积神经网络的输入维度一般默认为 CHW (通道数、长和宽),而图像一般加载出来的默认的维度是 HWC,这个时候对加载的图像的维度进行调整,从 HWC 转换成了 CHW。

因此在调用 load_image 加载时,依次输入 paddle. vision. transforms. Transpose() 和 paddle. vision. transforms. Normalize() 对图像的进行维度上的转换和数值上的归一化。

```
    def __getitem__(self, idx):
        """
        返回 image, label
        """
        train_image = self._load_img(self.train_images[idx], transforms = [ T.Transpose(),
    T.Normalize(mean = 127.5, std = 127.5)])              # 加载原始图像
        label_image = self._load_img(self.label_images[idx],
    color_mode = 'grayscale', transforms = [T.Grayscale()])      # 加载 Label 图像
        # 返回 image, label
        train_image = np.array(train_image, dtype = 'float32')
        label_image = np.array(label_image, dtype = 'int64')
        return train_image, label_image

    def __len__(self):
        """
        返回数据集总数
        """
        return len(self.train_images)
```

步骤 2:U-Net 模型搭建

本次实践中,需要用到的 paddle 接口包括:

(1) paddle. nn. Upsample(size = None, scale_factor = None, mode = 'nearest', align_corners = False, align_mode = 0, data_format = 'NCHW', name = None)。

用于调整一个 batch 中图片的大小,可以选择最近邻插值、线性插值、双线性插值、三线性插值、双三次线性插值等方法。

size(list | tuple | Variable | None):输出 Tensor。输入为 3D 张量时,形状为(out_w)的 1D Tensor。输入为 4D 张量时,形状为(out_h, out_w)的 2D Tensor。输入为 5D Tensor 时,形状为(out_d, out_h, out_w)的 3D Tensor。如果 out_shape 是列表,则每个元素可以是整数或者形状为 1 的变量。如果 out_shape 是变量,则其维度大小为 1。默认值为 None。

scale_factor(float | Tensor | list | tuple | None):输入的高度或宽度的乘数因子。out_shape 和 scale 至少要设置一个。out_shape 的优先级高于 scale。默认值为 None。

mode(str,可选):插值方法。支持"bilinear"、"trilinear"、"nearest"、"bicubic"、"linear"

或"area"。默认值为"nearest"。

align_corners(bool,可选)：一个可选的 bool 型参数,如果为 True,则将输入和输出张量的 4 个角落像素的中心对齐,并保留角点像素的值。默认值为 True。

align_mode(int,可选)：双线性插值的可选项。它可以是'0',代表 src_idx = scale * (dst_index + 0.5)-0.5;如果为'1',则代表 src_idx = scale * dst_index。

data_format(str,可选)：指定输入的数据格式,输出的数据格式将与输入保持一致。对于 3D Tensor,支持 NCHW(num_batches,channels,width);对于 4D Tensor,支持 NCHW (num_batches,channels,height,width)或者 NHWC(num_batches,height,width,channels);对于 5D Tensor,支持 NCDHW(num_batches,channels,depth,height,width)或者 NDHWC (num_batches,depth,height,width,channels),默认值为'NCHW'。

(2) paddle. nn. Conv2DTranspose(in_channels,out_channels,kernel_size,stride=1, padding=0,output_padding=0,groups=1,dilation=1,weight_attr=None, bias_attr= None, data_format='NCHW')。

二维转置卷积层,该层根据输入(input)、卷积核(kernel)和空洞大小(dilations)、步长(stride)、填充(padding)来计算输出特征层大小或者通过 output_size 指定输出特征层大小。

in_channels(int)：输入图像的通道数。

out_channels(int)：卷积核的个数,和输出特征图通道数相同。

kernel_size(int|list|tuple)：卷积核大小。它可以为单个整数或包含两个整数的元组或列表,分别表示卷积核的高和宽。如果为单个整数,则表示卷积核的高和宽都等于该整数。

stride(int|tuple,可选)：步长大小。如果 stride 为元组或列表,则必须包含两个整型数,分别表示垂直和水平滑动步长;否则,表示垂直和水平滑动步长均为 stride。默认值为 1。

padding(int|tuple,可选)：填充大小。如果 padding 为元组或列表,则必须包含两个整型数,分别表示竖直和水平边界填充大小;否则,表示竖直和水平边界填充大小均为 padding。如果它是一个字符串,则可以是"VALID"或者"SAME",表示填充算法,计算细节可参考下方形状 padding="SAME"或 padding="VALID"时的计算公式。默认值为 0。

output_padding(int|list|tuple,optional)：输出形状上一侧额外添加的大小。默认值为 0。

groups(int,可选)：二维卷积层的组数。根据 Alex Krizhevsky 的深度卷积神经网络(CNN)论文中的分组卷积：当 group=2 时,卷积核的前一半仅和输入特征图的前一半连接,卷积核的后一半仅和输入特征图的后一半连接。默认值为 1。

dilation(int|tuple,可选)：空洞大小。它可以是单个整数或包含两个整数的元组或列表,分别表示卷积核中的元素沿着高和宽的空洞。如果为单个整数,则表示高和宽的空洞都等于该整数。默认值为 1。

weight_attr(ParamAttr,可选)：指定权重参数属性的对象。默认值为 None,表示使用默认的权重参数属性。

bias_attr(ParamAttr|bool,可选)：指定偏置参数属性的对象。默认值为 None,表示使用默认的偏置参数属性。

data_format(str,可选)：指定输入的数据格式,输出的数据格式将与输入保持一致,可以是"NCHW"和"NHWC"。N 是批尺寸,C 是通道数,H 是特征高度,W 是特征宽度。默认值为"NCHW"。

（3）paddle. nn. functional. pad$(x,pad,mode='constant',value=0.0,data\_format='NCHW',name=None)$。

pad 函数依据 pad 和 mode 属性对 x 进行 pad。如果 mode 为 constant,并且 pad 的长度为 x 维度的 2 倍时,则会根据 pad 和 value 对 x 从前面的维度向后依次补齐;否则只会对 x 在除 batchsize 和 channel 之外的所有维度进行补齐。如果 mode 为 reflect,则 x 对应维度上的长度必须大于对应的 pad 值。

x（Tensor）：Tensor,format 可以为 NCL,NLC,NCHW,NHWC,NCDHW 或 NDHWC,默认值为 NCHW,数据类型支持 float16,float32,float64,int32,int64。

pad(Tensor|List[int])：填充大小。当输入维度为 3 时,pad 的格式为[pad_left,pad_right]；当输入维度为 4 时,pad 的格式为[pad_left,pad_right,pad_top,pad_bottom]；当输入维度为 5 时,pad 的格式为[pad_left,pad_right,pad_top,pad_bottom,pad_front,pad_back]。

mode(str)：padding 的 4 种模式,分别为 constant、reflect、replicate 和 circular。constant 表示填充常数 value；reflect 表示填充以 x 边界值为轴的映射；replicate 表示填充 x 边界值；circular 为循环填充 x。默认值为 constant。

value(float32)：以 constant 模式填充区域时填充的值。默认值为 0.0。

data_format(str)：指定 x 的 format,可为 NCL,NLC,NCHW,NHWC,NCDHW 或 NDHWC,默认值为 NCHW。

paddle. nn. Sequential(* layers)：是一个顺序容器。子 Layer 将按构造函数参数的顺序添加到此容器中。传递给构造函数的参数可以是 Layers 或可迭代的 name Layer 元组。在 DoubleConv 中将需要搭建的网络结构按顺序作为 paddle. nn. Sequential 的输入。

layers(tuple)：Layers 或可迭代的 name Layer 元组。

paddle. concat(x,axis=0,name=None)：该 OP 对输入沿 axis 轴进行联结,返回一个新的 Tensor。

x(list|tuple)：待联结的 Tensor list 或者 Tensor tuple,支持的数据类型为：bool、float16、float32、float64、int32、int64、uint8,x 中所有 Tensor 的数据类型应该一致。

axis(int|Tensor,可选)：指定对输入 x 进行运算的轴,可以是整数或者形状为 1 的 Tensor,数据类型为 int32 或者 int64。axis 的有效范围是 $[-R,R)$,R 是输入 x 中 Tensor 的维度,axis 为负值时与 axis+Raxis+R 等价。默认值为 0。

（4）paddle. optimizer. RMSProp(learning_rate,rho=0. 95,epsilon=1e-06,momentum=0. 0,centered=False,parameters=None,weight_decay=None,grad_clip=None,name=None)。

该接口实现均方根传播（RMSProp）法。

learning_rate(float)：全局学习率。

rho(float,可选)：是等式中的 rhorho,默认值为 0.95。

epsilon(float,可选)：等式中的 epsilon 是平滑项,避免被零除,默认值为 1e-6。

momentum(float,可选)：方程中的 β 是动量项,默认值为 0.0。

centered(bool,可选)：如果为 True,则通过梯度的估计方差对梯度进行归一化;如果为 False,则由未 centered 的第二个 moment 归一化。将此设置为 True 有助于模型训练,但会消耗额外计算和内存资源。默认为 False。

parameters(list,可选)：指定优化器需要优化的参数。在动态图模式下必须提供该参数;在静态图模式下默认值为 None,这时所有的参数都将被优化。

weight_decay(float | WeightDecayRegularizer,可选)：正则化方法。它可以是 float 类型的 L2 正则化系数或者正则化策略：cn_api_fluid_regularizer_L1Decay、cn_api_fluid_regularizer_L2Decay。如果一个参数已经在 ParamAttr 中设置了正则化,则这里的正则化设置将被忽略;如果没有在 ParamAttr 中设置正则化,则这里的设置才会生效。默认值为 None,表示没有正则化。

grad_clip(GradientClipBase,可选)：梯度裁剪的策略,支持三种裁剪略：paddle. nn. ClipGradByGlobalNorm、paddle. nn. ClipGradByNorm、paddle. nn. ClipGradByValue。默认值为 None,此时将不进行梯度裁剪。

U-Net 是一个 U 型网络结构,可以看作左右两部分：

左边网络为特征提取网络：采用两个 conv 和一个 pooling 组合的方式,从图像中提取输入图像的特征。

右边网络为特征融合网络：对输入的特征图进行上采样并与左侧特征图进行融合,然后通过两次卷积提取特征。(pooling 层会丢失图像的一些信息和降低图像的分辨率,且是永久性的。上采样可以让包含高级抽象特征的低分辨率图片在保留高级抽象特征的同时变为高分辨率图片,然后再与左边低级表层特征高分辨率特征进行 concatenate 操作,获得高分辨率高语义信息的特征)。再经过两次卷积操作,生成特征图。在最后,通过 n（类别数目)个大小为 1×1 的卷积核生成最后的 n 个通道的特征图。每个特征图代表一种类别,每个类别特征图的每个像素代表着对应图像中该像素位置归属该类的概率。

(1) 网络子模块搭建。

首先是连续两次卷积子模块 DoubleConv。通过 DoubleConv 可以构建一组两层的卷积神经网络,in_channels 表示输入特征图的通道数,out_channels 表示输出特征图的通道数。DoubleConv 函数继承了 paddle. nn. Layer,包含 init 和 forward 两个函数。

init 函数中定义了两层卷积结构：在 DoubleConv 中第一个卷积层输入为 in_channels 的特征图,使用 out_channels 个 kernel_size=3 的卷积核进行卷积,同时使用 padding=1 保持特征图的大小。紧接着对输出的特征图进行 BatchNorm,并经过 ReLU 层激活。第二个卷积层以激活后的特征图为输入,用 out_channels 个 kernel_size=3 的卷积核进行卷积,之后通过 BatchNorm 和 ReLU 得到最后的特征图。通过 forward()函数实现 DoubleConv 正向传播的过程。

```
class DoubleConv(paddle.nn.Layer):
    """(convolution => [BN] => ReLU) * 2"""
    def __init__(self, in_channels, out_channels):
        super(DoubleConv, self).__init__()

        self.double_conv = paddle.nn.Sequential(
            paddle.nn.Conv2D(in_channels, out_channels, kernel_size = 3, padding = 1),
            paddle.nn.BatchNorm2D(out_channels),
            paddle.nn.ReLU(),
            paddle.nn.Conv2D(out_channels, out_channels, kernel_size = 3, padding = 1),
            paddle.nn.BatchNorm2D(out_channels),
            paddle.nn.ReLU()
        )

    def forward(self, x):
        return self.double_conv(x)
```

（2）左侧网络的部分子层结构。

通过 Down 这个类，我们实现右侧部分的子模块。对特征图实现分辨率的两倍下采样，并结合 DoubleConv 提取特征。具体来说，在 Down 类中，输入的特征图，首先会通过最大值池化将分辨率下采样两倍，之后通过 DoubleConv 类对下采样后的特征图进行 conv-> BN-> ReLU-> Conv-> BN-> ReLU 操作，最终得到输出的特征图。

```
class Down(paddle.nn.Layer):
    """Downscaling with maxpool then double conv"""
    def __init__(self, in_channels, out_channels):
        super(Down, self).__init__()
        self.maxpool_conv = paddle.nn.Sequential(
            paddle.nn.MaxPool2D(kernel_size = 2, stride = 2, padding = 0),
            DoubleConv(in_channels, out_channels)
        )

    def forward(self, x):
        return self.maxpool_conv(x)
```

（3）右侧网络的部分子层结构。

我们通过 Up 类实现右侧网络的子模块。Up 类将实现特征图的上采样，并与之前的特征图融合，同理 Up 类也继承 paddle.nn.Layer，并包含 init 和 forward 两部分。

在 init 函数中，在上采样部分，可以提供两种上采样的方式，分别是双线性插值和反卷积的方式将图像的分辨率上采样两倍，并调用了 DoubleConv 实现两次卷积提取特征。

Forward 函数有两个输入参数：x1 和 x2。x1 为需要上采样的特征图，x2 为与右侧网络相对应的左侧网络输出的特征图。对于 x1 首先通过 Init 中定义的 Up 实例进行上采样，之后再通过 paddle.nn.functional.pad 函数对上采样后的 x1 进行 pad 与 x2 特征图大小对齐，再通过 paddle.concat 将 x1 与 x2 特征图在通道上连接起来，最后再通过两次卷积提取特征。

```
class Up(paddle.nn.Layer):
    def __init__(self, in_channels, out_channels, bilinear = True):
        super(Up, self).__init__()

        if bilinear:
            self.up = paddle.nn.Upsample(scale_factor = 2, mode = 'bilinear', align_corners =
True)
        else:
            self.up = paddle.nn.ConvTranspose2d(in_channels // 2, in_channels // 2, kernel_
size = 2, stride = 2)

        self.conv = DoubleConv(in_channels, out_channels)

    def forward(self, x1, x2):
        x1 = self.up(x1)
        diffY = paddle.to_tensor([x2.shape[2] - x1.shape[2]])
        diffX = paddle.to_tensor([x2.shape[3] - x1.shape[3]])
        x1 = F.pad(x1, [diffX // 2, diffX - diffX // 2, diffY // 2, diffY - diffY // 2])
        x = paddle.concat([x2, x1], axis = 1)
        return self.conv(x)
```

(4) 网络结构搭建。

通过 U-net 类定义 U-net 的整体网络结构。在 init 函数中首先定义网络中需要的每个卷积模组 inc、down1……up4，以及最后用于预测分割的 output_conv，在 forward 中搭建前向传播的过程。

对于输入的图像，首先经过 DoubleConv 得到特征图 x1，再通过 down1……down4 将特征图像下采样 2 倍、4 倍、8 倍、16 倍得到 x2、x3、x4、x5。接下来，通过 up1、up2、up3、up4 实现特征图的上采样 16 倍，同时在每次上采样的过程中分别与 x2、x3、x4、x5 融合，然后通过输出层，将通道数与类别数相对应（每个通道分别对应一个类别），最终通过 softmax 输出最后的结果。

```
class U_Net(paddle.nn.Layer):
    def __init__(self, num_classes, bilinear = True):
        super(U_Net, self).__init__()
        self.num_classes = num_classes
        self.bilinear = bilinear
        self.inc = DoubleConv(3, 64)
        self.down1 = Down(64, 128)
        self.down2 = Down(128, 256)
        self.down3 = Down(256, 512)
        self.down4 = Down(512, 512)
        self.up1 = Up(1024, 256, bilinear)
        self.up2 = Up(512, 128, bilinear)
        self.up3 = Up(256, 64, bilinear)
        self.up4 = Up(128, 64, bilinear)
        self.output_conv = paddle.nn.Conv2D(64, num_classes, kernel_size = 1)

    def forward(self, inputs):
        x1 = self.inc(inputs)
        x2 = self.down1(x1)
```

```
x3 = self.down2(x2)
x4 = self.down3(x3)
x5 = self.down4(x4)
x = self.up1(x5, x4)
x = self.up2(x, x3)
x = self.up3(x, x2)
x = self.up4(x, x1)
y = self.output_conv(x)
return y
```

步骤 3：训练 U-Net 网络

在上面的步骤中定义好了数据集、网络模型，接下来就开始模型训练的部分。

首先通过前面定义的 PetDataset 生成训练集和验证集，通过 U-net 类实例化网络模型，并通过 paddle.optimizer.RMSProp［实现均方根传播（RMSProp）法的接口，学习率在该方法中是自适应学习的］来实例的优化器。

然后通过 prepare 方法，给我们的模型绑定优化器和损失函数，损失函数采用的交叉熵损失（paddle.nn.CrossEntropyLoss 用于计算输入 input 和标签 label 间的交叉熵损失，它结合了 LogSoftmax 和 NLLLoss 的 OP 计算，可用于训练一个 n 类分类器）。

最后通过 model.fit 开始训练和验证。其中 epochs＝1 表示全部数据训练一次，batch_size＝32 表示每个批次训练 32 张图像，verbose 表示的则是保存的日志格式。

```
num_classes = 4
network = U_Net(num_classes)
model = paddle.Model(network)
train_dataset = PetDataset(mode = 'train')        # 训练数据集
val_dataset = PetDataset(mode = 'test')           # 验证数据集
optim = paddle.optimizer.RMSProp(learning_rate = 0.001, rho = 0.9, momentum = 0.0, epsilon =
1e - 07, centered = False, parameters = model.parameters())
model.prepare(optim, paddle.nn.CrossEntropyLoss(axis = 1))
model.fit(train_dataset, val_dataset, epochs = 1, batch_size = 32, verbose = 2)
```

训练过程的部分输出如图 5-6-5 所示。

```
step 170/197 - loss: 0.4966 - 378ms/step
step 180/197 - loss: 0.5091 - 379ms/step
step 190/197 - loss: 0.4286 - 378ms/step
step 197/197 - loss: 0.4800 - 376ms/step
Eval begin...
step 10/35 - loss: 0.3994 - 273ms/step
step 20/35 - loss: 0.4503 - 270ms/step
step 30/35 - loss: 0.4448 - 264ms/step
step 35/35 - loss: 0.4885 - 260ms/step
Eval samples: 1108
```

图 5-6-5 U-Net 模型训练过程中的部分输出

步骤 4：宠物分割结果预测

通过 PetDataset 设置用于预测的数据集，并通过 model.predict 进行预测，通过可视化可以对比标签和我们预测的结果，输出结果如图 5-6-6 所示。

```
predict_dataset = PetDataset(mode = 'predict')
predict_results = model.predict(predict_dataset)
```

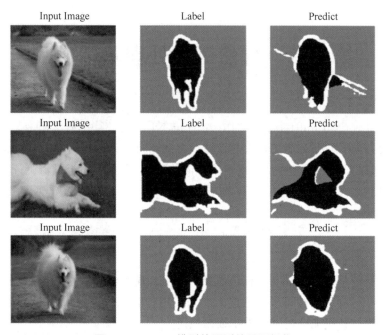

图 5-6-6　　U-Net 模型的预测结果可视化

第6章 自然语言处理基础实践

自然语言处理(Natural Language Processing, NLP)是计算机科学领域与人工智能领域中的一个重要方向。它研究能实现人与计算机之间用自然语言进行有效通信的各种理论和方法,是一门融语言学、计算机科学、数学于一体的科学,主要应用于机器翻译、舆情监测、自动摘要、观点提取、文本分类、问题回答、文本语义对比、语音识别、中文 OCR 等方面。

6.1 实践一:文本数据处理实践

文本数据指的是一篇文章、一句话,或者一个字。现实生活中的文本都是以人的表达方式展现的,是一个流数据、时间序列数据。如果要用计算机对文本数据进行处理,就必须将文本数据表示为计算机能够运算的数字或向量。

文本数据处理首先需要经过分词、去停用词等操作,然后用词嵌入(Word Embedding)的方法对文本进行向量化表示。词嵌入就是将文本中的词嵌入到文本空间中,用一个向量来表示它,包括离散表示和分布式表示两种方式。本节先介绍基于 one-hot 和 TF-IDF 的两种离散表示方式。

本节实践的平台为 AI Studio,实践环境为 Python 3.7。

步骤 1:数据准备

本节实践使用的数据集包括中、英文两种,目录结构如图 6-1-1 所示。

```
./work/
├── data1.txt                                              # 英文数据
└── data2.txt                                              # 中文数据
```

['AI Studio\n', 'is a one-stop online development platform\n', 'based on PaddlePaddle,\n', 'Baidu self-developed deep learning framework.\n']

['AI Studio是基于百度深度学习平台飞桨的人工智能学习与实训社区,\n', '提供在线编程环境、免费GPU算力、海量开源算法和开放数据,\n', '帮助开发者快速创建和部署模型。\n']

图 6-1-1 训练数据格式

步骤 2:one-hot 文本向量化

one-hot 表示很容易理解:将语料库中所有不重复的单词提取出来,得到一个大小为 V 的词汇表,然后用一个 V 维的向量来表示一篇文章,向量中的第 i 个维度为 1 表示词汇表中的第 i 个单词出现在文章中,否则为 0。

本次使用的语料库是步骤 1 中的中文数据，首先对该语料库进行词汇表的构建。

```python
import numpy as np
# 从文件中进行数据读取，每个样本是列表的一个元素
train_data = open('work/data2.txt')
samples = []
for data in  train_data:
    samples.append(data)

# 构建词汇表
token_index = {}
for sample in samples:
    # 利用 jieba 工具对样本进行分词
    for word in jieba.lcut(sample):
        if word not in token_index:
            # 为每个唯一的单词指定唯一索引
            token_index[word] = len(token_index) + 1
print(token_index)
```

构建的词汇表以｛char：index｝的格式保存在 Python 的 dict 类型中，如图 6-1-2 所示。

```
{'AI': 1, ' ': 2, 'Studio': 3, '是': 4, '基于': 5, '百度': 6, '深度':
7, '学习': 8, '平台': 9, '飞桨': 10, '的': 11, '人工智能': 12, '与':
13, '实训': 14, '社区': 15, ',': 16, '\n': 17, '提供': 18, '在线':
19, '编程': 20, '环境': 21, '、': 22, '免费': 23, 'GPU': 24, '算力':
25, '海量': 26, '开源': 27, '算法': 28, '和': 29, '开放': 30, '数据':
31, '帮助': 32, '开发者': 33, '快速': 34, '创建': 35, '部署':
36, '模型': 37, '。': 38}
```

图 6-1-2　词汇表保存格式

接下来我们对文档进行 one-hot 向量表示，结果如图 6-1-3 所示。

```python
max_length = 5
results = np.zeros((len(samples), max_length, max(token_index.values()) + 1))
for i, sample in enumerate(samples):
    # 每句话只取 5 个单词
    for j, word in list(enumerate(jieba.lcut(sample)))[:max_length]:
        index = token_index.get(word)
        # 将结果保存在 results 中
        results[i, j, index] = 1.
for i in range(len(samples)):
    print(f'data:{samples[i][:-1]}')
print(f'ont-hot:{results[i]}')
```

```
data:AI Studio是基于百度深度学习平台飞桨的人工智能学习与实训社区,
ont-hot:[[0. 1. 0. 0. 0. 0. 0. 0. 0. 0. 0. 0. 0. 0. 0. 0. 0. 0. 0. 0.
  0. 0. 0. 0. 0. 0. 0. 0. 0. 0. 0. 0. 0. 0. 0. 0. 0. 0. 0.]
 [0. 0. 1. 0. 0. 0. 0. 0. 0. 0. 0. 0. 0. 0. 0. 0. 0. 0. 0. 0.
  0. 0. 0. 0. 0. 0. 0. 0. 0. 0. 0. 0. 0. 0. 0. 0. 0. 0. 0.]
 [0. 0. 0. 1. 0. 0. 0. 0. 0. 0. 0. 0. 0. 0. 0. 0. 0. 0. 0. 0.
  0. 0. 0. 0. 0. 0. 0. 0. 0. 0. 0. 0. 0. 0. 0. 0. 0. 0. 0.]
 [0. 0. 0. 0. 1. 0. 0. 0. 0. 0. 0. 0. 0. 0. 0. 0. 0. 0. 0. 0.
  0. 0. 0. 0. 0. 0. 0. 0. 0. 0. 0. 0. 0. 0. 0. 0. 0. 0. 0.]
 [0. 0. 0. 0. 0. 1. 0. 0. 0. 0. 0. 0. 0. 0. 0. 0. 0. 0. 0. 0.
  0. 0. 0. 0. 0. 0. 0. 0. 0. 0. 0. 0. 0. 0. 0. 0. 0. 0. 0.]]
```

图 6-1-3　文档 one-hot 表示

当语料库非常大时，需要建立一个很大的字典对所有单词进行索引编码，这导致了矩阵稀疏问题(one-hot 矩阵中大多数元素都是 0)。

步骤 3：TF-IDF 文本向量化

TF-IDF 是基于频率统计得到的文本表示，它的主要思想是：字词的重要性会随着它在文档中出现的次数成正比增加，但同时会随着它在语料库中出现的频率成反比下降。

TF-IDF 分数由两部分组成：第一部分是词频(Term Frequency)，第二部分是逆文档频率(Inverse Document Frequency)。

$$\mathrm{tf}_{i,j} = \frac{n_{i,j}}{\sum_k n_{k,j}}$$

其中，$n_{i,j}$ 表示单词 i 在文档 j 中出现的次数，$\sum_k n_{k,j}$ 表示文档 j 中所有单词出现的次数总和。

$$\mathrm{idf}_i = \log \frac{|D|}{|\{j:t_i \in d_j\}|}$$

其中，$|D|$ 是语料库中的文档个数，$|\{j:t_i \in d_j\}|$ 表示包含单词 t_i 的文档个数。如果某个单词不在语料库中，就会导致上述公式中的分母为零，因此更常用的 IDF 计算公式是经过平滑之后的。

$$\mathrm{idf}_i = \log \frac{|D|}{|\{j:t_i \in d_j\}|+1}$$

对于文档 j 中的单词 i，其 TF-IDF 表示形式为：$w_{i,j} = \mathrm{tf}_{i,j} * \mathrm{idf}_i$。

我们直接使用 sklearn 库中封装好的方法对步骤 1 中的英文数据进行 TF-IDF 表示，结果如图 6-1-4 所示。

```
# 加载相应的包
import numpy as np
from sklearn.feature_extraction.text import CountVectorizer
from sklearn.feature_extraction.text import TfidfTransformer
def sklearn_tfidf():
    train_data = open('work/data1.txt')
    samples = []
    for data in  train_data:
        samples.append(data)

    # 创建词袋数据结构
vectorizer = CountVectorizer()
# 将文本中的词语转换为词频矩阵,矩阵元素 a[i][j]表示单词 j 在第 i 个文档中的词频
    X = vectorizer.fit_transform(samples)
    transformer = TfidfTransformer()
    tfidf = transformer.fit_transform(X)          # 将词频矩阵 X 统计成 TF－IDF 值
    for i in range(len(samples)):
        print(samples[i])
        print(tfidf.toarray()[i])
```

```
AI Studio

[0.70710678 0.          0.          0.          0.          0.
 0.          0.          0.          0.          0.          0.
 0.          0.          0.          0.          0.70710678]
is a one-stop online development platform

[0.         0.          0.          0.          0.          0.40824829
 0.         0.40824829 0.          0.          0.40824829 0.40824829
 0.         0.40824829 0.          0.40824829 0.          ]
```

图 6-1-4 TF_IDF 文本表示

6.2 实践二：基于 CBOW/Skip-gram 实现 Word2Vec

基于CBOW/
Skip-gram实
现 Word2Vec

第 6.1 节中我们介绍了文本表示的两种离散形式：one-hot 和 TF-IDF。离散表示虽然能够对单词或者文本进行向量化的表示，但是这种表示方法无法反映单词之间的相似程度，如"漂亮"和"美丽"的意思相似，然而无论是 one-hot 方法还是 TF-IDF 方法，都无法将这种相似性体现出来。我们希望在整个文本的表示空间内，意思越相近的单词距离越近，而离散表示无法达到这样的效果，因此下面引入分布式表示方法，即 Word2Vec。

Word2Vec 指的是把每个词都表示为一个 N 维空间内的点，即一个高维空间内的向量，这些向量在一定意义上可以代表这个词的语义信息。通过计算这些向量之间的距离，就可以计算出词语之间的关联关系，从而达到让计算机像计算数值一样去计算自然语言的目的。Word2Vec 包含两个经典模型：CBOW 和 Skip-gram。本节先介绍 CBOW 模型。

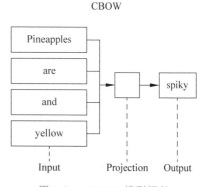

图 6-2-1 CBOW 模型框架

（1）CBOW(Continuous Bag-of-Words)模型。

CBOW 指的是通过上下文的词向量来推理中心词，图 6-2-1 展示了 CBOW 模型的框架。我们以"Pineapples are spiked and yellow"为例来介绍 CBOW 的算法实现。

图 6-2-2 展示了 CBOW 模型的结构展示，其是一个具有 3 层结构的神经网络，分别是输入层、输出层以及隐藏层。

输入层(Input Layer)：一个形状为 $C \times V$ 的 one-hot 张量，其中 C 代表上下文单词的个数，通常是一个偶数，我们假设为 4；V 表示词表大小，我们假设为 5000，该张量的每一行都是一个上下文单词的 one-hot 向量表示，比如"Pineapples,are,and,yellow"。

隐藏层(Hidden Layer)：创建一个形状为 $V \times N$ 的参数张量 W_1，一般称为 word-embedding，N 表示每个词的词向量长度，我们假设为 128。输入张量和参数张量 W_1 进行矩阵乘法，就会得到一个形状为 $C \times N$ 的张量。我们希望综合考虑上下文中所有单词的信息去推理中心词，因此将上下文中 C 个单词的向量表示相加得到一个 $1 \times N$ 的向量，将该向量作为隐藏层的输出，也是整个上下文信息的一个隐含表示。

输出层(Output layer)：创建另一个形状为 $N \times V$ 的参数张量，将隐藏层得到的 $1 \times N$

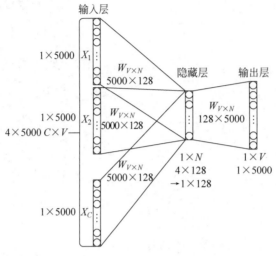

图 6-2-2　CBOW 模型结构

的向量乘以该 $N \times V$ 的参数张量，得到了一个形状为 $1 \times V$ 的向量。最终，$1 \times V$ 的向量代表了使用上下文去推理中心词时，词汇表中每个候选词的打分，再经过 softmax 函数的归一化，即得到了对中心词的推理概率：

$$\mathrm{softmax}(O_i) = \frac{\exp(O_i)}{\sum_j \exp(O_i)}$$

在实际操作中，通常使用一个滑动窗口（一般情况下，窗口长度为奇数），从左到右开始扫描当前句子。每个扫描出来的片段被当成一个小句子，每个小句子中间的词被认为是中心词，其余的词被认为是这个中心词的上下文。

同时，为了避免过于庞大的计算量，我们通常采用负采样的方法，将多分类问题转换为二分类问题，来避免查询整个词表。假设有一个一个上下文词 c 和一个中心词正样本 t_p，在 CBOW 的理想实现里，需要最大化使用 c 推理 t_p 的概率。在使用 softmax 学习时，需要最大化 t_p 的推理概率，同时最小化词表中其他词的推理概率。之所以计算缓慢，是因为需要将词表中的所有词都计算一遍。然而我们还可以使用另一种方法，就是随机从词表中选择几个代表词，通过最小化这几个代表词的概率，去近似最小化整体的预测概率。比如，先指定一个上下文词（如"人工"）和一个目标词正样本（如"智能"），再随机在词表中采样几个目标词负样本（如"日本""喝茶"等）。有了这些内容，我们的 CBOW 模型就变成了一个二分类任务：对于目标词正样本，我们需要最大化它的预测概率；对于目标词负样本，我们需要最小化它的预测概率。通过这种方式，我们就可以完成计算加速。上述做法，我们称之为负采样。

在实现的过程中，通常会让模型接收 3 个 tensor 输入：

① 代表上下文单词的 tensor：假设我们称之为 context_words V，一般来说，这个 tensor 是一个形状为 [batch_size, vocab_size] 的 one-hot tensor，表示在一个 mini-batch 中每个上下文单词具体的 ID。

② 代表目标词的 tensor：假设我们称之为 target_words T，一般来说，这个 tensor 同样

是一个形状为[batch_size, vocab_size]的 one-hot tensor,表示在一个 mini-batch 中每个目标词具体的 ID。

③ 代表目标词标签的 tensor:假设我们称之为 labels L,一般来说,这个 tensor 是一个形状为[batch_size, 1]的 tensor,元素值为 1 表示上下文单词对应的中心词是目标词,否则为 0。

接下来我们将学习使用飞桨实现 CBOW 模型的方法。本节实践平台为百度 AI Studio,实践环境为 Python 3.7、Paddle 2.0。

步骤 1:数据处理

```
# 导入相应的包
import io
import os
import sys
import requests
from collections import OrderedDict
import math
import random
import numpy as np
import paddle
```

我们选择使用 text8.txt 数据集训练 CBOW 模型,该数据集中包含了大量从维基百科收集到的英文语料,可以通过如下代码下载数据集,下载后的文件被保存在当前目录的 text8.txt 文件内。

```
# 下载语料用来训练 word2vec
def download():
    # 可以从百度云服务器(dataset.bj.bcebos.com)下载一些开源数据集
    corpus_url = "https://dataset.bj.bcebos.com/word2vec/text8.txt"
    # 使用 Python 的 requests 包下载数据集到本地
    web_request = requests.get(corpus_url)
    corpus = web_request.content
    # 把下载后的文件存储在当前目录的 text8.txt 文件内
    with open("./text8.txt", "wb") as f:
        f.write(corpus)
f.close()
```

我们可以通过如下代码读取下载的语料,并打印前 500 个字符查看语料内容。

```
# 读取 text8 数据
def load_text8():
    with open("./text8.txt", "r") as f:
        corpus = f.read().strip("\n")
    f.close()
    return corpus

corpus = load_text8()
# 打印前 500 个字符
print(corpus[:500])
```

输出结果如图 6-2-3 所示。

一般来说,在自然语言处理中,需要先对语料进行分词。对于英文而言,可以直接使用

anarchism originated as a term of abuse first used against early working class radicals including the diggers of the english revolution and the sans culottes of the french revolution whilst the term is still used in a pejorative way to describe any act that used violent means to destroy the organization of society it has also been taken up as a positive label by self defined anarchists the word anarchism is derived from the greek without archons ruler chief king anarchism as a political philoso

图 6-2-3　text8 样本

空格进行分词。

```
# 对语料进行预处理(分词)
def data_preprocess(corpus):
    # 由于英文单词出现在句首的时候经常要大写,所以有必要把所有英文字符都转换为小写,以
便对语料进行归一化处理(Apple vs apple 等)
    corpus = corpus.strip().lower()
    corpus = corpus.split(" ")

    return corpus

corpus = data_preprocess(corpus)
# 打印前 50 个单词
print(corpus[:50])
```

输出结果如图 6-2-4 所示。

```
['anarchism', 'originated', 'as', 'a', 'term', 'of', 'abuse', 'first', 'used', 'against',
'early', 'working', 'class', 'radicals', 'including', 'the', 'diggers', 'of', 'the', 'english',
'revolution', 'and', 'the', 'sans', 'culottes', 'of', 'the', 'french', 'revolution', 'whilst',
'the', 'term', 'is', 'still', 'used', 'in', 'a', 'pejorative', 'way', 'to', 'describe', 'any',
'act', 'that', 'used', 'violent', 'means', 'to', 'destroy', 'the']
```

图 6-2-4　数据预处理结果

经过分词后,需要对语料进行统计,为每个单词构造 ID。一般来说,可以根据每个单词在语料中出现的频次构造 ID,频次越高,ID 越小,便于对词典进行管理。

```
# 构造词典,统计每个词的频率,并根据频率将每个词转换为一个整数 ID
def build_dict(corpus):
    # 首先统计每个不同词的频率(出现的次数),使用一个词典记录
    word_freq_dict = dict()
    for word in corpus:
        if word not in word_freq_dict:
            word_freq_dict[word] = 0
        word_freq_dict[word] += 1

    # 将该词典中的词按照出现次数降序排序
    # 一般来说,高频词往往是 I,the,you 等代词,而出现频率低的词,通常是一些名词,如 nlp
    word_freq_dict = sorted(word_freq_dict.items(), key = lambda x:x[1], reverse = True)

    # 构造 3 个不同的词典,分别存储:
    # 每个词到 id 的映射关系:word2id_dict
    # 每个 id 出现的频率:word2id_freq
    # 每个 id 到词典映射关系:id2word_dict
    word2id_dict = dict()
    word2id_freq = dict()
    id2word_dict = dict()
```

```
# 按照频率,从高到低,开始遍历每个单词,并为这个单词构造一个独一无二的 id
for word, freq in word_freq_dict:
    curr_id = len(word2id_dict)
    word2id_dict[word] = curr_id
    word2id_freq[word2id_dict[word]] = freq
    id2word_dict[curr_id] = word

return word2id_freq, word2id_dict, id2word_dict
```

```
word2id_freq, word2id_dict, id2word_dict = build_dict(corpus)
vocab_size = len(word2id_freq)
print("there are totoally % d different words in the corpus" % vocab_size)
for _, (word, word_id) in zip(range(50), word2id_dict.items()):
print("word % s, its id % d, its word freq % d" % (word, word_id, word2id_freq[word_id]))
```

输出结果如图 6-2-5 所示。

```
there are totoally 253854 different words in the corpus
word the, its id 0, its word freq 1061396
word of, its id 1, its word freq 593677
word and, its id 2, its word freq 416629
word one, its id 3, its word freq 411764
word in, its id 4, its word freq 372201
word a, its id 5, its word freq 325873
word to, its id 6, its word freq 316376
word zero, its id 7, its word freq 264975
```

图 6-2-5　词到索引映射、词频输出

得到 word2id 词典后,我们还需要进一步处理原始语料,把每个词替换成对应的 ID,便于神经网络进行处理。

```
# 把语料转换为 id 序列
def convert_corpus_to_id(corpus, word2id_dict):
    # 使用一个循环,将语料中的每个词替换成对应的 id
    corpus = [word2id_dict[word] for word in corpus]
    return corpus

corpus = convert_corpus_to_id(corpus, word2id_dict)
print(" % d tokens in the corpus" % len(corpus))
# 打印前 50 个单词
print(corpus[:50])
```

输出结果如图 6-2-6 所示。

```
17005207 tokens in the corpus
[5233, 3080, 11, 5, 194, 1, 3133, 45, 58, 155, 127, 741, 476, 10571, 133, 0, 27349, 1, 0, 102, 854, 2, 0, 15067, 58112, 1,
0, 150, 854, 3580, 0, 194, 10, 190, 58, 4, 5, 10712, 214, 6, 1324, 104, 454, 19, 58, 2731, 362, 6, 3672, 0]
```

图 6-2-6　词映射结果

接下来,需要使用二次采样法处理原始文本。二次采样法的主要思想是降低高频词在语料中出现的频次,降低的方法是随机将高频的词抛弃,频率越高,被抛弃的概率就越高;频率越低,被抛弃的概率就越低,这样像标点符号或冠词这样的高频词就会被抛弃,从而优化整个词表的词向量训练效果。

```
# 使用二次采样算法(subsampling)处理语料,强化训练效果
def subsampling(corpus, word2id_freq):

    # discard 函数决定了一个词是否被替换,该函数具有随机性,每次调用结果不同
    # 如果一个词的频率很大,那么它被抛弃的概率就很大
    def discard(word_id):
        return random.uniform(0, 1) < 1 - math.sqrt(
            1e-4 / word2id_freq[word_id] * len(corpus))

    corpus = [word for word in corpus if not discard(word)]
    return corpus

corpus = subsampling(corpus, word2id_freq)
print("%d tokens in the corpus" % len(corpus))
# 打印前 50 个单词
print(corpus[:50])
```

输出结果如图 6-2-7 所示。

```
8745281 tokens in the corpus
[5233, 3080, 3133, 155, 127, 741, 476, 10571, 27349, 102, 15067, 58112, 854, 3580, 194, 5, 10712, 1324, 454,
2731, 362, 3672, 708, 371, 539, 97, 1423, 2757, 18, 567, 686, 7088, 0, 5233, 1052, 248, 44611, 2877, 792, 186,
5233, 602, 1134, 2621, 8983, 2, 4147, 6437, 4186, 5233]
```

图 6-2-7　采样后的词映射

在完成语料数据预处理之后,需要构造训练数据。根据上面的描述,我们需要使用一个滑动窗口对语料从左到右扫描,在每个窗口内,上下文需要预测它的中心词,并形成训练数据。

在实际操作中,由于词表往往很大,对大词表的一些矩阵运算(如 softmax 等)需要消耗巨大的资源,因此可以通过负采样的方式模拟 softmax 的结果。

- 给定一个上下文词和一个需要预测的中心词,将该中心词作为正样本。
- 通过词表随机采样的方式,选择若干个负样本。
- 把一个大规模分类问题转化为一个 2 分类问题,通过这种方式优化计算速度。

```
# 构造数据,准备模型训练
# max_window_size 代表了最大的 window_size 的大小,程序会根据 max_window_size 从左到右扫描
    整个语料
# negative_sample_num 代表了对于每个正样本,我们需要随机采样多少负样本用于训练。
# 一般来说,negative_sample_num 的值越大,训练效果越稳定,但是训练速度越慢。
def build_data(corpus, word2id_dict, word2id_freq, max_window_size = 3,
              negative_sample_num = 4):

    # 使用一个 list 存储处理好的数据
    dataset = []
    center_word_idx = 0

    # 从左到右,开始枚举每个中心点的位置
    while center_word_idx < len(corpus):
        # 以 max_window_size 为上限,随机采样一个 window_size,这样会使得训练更加稳定
        window_size = random.randint(1, max_window_size)
        # 当前的中心词就是 center_word_idx 所指向的词,可以当作正样本
        positive_word = corpus[center_word_idx]
```

```
    # 以当前中心词为中心,左右两侧在 window_size 内的词就是上下文
    context_word_range = (max(0, center_word_idx - window_size), min(len(corpus) - 1,
center_word_idx + window_size))
    context_word_candidates = [corpus[idx] for idx in range(context_word_range[0],
context_word_range[1] + 1) if idx != center_word_idx]

    # 对于每个正样本来说,随机采样 negative_sample_num 个负样本,用于训练
    for context_word in context_word_candidates:
        # 首先把(上下文,正样本,label = 1)的三元组数据放入 dataset 中,
        # 这里 label = 1 表示这个样本是个正样本
        dataset.append((context_word, positive_word, 1))

        # 开始负采样
        i = 0
        while i < negative_sample_num:
            negative_word_candidate = random.randint(0, vocab_size - 1)

            if negative_word_candidate is not positive_word:
                # 把(上下文,负样本,label = 0)的三元组数据放入 dataset 中
                # 这里 label = 0 表示这个样本是个负样本
                dataset.append((context_word, negative_word_candidate, 0))
                i += 1

    center_word_idx = min(len(corpus) - 1, center_word_idx + window_size)
    if center_word_idx == (len(corpus) - 1):
        center_word_idx += 1
    if center_word_idx % 100000 == 0:
        print(center_word_idx)
    return dataset

dataset = build_data(corpus, word2id_dict, word2id_freq)
for _, (context_word, target_word, label) in zip(range(50), dataset):
print("context_word % s, target % s, label % d" % (id2word_dict[context_word], id2word_dict
[target_word], label))
```

输出结果如图 6-2-8 所示。

```
center_word anarchism, target originated, label 1
center_word anarchism, target borgonovo, label 0
center_word anarchism, target bentalls, label 0
center_word anarchism, target phenomonen, label 0
center_word anarchism, target mirapoint, label 0
```

图 6-2-8　采样正负例构建

训练数据准备好后,把训练数据都组装成 mini-batch,并准备输入到网络中进行训练。

```
# 构造 mini - batch,准备对模型进行训练
# 将不同类型的数据放到不同的 tensor 中,便于神经网络进行处理
# 通过 numpy 的 array 函数,构造出不同的 tensor,并把这些 tensor 送入神经网络中进行训练
def build_batch(dataset, batch_size, epoch_num):

    # context_word_batch 缓存 batch_size 个上下文词
    context_word_batch = []
    # target_word_batch 缓存 batch_size 个目标词(可以是正样本或者负样本)
```

145

```
        target_word_batch = []
        # label_batch 缓存了 batch_size 个 0 或 1 的标签,用于模型训练
        label_batch = []

    for epoch in range(epoch_num):
        # 每次开启一个新 epoch 之前,都对数据进行一次随机打乱,提高训练效果
        random.shuffle(dataset)

        for context_word, target_word, label in dataset:
            # 遍历 dataset 中的每个样本,并将这些数据送到不同的 tensor 里
            context_word_batch.append([context_word])
            target_word_batch.append([target_word])
            label_batch.append(label)

            # 当样本积攒到一个 batch_size 后,就将数据都返回来
            # 在这里我们使用 numpy 的 array 函数把 list 封装成 tensor
            # 并使用 Python 的迭代器机制,将数据 yield 出来
            # 使用迭代器的好处是可以节省内存
            if len(context_word_batch) == batch_size:
                yield np.array(context_word_batch).astype("int64"), \
                    np.array(target_word_batch).astype("int64"), \
                    np.array(label_batch).astype("float32")
                context_word_batch = []
                target_word_batch = []
                label_batch = []

    if len(context_word_batch) > 0:
        yield np.array(context_word_batch).astype("int64"), \
            np.array(target_word_batch).astype("int64"), \
            np.array(label_batch).astype("float32")
```

步骤 2：模型配置

定义 CBOW 的网络结构,用于模型训练。在飞桨动态图中,对于任意网络,都需要定义一个继承自 paddle. nn. Layer 的类来搭建网络结构、参数等数据的声明,同时需要在 forward 函数中定义网络的计算逻辑。对于自然语言,我们需要将文本表示为词向量形式。在飞桨中,可以通过 paddle. nn. Embedding（num_embeddings, embedding_dim, padding_idx＝None, sparse＝False, weight_attr＝None, name＝None）实现。其中,num_embeddings 为嵌入字典的大小,input 中的 id 必须满足 $0 =< id < num\_embeddings$；embedding_dim 为每个嵌入向量的维度；padding_idx 为填充字符的下标；sparse 标识是否使用稀疏更新,在词嵌入权重较大的情况下,使用稀疏更新能够获得更快的训练速度及更小的内存/显存占用；weight_attr 指定嵌入向量的配置,包括初始化方法,一般无须设置,默认值为 None。根据 input 中的 id 信息从 embedding 矩阵中查询对应 embedding 信息,并会根据输入的 size（num_embeddings, embedding_dim）和 weight_attr 自动构造一个二维 embedding 矩阵,输出的 Tensor 的 shape 是在输入 Tensor shape 的最后一维后面添加了 embedding_dim 的维度。

利用 CBOW 实现词向量训练的代码如下所示。

```python
# 定义 CBOW 训练网络结构
class CBOW(paddle.nn.Layer):
    def __init__(self, vocab_size, embedding_size, init_scale = 0.1):
        # vocab_size 定义了该 CBOW 模型的词表大小
        # embedding_size 定义了词向量的维度是多少
        super(CBOW, self).__init__()
        self.vocab_size = vocab_size
        self.embedding_size = embedding_size
        self.embedding = paddle.nn.Embedding(
            self.vocab_size,
            self.embedding_size,
            weight_attr = paddle.ParamAttr(
                name = 'embedding_para',
                initializer = paddle.nn.initializer.Uniform(
                    low = - 0.5/embedding_size, high = 0.5/embedding_size)))
        self.embedding_out = paddle.nn.Embedding(
            self.vocab_size,
            self.embedding_size,
            weight_attr = paddle.ParamAttr(
                name = 'embedding_out_para',
                initializer = paddle.nn.initializer.Uniform(
                    low = - 0.5/embedding_size, high = 0.5/embedding_size)))
    # 定义网络的前向计算逻辑
    def forward(self, context_words, target_words, label):
        # 首先,通过 embedding_para(self.embedding)参数,将 mini - batch 中的词转换为词向量
        # 这里 context_words 和 target_words_emb 查询的是不同的参数
        context_words_emb = self.embedding(context_words)
        target_words_emb = self.embedding_out(target_words)
        word_sim = paddle.multiply(context_words_emb, target_words_emb)
        word_sim = paddle.sum(word_sim, axis = - 1)
        word_sim = paddle.reshape(word_sim, shape = [ - 1])
        pred = paddle.nn.functional.sigmoid(word_sim)
        loss = paddle.nn.functional.binary_cross_entropy(paddle.nn.functional.sigmoid(word_sim), label)
        loss = paddle.mean(loss)
        return pred, loss
```

步骤 3：网络训练与评估

完成网络定义后,就可以启动模型训练。我们定义每隔 100 步打印一次 loss,以确保当前的网络是正常收敛的。同时,我们每隔 2000 步观察一下 CBOW 计算出的单词间的相似性,可视化网络训练效果。

```python
# 开始训练,定义一些训练过程中需要使用的超参数
batch_size = 512
epoch_num = 3
embedding_size = 200
step = 0
learning_rate = 0.001
# 定义一个使用 word - embedding 计算 cos 的函数
def get_cos(query1_token, query2_token, embed):
    W = embed
```

```
        x = W[word2id_dict[query1_token]]
        y = W[word2id_dict[query2_token]]
        cos = np.dot(x, y) / np.sqrt(np.sum(y * y) * np.sum(x * x) + 1e-9)
        flat = cos.flatten()
        print("单词 1 %s 和单词 2 %s 的 cos 结果为 %f" % (query1_token, query2_token, cos))
# 通过定义的 CBOW 类,来构造一个 CBOW 模型网络
skip_gram_model = CBOW(vocab_size, embedding_size)
# 构造训练这个网络的优化器
adam = paddle.optimizer.Adam(learning_rate = learning_rate, parameters = skip_gram_model.
parameters())

# 使用 build_batch 函数,以 mini-batch 为单位,遍历训练数据,并训练网络
for context_words, target_words, label in build_batch(
        dataset, batch_size, epoch_num):
    # 使用 paddle.to_tensor 函数,将一个 numpy 的 tensor,转换为网络可计算的 tensor
    context_words_var = paddle.to_tensor(context_words)
    target_words_var = paddle.to_tensor(target_words)
    label_var = paddle.to_tensor(label)
    # 将转换后的 tensor 送入网络中,进行一次前向计算,并得到计算结果
    pred, loss = skip_gram_model(
        context_words_var, target_words_var, label_var)

    # 通过 backward 函数,让程序自动完成反向计算
    loss.backward()
    # 通过 minimize 函数,让程序根据 loss,完成一步对参数的优化更新
    adam.minimize(loss)
    # 使用 clear_gradients 函数清空模型中的梯度,以便于下一个 mini-batch 进行更新
    skip_gram_model.clear_gradients()
    # 每经过 100 个 mini-batch,打印一次当前的 loss,确保 loss 稳定下降
    step += 1
    if step % 100 == 0:
        print("step %d, loss %.3f" % (step, loss.numpy()[0]))
    # 经过 2000 个 mini-batch,打印一次模型对词向量相似度的计算结果
    # 这里我们使用词和词之间的向量点积作为衡量相似度的方法
    if step % 2000 == 0:
        embedding_matrix = skip_gram_model.embedding.weight.numpy()
        np.save("./embedding", embedding_matrix)
        get_cos("king","queen",embedding_matrix)
        get_cos("she","her",embedding_matrix)
        get_cos("topic","theme",embedding_matrix)
        get_cos("woman","game",embedding_matrix)
        get_cos("one","name",embedding_matrix)
```

```
step 4300, loss 0.310
step 4400, loss 0.292
step 4500, loss 0.288
step 4600, loss 0.264
step 4700, loss 0.235
step 4800, loss 0.253
step 4900, loss 0.295
step 5000, loss 0.253
step 5100, loss 0.240
step 5200, loss 0.264
step 5300, loss 0.254
```

训练过程中的部分输出结果如图 6-2-9 所示。

从打印结果可以看到,经过一定步骤的训练,loss 逐渐下降并趋于稳定。同时,我们从图 6-2-10 也可以看出,利用 word2vec 得到的单词的词向量表示能够很好地体现同义词之间的相似性。

（2）Skip-gram 模型。

在上面的内容中我们介绍了 CBOW 模型,接下来对 Word2Vec 的另一种方式 Skip-gram 进行介绍。

Skip-gram 和 CBOW 十分类似,CBOW 通过上下文的词向

图 6-2-9 训练过程中
的部分输出结果

单词1 king 和单词2 queen 的cos结果为 0.776861
单词1 she 和单词2 her 的cos结果为 0.849171
单词1 topic 和单词2 theme 的cos结果为 0.882199
单词1 woman 和单词2 game 的cos结果为 0.831457
单词1 one 和单词2 name 的cos结果为 0.848912

图 6-2-10　词相似性

量来推理中心词,Skip-gram 则是根据中心词推理上下文。我们仍以"Pineapples are spiked and yellow"为例介绍 Skip-gram 的算法实现。图 6-2-11 展示了 Skip-gram 模型的框架。

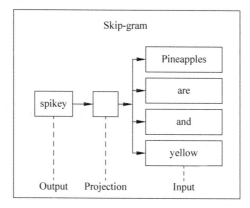

图 6-2-11　Skip-gram 模型框架

Skip-gram 也是一个具有 3 层结构的神经网络,分别是输入层、输出层以及隐藏层。图 6-2-12 展示了 Skip-gram 模型的结构。

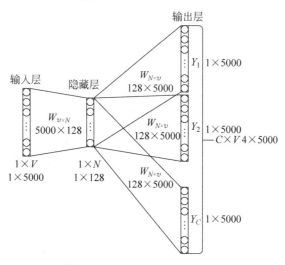

图 6-2-12　Skip-gram 模型结构

输入层:一个形状为 $1\times V$ 的 one-hot 张量,其中 V 表示词表大小,我们假设为 5000,里面存储着当前句子中心词的 one-hot 表示。

隐藏层:创建一个形状为 $V\times N$ 的参数张量 W_1,N 表示每个词的词向量长度。输入张量和参数张量 W_1 进行矩阵乘法,就会得到一个形状为 $1\times N$ 的张量,作为隐藏层的输出,里面存储着当前句子中心词的词向量。

149

输出层：创建另一个形状为 $N \times V$ 的参数张量，将隐藏层得到的 $1 \times N$ 的向量乘以该 $N \times V$ 的参数张量，得到一个形状为 $1 \times V$ 的向量。这个张量经过 softmax 变换后，就得到了使用当前中心词对上下文单词进行预测的结果，根据这个 softmax 的值就可以训练词向量模型。

在实际实现的过程中，Skip-gram 和 CBOW 一样，也采用滑动窗口、负采样等方式生成训练数据，与 CBOW 十分类似，不同之处仅在于 Skip-gram 是根据上下文的词向量来推理中心词，因此在生成训练数据时略有不同。

```
… …
while center_word_idx < len(corpus):
    window_size = random.randint(1, max_window_size)
    # 当前的中心词就是 center_word_idx 所指向的词，可以当作正样本
positive_word = corpus[center_word_idx]

    context_word_range = (max(0, center_word_idx - window_size), min(len(corpus) - 1,
center_word_idx + window_size))

    context_word_candidates = [corpus[idx] for idx in range(context_word_range[0], context_
word_range[1] + 1) if idx != center_word_idx]

    for context_word in context_word_candidates:
        # 首先把(中心词，正样本，label = 1)的三元组数据放入 dataset 中，
        # 这里 label = 1 表示这个样本是个正样本
        dataset.append((positive_word, context_word, 1))

        # 开始负采样
        i = 0
        while i < negative_sample_num:
            negative_word_candidate = random.randint(0, vocab_size - 1)

            if negative_word_candidate is not context_word:
        # 把(中心词，负样本，label = 0)的三元组数据放入 dataset 中，
                # 这里 label = 0 表示这个样本是个负样本
                dataset.append((positive_word, negative_word_candidate, 0))
                i += 1

    center_word_idx = min(len(corpus) - 1, center_word_idx + window_size)
    if center_word_idx == (len(corpus) - 1):
        center_word_idx += 1
    if center_word_idx % 100000 == 0:
        print(center_word_idx)
… …
```

6.3 实践三：基于循环神经网络实现情感分类

基于循环
神经网络
实现情感
分类

前馈神经网络只能单独地处理一个个的输入，每次的输入都是独立的，即网络的输出只依赖于当前的输入。但是在很多现实任务中，网络的输出不仅和当前时刻的输入有关，也和其过去一段时间的输出有关。此外，前馈网络难以处理时序数据，比如视频、语音、文本等。

时序数据的长度一般是不固定的,而前馈神经网络要求输入和输出的维数都是固定的,不能任意改变。因此,在处理某些序列数据时,尤其是像自然语言这样天然带有时序关系的数据,就需要一种能力更强的模型。

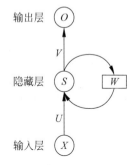

循环神经网络(Recurrent Neural Network,RNN)是一类具有短期记忆能力的神经网络。一个简单的循环神经网络如图 6-3-1 所示,它由输入层、隐藏层和输出层组成。

我们将图 6-3-1 按照不同时刻的时间步进行展开,就得到了如图 6-3-2 所示的循环神经网络结构。

从图中我们可以很清楚地看到,网络在 t 时刻接收到输入 x_t 之后,得到的隐藏层的值为 s_t,输出值为 o_t。最关键的一点是,s_t 的值不仅仅取决于 x_t,还取决于 $t-1$ 时刻

图 6-3-1　循环神经网络结构展示

的隐藏层状态 s_{t-1}。我们可以用如下公式来表示循环神经网络的计算方法:

$$s_t = f(Ux_t + Ws_{t-1} + b)$$
$$o_t = g(Vs_t)$$

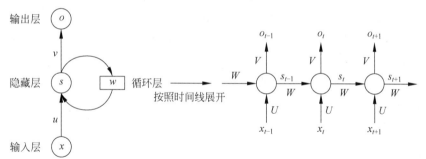

图 6-3-2　循环神经网络按时间线展开结构展示

其中,$f(\cdot)$、$g(\cdot)$ 为 tanh() 等激活函数,U、W、V 为模型需要学习的参数。

和前馈神经网络相比,循环神经网络更加符合生物神经网络的结构,已经被广泛应用在语音识别、语言模型以及自然语言生成等任务上。

接下来我们将学习使用飞桨实现 RNN 模型进行情感分类任务。文本分类是自然语言处理领域最常见也是最重要的任务类型之一。本次实践的平台为 AI Studio,实践环境为Python 3.7、Paddle 2.0。

步骤 1:数据加载

本实践使用的是 IMDB 数据集,该数据集中包含了 50000 条偏向明显的评论,其中包括25000 条训练数据和 25000 条测试数据,label 为 0(negative)和 1(positive)。由于 IMDB 是NLP 领域中常见的数据集,飞桨将其内置,路径为 paddle.text.datasets.Imdb。通过 mode参数可以控制加载训练集或测试集,结果如图 6-3-3 所示。

```
# 导入相应的包
import paddle
```

```
import numpy as np
import matplotlib.pyplot as plt
import paddle.nn as nn
# cpu/gpu 环境选择，在 paddle.set_device() 输入对应运行设备.
device = paddle.set_device('gpu')、
print('loading dataset...')
# 加载训练数据
train_dataset = paddle.text.datasets.Imdb(mode = 'train')
# 加载测试数据
test_dataset = paddle.text.datasets.Imdb(mode = 'test')
print('loading finished')
```

```
loading dataset...
Cache file /home/aistudio/.cache/paddle/dataset/imdb/imdb%2FaclImdb_v1.tar.gz not found,
downloading https://dataset.bj.bcebos.com/imdb%2FaclImdb_v1.tar.gz
Begin to download

Download finished
loading finished
```

图 6-3-3 加载数据输出结果

构建了训练集与测试集后，可以通过 word_idx 获取数据集的词表。在 Paddle 2.0 中，推荐使用 padding 的方式来对同一个 batch 中长度不一的数据进行补齐，所以在字典中，我们还会添加一个特殊的词（如：< pad >），用来在后续对 batch 中较短的句子进行填充。

```
# 获取数据集的词表
word_dict = train_dataset.word_idx
# 在词表中添加特殊字符，用于对序列进行补齐
word_dict['< pad >'] = len(word_dict)
# 打印词表的前 5 个词
for k in list(word_dict)[:5]:
    print("{}:{}".format(k.decode('ASCII'), word_dict[k]))
print("...")
# 打印词表的最后 5 个词
for k in list(word_dict)[ - 5:]:
    print("{}:{}".format(k if isinstance(k, str) else k.decode('ASCII'), word_dict[k]))
print("totally {} words".format(len(word_dict)))
```

输出结果如图 6-3-4 所示。

我们可以通过 docs 获取样本内容，通过 labels 获取样本的 label 值。在 IMDB 数据集中，样本中的单词都是用字典中的索引值进行表示的，因此我们还需要定义一个函数，将其转换为便于人理解的自然语言。在这里，我们打印输出数据集中的第一条数据，结果如图 6-3-5 所示，以加深对数据集的理解。

```
# 参数设置
vocab_size = len(word_dict) + 1
emb_size = 256
seq_len = 200
batch_size = 32
epochs = 2
pad_id = word_dict['< pad >']
```

```
the:0
and:1
a:2
of:3
to:4
...
virtual:5143
warriors:5144
widely:5145
<unk>:5146
<pad>:5147
totally 5148 words
```

图 6-3-4 词表打印结果

```
classes = ['negative', 'positive']
# 生成句子列表
def ids_to_str(ids):
    words = []
    for k in ids:
        w = list(word_dict)[k]
        words.append(w if isinstance(w, str) else w.decode('utf-8'))
    return " ".join(words)


# 打印数据集中第一条样例
sent = train_dataset.docs[0]
label = train_dataset.labels[1]
print('sentence list id is:', sent)
print('sentence label id is:', label)
print('----------------------------------------------------- ')
print('sentence list is: ', ids_to_str(sent))
print('sentence label is: ', classes[label])
```

```
sentence list id is: [5146, 43, 71, 6, 1092, 14, 0, 878, 130, 151, 5146, 18, 281, 747, 0, 5146, 3,
5146, 2165, 37, 5146, 46, 5, 71, 4089, 377, 162, 46, 5, 32, 1287, 300, 35, 203, 2136, 565, 14, 2,
253, 26, 146, 61, 372, 1, 615, 5146, 5, 30, 0, 50, 3290, 6, 2148, 14, 0, 5146, 11, 17, 451, 24, 4,
127, 10, 0, 878, 130, 43, 2, 50, 5146, 751, 5146, 5, 2, 221, 3727, 6, 9, 1167, 373, 9, 5, 5146, 7,
5, 1343, 13, 2, 5146, 1, 250, 7, 98, 4270, 56, 2316, 0, 928, 11, 11, 9, 16, 5, 5146, 5146, 6, 50,
69, 27, 280, 27, 108, 1045, 0, 2633, 4177, 3180, 17, 1675, 1, 2571]
sentence label id is: 0
--------------------------------------------------------------------------------
sentence list is:  <unk> has much in common with the third man another <unk> film set among the
<unk> of <unk> europe like <unk> there is much inventive camera work there is an innocent american
who gets emotionally involved with a woman he doesnt really understand and whose <unk> is all the
more striking in contrast with the <unk> br but id have to say that the third man has a more <unk>
storyline <unk> is a bit disjointed in this respect perhaps this is <unk> it is presented as a
<unk> and making it too coherent would spoil the effect br br this movie is <unk> <unk> in more
thanone sense one never sees the sun shine grim but intriguing and frightening
sentence label is:  negative
```

图 6-3-5　数据样本

步骤 2：数据处理

（1）用 padding 的方式对齐数据。

在文本数据中，每一句话的长度都是不一样的，为了方便后续神经网络进行计算，常见的处理方式是将数据都统一成同样的长度。这包括：对于较长的数据进行截断处理，对于较短的数据用特殊的符号（如< pad >）进行填充。输出结果如图 6-3-6 所示。

```
# 读取数据归一化处理
def create_padded_dataset(dataset):
    padded_sents = []
    labels = []
    for batch_id, data in enumerate(dataset):
        sent, label = data[0], data[1]
        padded_sent = np.concatenate([sent[:seq_len], [pad_id] * (seq_len - len(sent))]).
astype('int32')
        padded_sents.append(padded_sent)
        labels.append(label)
    return np.array(padded_sents), np.array(labels)
```

```
# 对 train、test 数据进行实例化
train_sents, train_labels = create_padded_dataset(train_dataset)
test_sents, test_labels = create_padded_dataset(test_dataset)
# 查看数据大小及举例内容
print(train_sents.shape)
print(train_labels.shape)
print(test_sents.shape)
print(test_labels.shape)
print(ids_to_str(train_sents[0]))
```

```
(25000, 200)
(25000, 1)
(25000, 200)
(25000, 1)
<unk> has much in common with the third man another <unk> film set among the <unk> of <unk> europe
like <unk> there is much inventive camera work there is an innocent american who gets emotionally
involved with a woman he doesnt really understand and whose <unk> is all the more striking in cont
rast with the <unk> br but id have to say that the third man has a more <unk> storyline <unk> is a
bit disjointed in this respect perhaps this is <unk> it is presented as a <unk> and making it too
coherent would spoil the effect br br this movie is <unk> <unk> in more than one sense one never
sees the sun shine grim but intriguing and frightening <pad> <pad> <pad> <pad> <pad> <pad> <pad>
<pad> <pad> <pad> <pad> <pad> <pad> <pad> <pad> <pad> <pad> <pad> <pad> <pad> <pad> <pad> <pad>
<pad> <pad> <pad> <pad> <pad> <pad> <pad> <pad> <pad> <pad> <pad> <pad> <pad> <pad> <pad> <pad>
<pad> <pad> <pad> <pad> <pad> <pad> <pad> <pad> <pad> <pad> <pad> <pad> <pad> <pad> <pad> <pad>
<pad> <pad> <pad> <pad> <pad> <pad> <pad> <pad> <pad> <pad> <pad> <pad> <pad> <pad> <pad> <pad>
<pad> <pad> <pad> <pad> <pad> <pad> <pad> <pad>
```

图 6-3-6　添加＜pad＞符号后样本

（2）用 Dataset 与 DataLoader 进行数据集加载。

将前面准备好的训练集与测试集用 Dataset 与 DataLoader 封装后，完成数据的加载。

```
class IMDBDataset(paddle.io.Dataset):
    '''
    继承 paddle.io.Dataset 类进行封装数据
    '''
    def __init__(self, sents, labels):
        self.sents = sents
        self.labels = labels

    def __getitem__(self, index):
        data = self.sents[index]
        label = self.labels[index]

        return data, label

    def __len__(self):
        return len(self.sents)

train_dataset = IMDBDataset(train_sents, train_labels)
test_dataset = IMDBDataset(test_sents, test_labels)

train_loader = paddle.io.DataLoader(train_dataset, return_list = True, shuffle = True, batch_
size = batch_size, drop_last = True)
test_loader = paddle.io.DataLoader(test_dataset, return_list = True, shuffle = True, batch_
size = batch_size, drop_last = True)
```

步骤 3：模型配置与训练

在本示例中，我们将会使用一个序列特性的 RNN 网络进行文本的编码，即 paddle. nn. SimpleRNN(input_size，hidden_size，num_layers = 1，activation = 'tanh'，direction = 'forward'，dropout＝0，time_major＝False，weight_ih_attr＝None，weight_hh_attr＝None，bias_ih_attr＝None，bias_hh_attr＝None)。该类是一个简单循环神经网络，根据输出序列和给定的初始状态计算返回输出序列和最终状态，在该网络中的每一层对应输入的 step，每个 step 根据当前时刻输入 $x(t)$ 和上一时刻状态 $h(t-1)$ 计算当前时刻输出 $y(t)$ 并更新状态 $h(t)$。该类接收参数如下：input_size 为输入的大小；hidden_size 为隐藏状态大小；num_layers 为网络层数，默认为 1；direction 为网络迭代方向，可设置为 forward 或 bidirect（或 bidirectional），默认为 forward；time_major 指定 input 的第一个维度是否是 time steps，默认认为 False；dropout 为 dropout 概率，指的是出第一层外每层输入时的 dropout 概率，默认为 0；activation 为网络中每个单元的激活函数，可以是 tanh 或 ReLU，默认为 tanh。在获得每个单词对应的隐状态表示后取平均，作为一个句子的表示，然后用 Linear 进行线性变换。为了防止过拟合，我们还使用了 Dropout 操作随机失活一部分网络单元。

```python
import paddle.nn as nn
import paddle

# 定义 RNN 网络
class MyRNN(paddle.nn.Layer):
    def __init__(self):
        super(MyRNN, self).__init__()
        self.embedding = nn.Embedding(vocab_size, 256)
        self.rnn = nn.SimpleRNN(256, 256, num_layers = 2, direction = 'bidirectional', dropout = 0.5)
        self.linear = nn.Linear(in_features = 256 * 2, out_features = 2)
        self.dropout = nn.Dropout(0.5)

    def forward(self, inputs):
        emb = self.dropout(self.embedding(inputs))
        # output 形状大小为[batch_size, seq_len, num_directions * hidden_size]
        # hidden 形状大小为[num_layers * num_directions, batch_size, hidden_size]
        output, hidden = self.rnn(emb)
        # 把前向的 hidden 与后向的 hidden 合并在一起
        hidden = paddle.concat((hidden[-2, :, :], hidden[-1, :, :]), axis = 1)
        # hidden 形状大小为[batch_size, hidden_size * num_directions]
        hidden = self.dropout(hidden)
        return self.linear(hidden)
```

定义好模型框架并对模型进行实例化之后，就可以对模型进行训练了。

```python
# 可视化定义
def draw_process(title, color, iters, data, label):
    plt.title(title, fontsize = 24)
    plt.xlabel("iter", fontsize = 20)
    plt.ylabel(label, fontsize = 20)
    plt.plot(iters, data, color = color, label = label)
```

```
        plt.legend()
        plt.grid()
        plt.show()
# 对模型进行封装
def train(model):
        model.train()
        opt = paddle.optimizer.Adam(learning_rate = 0.001, parameters = model.parameters())
        steps = 0
        Iters, total_loss, total_acc = [], [], []
        for epoch in range(epochs):
                for batch_id, data in enumerate(train_loader):
                        steps += 1
                        sent = data[0]
                        label = data[1]
                        logits = model(sent)
                        loss = paddle.nn.functional.cross_entropy(logits, label)
                        acc = paddle.metric.accuracy(logits, label)
                        # 500 个 batch 输出一次结果
if batch_id % 500 == 0:
                                Iters.append(steps)
                                total_loss.append(loss.numpy()[0])
                                total_acc.append(acc.numpy()[0])
                                print("epoch: {}, batch_id: {}, loss is: {}".format(epoch, batch_id, loss.
numpy()))

                        loss.backward()
                        opt.step()
                        opt.clear_grad()
                # 每个 epoch 后对模型进行评估
                model.eval()
                accuracies = []
                losses = []
                for batch_id, data in enumerate(test_loader):
                        sent = data[0]
                        label = data[1]
                        logits = model(sent)
                        loss = paddle.nn.functional.cross_entropy(logits, label)
                        acc = paddle.metric.accuracy(logits, label)

                        accuracies.append(acc.numpy())
                        losses.append(loss.numpy())

                avg_acc, avg_loss = np.mean(accuracies), np.mean(losses)
                print("[validation] accuracy: {}, loss: {}".format(avg_acc, avg_loss))
                model.train()
                # 保存模型
                paddle.save(model.state_dict(),str(epoch) + "_model_final.pdparams")

        # 可视化查看
        draw_process("trainning loss","red",Iters,total_loss,"trainning loss")
        draw_process("trainning acc","green",Iters,total_acc,"trainning acc")

model = MyRNN()
```

```
train(model)
```

训练过程中的部分输出结果如图 6-3-7 所示，训练损失值、准确率随迭代次数变化趋势如图 6-3-8 所示。

```
epoch: 0, batch_id: 0, loss is: [0.700719]
epoch: 0, batch_id: 500, loss is: [0.6554852]
[validation] accuracy: 0.49715909361839294, loss: 0.7356190085411072
epoch: 1, batch_id: 0, loss is: [0.69435066]
epoch: 1, batch_id: 500, loss is: [0.7222531]
[validation] accuracy: 0.5028409361839294, loss: 0.6965714693069458
```

图 6-3-7　训练过程中的部分输出结果

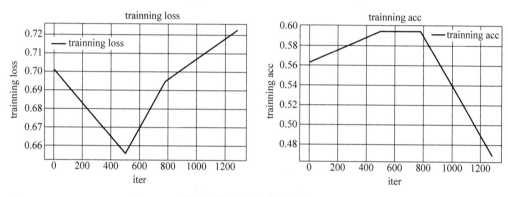

图 6-3-8　训练损失值、准确率随迭代次数变化趋势

步骤 4：模型评估与预测

训练完成之后，可以加载训练好的模型，并计算模型在测试集上的预测准确率，同时对预测的单个样本进行打印。模型的预测结果如图 6-3-9 所示。

```python
# 导入模型
model_state_dict = paddle.load('1_model_final.pdparams')
model = MyRNN()
model.set_state_dict(model_state_dict)
model.eval()
label_map = {0:"negative", 1:"positive"}
accuracies = []
losses = []
samples = []
predictions = []

for batch_id, data in enumerate(test_loader):

    sent = data[0]
    label = data[1]

    logits = model(sent)

    for idx,probs in enumerate(logits):
        # 映射分类 label
        label_idx = np.argmax(probs)
```

157

```
        labels = label_map[label_idx]
        predictions.append(labels)
        samples.append(sent[idx].numpy())

    loss = paddle.nn.functional.cross_entropy(logits, label)
    acc = paddle.metric.accuracy(logits, label)

    accuracies.append(acc.numpy())
    losses.append(loss.numpy())

avg_acc, avg_loss = np.mean(accuracies), np.mean(losses)
print("[validation] accuracy: {}, loss: {}".format(avg_acc, avg_loss))
print('数据: {} \n 情感: {}'.format(ids_to_str(samples[0]), predictions[0]))
```

```
[validation] accuracy: 0.5027608871459961, loss: 0.6965859532356262
 数据: gray can make the english language jump through <unk> like none other he <unk> a number of
events tied together by his writing of a <unk> the monster of the title some sad some <unk> funny
all in his <unk> <unk> manner if you liked swimming to <unk> you will love this one i actually
thought this was a bit more interesting and better told than swimming to <unk> a real masterpiece
<pad> <pad> <pad> <pad> <pad> <pad> <pad> <pad> <pad> <pad> <pad> <pad> <pad> <pad> <pad> <pad>
<pad><pad> <pad> <pad> <pad> <pad> <pad> <pad> <pad> <pad> <pad> <pad> <pad> <pad> <pad> <pad>
<pad> <pad> <pad> <pad> <pad> <pad> <pad> <pad> <pad> <pad> <pad> <pad> <pad> <pad> <pad> <pad>
<pad> <pad> <pad> <pad> <pad> <pad> <pad> <pad> <pad> <pad> <pad> <pad> <pad> <pad> <pad> <pad>
<pad> <pad> <pad> <pad> <pad> <pad> <pad> <pad> <pad> <pad> <pad> <pad> <pad> <pad> <pad> <pad>
<pad> <pad> <pad> <pad> <pad> <pad> <pad> <pad> <pad> <pad> <pad> <pad> <pad> <pad> <pad> <pad>
<pad> <pad> <pad> <pad> <pad> <pad> <pad> <pad> <pad> <pad> <pad> <pad> <pad> <pad> <pad> <pad>
 情感: negative
```

图 6-3-9　验证结果及测试

基于 LSTM
实现谣言
检测

6.4　实践四：基于 LSTM 实现谣言检测

  RNN 的显著魅力是能够将以前的信息连接到当前的输入，但是随着距离的增加，RNN 无法有效地利用历史信息。基于门控的循环神经网络（Gated RNN）可以有效地改善循环神经网络的长程依赖问题，主要包括长短期记忆网络和门控循环单元网络，本节首先对长短期记忆网络进行介绍。

  长短期记忆网络（Long Short-Term Memory Network，LSTM）是循环神经网络的一个变体，可以有效地解决简单循环神经网络的梯度爆炸或消失问题。与标准的 RNN 相比，LSTM 网络的主要改进体现在以下两方面：

  （1）新的内部状态。和 RNN 在传递的过程中只有一个传输状态 h_t 相比，LSTM 引入了一个新的内部状态 c_t。c_t 在整个传输过程中专门进行线性的循环信息传递，同时非线性地输出信息给隐藏层的外部状态 h_t。内部状态 c_t 通过以下公式进行计算：

$$c_t = f_t \odot c_{t-1} + i_t \odot \widetilde{c_t}$$

$$h_t = o_t \odot \tanh(c_t)$$

  其中，f_t、i_t、o_t 为接下来要介绍的三个门（gate）；$\odot$ 为向量元素乘积；c_{t-1} 为上一时刻的记忆单元；$\widetilde{c_t}$ 是计算得到的新的候选状态：

$$\widetilde{c_t} = \tanh(W_c x_t + U_c h_{t-1} + b_c)$$

在每个时刻 t，LSTM 网络的内部状态 c_t 记录了到当前时刻为止的历史信息。

（2）门控机制。LSTM 引入了门控机制来控制信息传递的路径，如图 6-4-1 所示，分别是输入门 i_t、遗忘门 f_t 和输出门 o_t。LSTM 网络中的"门"取值在 $(0,1)$ 内，通过 sigmoid 激活函数实现，表示以一定的比例允许信息通过。下面对这三个"门"依次进行介绍：

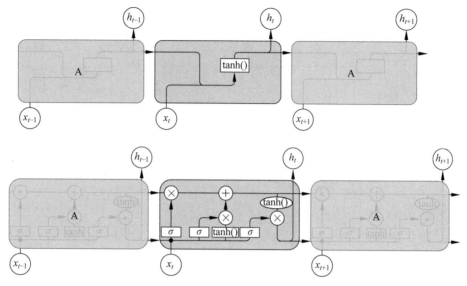

图 6-4-1　LSTM 门控机制

遗忘门 f_t 控制上一个时刻的内部状态 c_{t-1} 需要遗忘的信息数量，结构如图 6-4-2 所示。

$$f_t = \sigma(W_f x_t + U_f h_{t-1} + b_f)$$

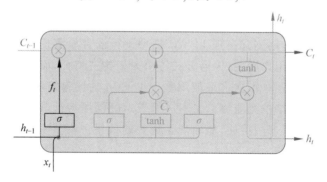

图 6-4-2　遗忘门结构

输入门 i_t 控制当前时刻的候选状态 $\widetilde{c_t}$ 需要保存的信息数量，结构如图 6-4-3 所示。

$$i_t = \sigma(W_i x_t + U_i h_{t-1} + b_i)$$

输出门 o_t 控制当前时刻的内部状态 c_t 需要输出给外部状态 h_t 的信息数量，结构如图 6-4-4 所示。

$$o_t = \sigma(W_o x_t + U_o h_{t-1} + b_o)$$

因此，我们可以对 LSTM 网络的循环单元的计算过程进行总结：

（1）首先利用上一时刻的外部状态 h_{t-1} 和当前时刻的输入 x_t，计算出三个门，以及候选状态 $\widetilde{c_t}$；

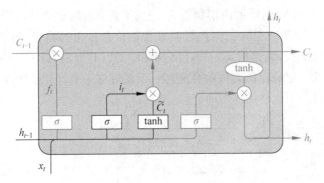

图 6-4-3　输入门结构

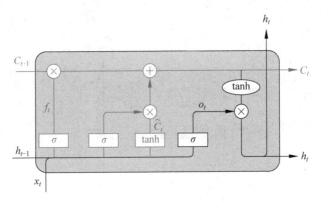

图 6-4-4　输出门结构

（2）结合遗忘门 f_t 和输入门 i_t 来更新记忆单元 c_t；

（3）结合输出门 o_t，将内部状态的信息传递给外部状态 h_t。

接下来我们将学习使用飞桨实现 LSTM 模型进行谣言检测任务。传统的谣言检测模型一般根据谣言的内容、用户属性、传播方式等由人工构造特征，而人工构建特征存在考虑片面、浪费人力物力等问题。本次实践使用基于 LSTM 的谣言检测模型，将文本中的谣言事件向量化，通过神经网络挖掘能够对文本进行表示的深层特征，避免了特征构建的问题，并能捕获那些不易被人发现的特征，从而产生更好的效果。本节实践的平台为 AI Studio，实践环境为 Python 3.7、Paddle 2.0。

步骤 1：数据准备

本实践所使用的数据是从新浪微博不实信息举报平台抓取的中文谣言数据，数据集中共包含 1538 条谣言和 1849 条非谣言。如图 6-4-5 所示，每条数据均为 JSON 格式，其中 text 字段代表微博原文的文字内容。更多数据集介绍请参考 https://github.com/thunlp/Chinese_Rumor_Dataset。本次实践的数据处理主要有以下几步：

（1）对数据集进行解压后，读取并解析 JSON 格式的数据，生成只包含样本内容和标签的 all_data.txt 文件。

```
# 加载相应的包
import paddle
```

160

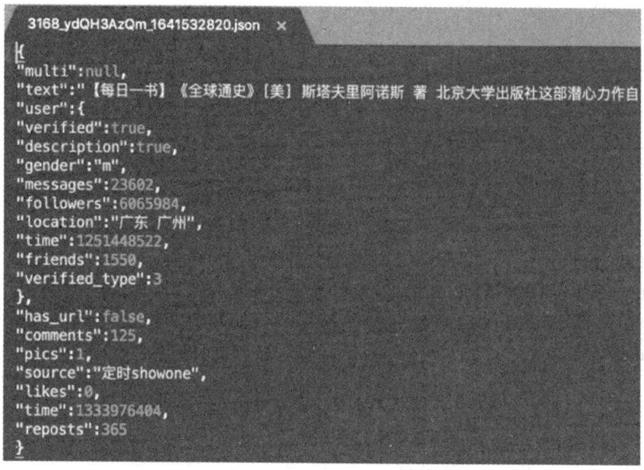
3168_ydQH3AzQm_1641532820.json ×

```
{
"multi":null,
"text":"【每日一书】《全球通史》[美] 斯塔夫里阿诺斯 著 北京大学出版社这部潜心力作自
"user":{
"verified":true,
"description":true,
"gender":"m",
"messages":23602,
"followers":6065984,
"location":"广东 广州",
"time":1251448522,
"friends":1550,
"verified_type":3
},
"has_url":false,
"comments":125,
"pics":1,
"source":"定时showone",
"likes":0,
"time":1333976404,
"reposts":365
}
```

图 6-4-5　中文谣言数据的样本

```
import numpy as np
import matplotlib.pyplot as plt
import os, zipfile
import io
import random
import json

# 解压数据集文件
src_path = "data/data20519/Rumor_Dataset.zip"
target_path = "/home/aistudio/data/Chinese_Rumor_Dataset - master"
if(not os.path.isdir(target_path)):
    z = zipfile.ZipFile(src_path, 'r')
    z.extractall(path = target_path)
z.close()
```

读取谣言数据与非谣言数据，为他们分别分配标签 0 与 1，统计两种文本数据的数据量。

```
# 谣言数据文件路径
rumor_class_dirs = os.listdir(target_path + "/Chinese_Rumor_Dataset - master/CED_Dataset/
rumor - repost/")

# 非谣言数据文件路径
non_rumor_class_dirs = os.listdir(target_path + "/Chinese_Rumor_Dataset - master/CED_
Dataset/non - rumor - repost/")

original_microblog = target_path + "/Chinese_Rumor_Dataset - master/CED_Dataset/original -
microblog/"

# 谣言标签为 0,非谣言标签为 1
rumor_label = "0"
non_rumor_label = "1"

# 分别统计谣言数据与非谣言数据的总数
rumor_num = 0
non_rumor_num = 0
```

```
all_rumor_list = []
all_non_rumor_list = []

# 解析谣言数据
for rumor_class_dir in rumor_class_dirs:
    if(rumor_class_dir != '.DS_Store'):
        # 遍历谣言数据,并解析
        with open(original_microblog + rumor_class_dir, 'r') as f:
            rumor_content = f.read()
        rumor_dict = json.loads(rumor_content)
        all_rumor_list.append(rumor_label + "\t" + rumor_dict["text"] + "\n")
        rumor_num += 1

# 解析非谣言数据
for non_rumor_class_dir in non_rumor_class_dirs:
    if(non_rumor_class_dir != '.DS_Store'):
        with open(original_microblog + non_rumor_class_dir, 'r') as f2:
            non_rumor_content = f2.read()
        non_rumor_dict = json.loads(non_rumor_content)
all_non_rumor_list.append(non_rumor_label + "\t" + non_rumor_dict["text"] + "\n")
        non_rumor_num += 1

print("谣言数据总量为:" + str(rumor_num))
print("非谣言数据总量为:" + str(non_rumor_num))
```

谣言数据总量为: 1538
非谣言数据总量为: 1849

图 6-4-6　数据量大小结果输出

输出结果如图 6-4-6 所示。

将谣言数据与非谣言数据组合在一起,进行乱序,乱序的目的是均衡谣言与非谣言数据在全数据集内的分布。

```
# 全部数据进行乱序后写入 all_data.txt
data_list_path = "/home/aistudio/data/"
all_data_path = data_list_path + "all_data.txt"
all_data_list = all_rumor_list + all_non_rumor_list
random.shuffle(all_data_list)

# 在生成 all_data.txt 之前,首先将其清空
with open(all_data_path, 'w') as f:
    f.seek(0)
    f.truncate()

with open(all_data_path, 'a') as f:
    for data in all_data_list:
        f.write(data)
```

（2）针对谣言数据集生成数据字典,即 dict.txt。

```
# 生成数据字典
def create_dict(data_path, dict_path):
    with open(dict_path, 'w') as f:
        f.seek(0)
        f.truncate()

    dict_set = set()
    # 读取全部数据
```

```
with open(data_path, 'r', encoding = 'utf - 8') as f:
    lines = f.readlines()
# 把数据生成一个元组
for line in lines:
    content = line.split('\t')[ - 1].replace('\n', '')
    for s in content:
        dict_set.add(s)
# 把元组转换成字典,一个字对应一个数字
dict_list = []
i = 0
for s in dict_set:
    dict_list.append([s, i])
    i += 1
# 添加未知字符
dict_txt = dict(dict_list)
end_dict = {"< unk >": i}
dict_txt.update(end_dict)
end_dict = {"< pad >": i + 1}
dict_txt.update(end_dict)
# 把这些字典保存到本地中
with open(dict_path, 'w', encoding = 'utf - 8') as f:
    f.write(str(dict_txt))

print("数据字典生成完成!")
```

（3）生成数据列表，并进行训练集与验证集的划分：train_list. txt 和 eval_list. txt。

```
# 创建序列化表示的数据
def create_data_list(data_list_path):
    # 在生成数据之前,首先将 eval_list.txt 和 train_list.txt 清空
    with open(os.path.join(data_list_path, 'eval_list.txt'), 'w', encoding = 'utf - 8') as f_
eval:
        f_eval.seek(0)
        f_eval.truncate()

    with open(os.path.join(data_list_path, 'train_list.txt'), 'w', encoding = 'utf - 8') as f_
train:
        f_train.seek(0)
        f_train.truncate()

    with open(os.path.join(data_list_path, 'dict.txt'), 'r', encoding = 'utf - 8') as f_data:
        dict_txt = eval(f_data.readlines()[0])

    with open(os.path.join(data_list_path, 'all_data.txt'), 'r', encoding = 'utf - 8') as f_
data:
        lines = f_data.readlines()

    i = 0
    maxlen = 0
    with open(os.path.join(data_list_path, 'eval_list.txt'), 'a', encoding = 'utf - 8') as f_
eval, open(os.path.join(data_list_path, 'train_list.txt'), 'a', encoding = 'utf - 8') as f_train:
        for line in lines:
            words = line.split('\t')[ - 1].replace('\n', '')
            maxlen = max(maxlen, len(words))
```

163

```
                        label = line.split('\t')[0]
                        labs = ""
                        # 每8个 抽取一个数据用于验证
                        if i % 8 == 0:
                            for s in words:
                                lab = str(dict_txt[s])
                                labs = labs + lab + ','
                            labs = labs[ : -1]
                            labs = labs + '\t' + label + '\n'
                            f_eval.write(labs)
                        else:
                            for s in words:
                                lab = str(dict_txt[s])
                                labs = labs + lab + ','
                            labs = labs[ : -1]
                            labs = labs + '\t' + label + '\n'
                            f_train.write(labs)
                        i += 1

        print("数据列表生成完成!")
print("样本最长长度:" + str(maxlen))

# 把生成的数据列表都放在自己的总类别文件夹中
data_root_path = "/home/aistudio/data/"
data_path = os.path.join(data_root_path, 'all_data.txt')
dict_path = os.path.join(data_root_path, "dict.txt")

# 创建数据字典
create_dict(data_path, dict_path)

# 创建数据列表
create_data_list(data_root_path)
```

接下来我们对构建的数据集进行样例的打印输出，如图 6-4-7 所示，便于对数据进行更进一步的分析和理解。

```
def load_vocab(file_path):
    fr = open(file_path, 'r', encoding = 'utf8')
    vocab = eval(fr.read())                              # 读取的 str 转换为字典
    fr.close()

return vocab

# 打印前 2 条训练数据
vocab = load_vocab(os.path.join(data_root_path, 'dict.txt'))

def ids_to_str(ids):
    words = []
    for k in ids:
        w = list(vocab.keys())[list(vocab.values()).index(int(k))]
        words.append(w if isinstance(w, str) else w.decode('ASCII'))
    return " ".join(words)
```

```
file_path = os.path.join(data_root_path, 'train_list.txt')
with io.open(file_path, "r", encoding = 'utf8') as fin:
        i = 0
        for line in fin:
                i += 1
                cols = line.strip().split("\t")
                if len(cols) != 2:
                        sys.stderr.write("[NOTICE] Error Format Line!")
                        continue
                label = int(cols[1])
                wids = cols[0].split(",")
                print(str(i) + ":")
                print('sentence list id is:', wids)
                print('sentence list is: ', ids_to_str(wids))
                print('sentence label id is:', label)
                print('----------------------- ')

                if i == 2: break
```

```
1:
sentence list id is: ['177', '1679', '1504', '1705', '621', '3382', '2161', '3470', '3135', '4406', '323', '4381', '2514', '536', '2930',
'2275', '3300', '3343', '1349', '1738', '1222', '3325', '1159', '2893', '243', '1084', '1411', '3808', '494', '13', '241', '1575', '1613',
'2801', '3199', '3343', '3382', '2161', '241', '3199', '3343', '570', '1613', '2614', '1705', '473', '1905', '3768', '1524', '232', '1575',
'2577', '2545', '1575', '2577', '115', '2801', '335', '1673', '3382', '2161', '241', '335', '1673', '1705', '570', '473', '1905', '3768',
'1524', '232', '1575', '2577', '2545', '1575', '2577', '2577', '2801', '4265', '3343', '3382', '2161', '241', '4265', '3343', '570', '3998',
'473', '1905', '3768', '1524', '232', '1575', '2577', '2545', '690', '1575', '3559', '3275', '2801', '3382', '2161', '4231', '1250', '3127', '3478',
'1272', '435', '3135', '1672', '2915', '1080', '2889', '1770', '4251', '4256', '1669', '985', '1705', '621', '3382', '2161', '4231', '985',
'3343', '1349', '1738', '3709', '1222', '3325', '928', '2233', '1159', '2893', '243', '1409', '3382', '1669', '985', '3300', '1319', '3757',
'3757', '1882', '3470', '1143', '1143', '2577', '2614', '2444', '3543', '1143', '1540', '2705', '1899', '4322', '4322', '1698', '2178']
sentence list is: 【港媒 5 问全运：宫女内斗太监互拍　东道主黑手役人瞽】翻看历史，第 9 届广东全运，广东 6 9 . 5 枚金牌
排 名 第 1；第 1 0 届 江 苏 全 运，江 苏 5 6 枚 金 牌 排 名 第 1；第 1 1 届 山 东 全 运，山 东 6 3 枚 金 牌 排 名 第 1；四 年 一 届 全 运 会 似 乎
演 起 了 宫 心 计。大 公 报 撰 文，5 问 全 运 会：东 道 主 下 黑 手 为 何 役 人 瞽？全 文：　ｈ ｔ ｔ ｐ ：／／ ｔ . ｃ ｎ ／ ｚ ８ ｘ Ｐ Ｐ ｑ ｍ
sentence label id is: 1
--------------------------------
2:
sentence list id is: ['177', '3444', '1476', '3161', '781', '2145', '435', '1409', '3575', '1201', '1485', '2759', '1084', '4407', '4285',
'2364', '3998', '3998', '985', '932', '2415', '1879', '2028', '1359', '375', '226', '967', '241', '1894', '261', '2577', '115', '1113', '2423',
'3055', '2352', '195', '975', '4000', '3927', '2156', '1616', '2352', '4270', '4311', '4395', '2415', '435', '241', '3275', '3902', '1359',
'2014', '651', '3770', '1040', '3302', '2889', '3055', '4311', '3629', '3287', '2415', '2889', '3055', '1238', '3161', '3936', '2497', '2156',
'2352', '2415', '748', '2980', '435', '3853', '3770', '3770', '3770', '3770', '3575', '855', '1008', '2759']
sentence list is: 【帝都是怎么了？[震惊]】@米娜 3 3；今 儿 北 京 毒 气 爆 表，晚 上 1 0 点 我 家 水 龙 头 放 出 来 的 水 成 这 样 儿 了，
一 盆 毒 死 你！泰 功 大 家 这 两 天 儿 大 家 还 是 把 自 来 水 儿 给 戒 了 吧！！！！！[围观]
sentence label id is: 0
--------------------------------
```

图 6-4-7　训练样本

（4）定义训练数据集加载器。

```
vocab = load_vocab(os.path.join(data_root_path, 'dict.txt'))
class RumorDataset(paddle.io.Dataset):
    def __init__(self, data_dir):
        self.data_dir = data_dir
        self.all_data = []

        with io.open(self.data_dir, "r", encoding = 'utf8') as fin:
            for line in fin:
                cols = line.strip().split("\t")
                if len(cols) != 2:
                    sys.stderr.write("[NOTICE] Error Format Line!")
                    continue
                label = []
                label.append(int(cols[1]))
                wids = cols[0].split(",")
```

```
                    if len(wids)> = 150:
                        wids = np.array(wids[:150]).astype('int64')
                    else:
                        wids = np.concatenate([wids, [vocab["< pad >"]] * (150 - len(wids))]).
astype('int64')
                    label = np.array(label).astype('int64')
                    self.all_data.append((wids, label))

        def __getitem__(self, index):
            data, label = self.all_data[index]
            return data, label
        def __len__(self):
            return len(self.all_data)
batch_size = 32
train_dataset = RumorDataset(os.path.join(data_root_path, 'train_list.txt'))
test_dataset = RumorDataset(os.path.join(data_root_path, 'eval_list.txt'))

train_loader = paddle.io.DataLoader(train_dataset, places = paddle.CPUPlace(), return_list =
True, shuffle = True, batch_size = batch_size, drop_last = True)
test_loader = paddle.io.DataLoader(test_dataset, places = paddle.CPUPlace(), return_list =
True, shuffle = True, batch_size = batch_size, drop_last = True)
# 输出训练数据
print(' ============ train_dataset ============ ')
for data, label in train_dataset:
    print(data)
    print(np.array(data).shape)
    print(label)
# 输出验证数据
print(' ============ test_dataset ============ ')
for data, label in test_dataset:
    print(data)
    print(np.array(data).shape)
    print(label)
break
```

输出结果如图 6-4-8 所示。

步骤 2：模型配置与训练

本实例中，我们定义了一个 LSTM 网络，即使用类 paddle. nn. LSTM（input_ size，hidden_size，num_layers＝1，direction＝'forward'，dropout＝0，time_major＝False，weight_ih_attr＝None，weight_hh_attr＝None，bias_ih_attr＝None，bias_hh_attr＝None）进行文本编码。该类根据输出序列和给定的初始状态计算返回输出序列和最终状态，在该网络中的每一层对应输入的 step，每个 step 根据当前时刻输入 $x(t)$ 和上一时刻状态 $h(t-1)$、$c(t-1)$计算当前时刻输出 $y(t)$ 并更新状态 $h(t)$、$c(t)$。实例化该类接收如下参数配置：input_size 为输入的大小；hidden_size 为隐藏状态大小；num_layers 为网络层数，默认为 1；direction 为网络迭代方向，可设置为 forward 或 bidirect（或 bidirectional），默认为 forward；time_major 指定 input 的第一个维度是否是 time steps，默认为 False；dropout 为 dropout 概率，指的是出第一层外每层输入时的 dropout 概率，默认为 0。

```
=============train_dataset =============
[ 177 1679 1504 1705   621 3382 2161 3470 3135 4406   323 4381 2514   536
 2930 2275 3300 3343 1349 1738 1222 3325 1159 2893   243 1084 1411 3808
  494   13   241 1575 1613 2801 3199 3343 3382 2161   241 3199 3343   570
 1613 2614 1705   473 1905 3768 1524   232 1575 2577 2545 1575 2577   115
 2801   335 1673 3382 2161   241   335 1673 1705   570   473 1905 3768 1524
  232 1575 2577 2545 1575 2577 2577 2801 4265 3343 3382 2161   241 4265
 3343   570 3998   473 1905 3768 1524   232 1575 2577 2545   690 3559 3275
 2801 3382 2161 4231 1250 3127 3478 1272   435 3135 1672 2915 1080 2889
 1770 4251 4256 1669   985 1705   621 3382 2161 4231   985 3343 1349 1738
 3709 1222 3325   928 2233 1159 2893   243 1409 3382 1669   985 3300 1319
 3757 3757 1882 3470 1143 1143 3757 2614 2444 3543]
(150,)
[1]
=============test_dataset =============
[ 177   54 3465 3543 2137 4322   669   754    41   290 2016 2517 3629 3270
 3300 2129 3055   985   950   940 2908 3234   634   850 2599 2577   115 2369
 3858   323 4200 4231 3927 2773 1084 3494   157 3270 2705 4108   411 2072
  950   940 1082   54 3465 3543    26 1180   589 1131 3300 2137 4322   430
  426 3968 3374 1616 2889 1913 2016   139 3629 3270 1297 2129 3055 2949
  422 1297 3275 2366   411 2072   950   940 3968 3374 2908 3234   241 1333
 1741 2162 1616   850 2599 2086 2577   115 2369 3858   323 1245 3064   611
  360 4236   529 1080   411 2072 1072   967 1624 1297   727 3742 2600   651
 2086 2137 4322   950   940 3968 3374   634 1238 2377   488 2713   669   754
 2697 4133   475 1297   850 2599 4200 4231 2723 2340 3981 2889 1163 1841
  847   727 2614   651 1238 2086   488 2137 4322 3960]
(150,)
[1]
```

图 6-4-8　训练样本与测试样本 id 表示、维度及标签结果

在得到 LSTM 网络的输出之后，将其通过 Linear 层进行线性变换。在线性变换之后，本实践使用 paddle. nn. functional. softmax()函数对输出结果在类别维度进行归一化，paddle. nn. functional 中提供了一系列可直接计算的算子（如 paddle. nn. functional. conv2d、paddle. nn. functional. softmax 等），这些算子等价于先实例化对应的类（如 paddle. nn. Conv2D、paddle. nn. Softmax），然后进行该类的前向传播，直接使用算子方式计算避免了手动的实例化类，方便使用。

```python
import paddle
from paddle.nn import Conv2D, Linear, Embedding
from paddle import to_tensor
import paddle.nn.functional as F

class RNN(paddle.nn.Layer):
    def __init__(self):
        super(RNN, self).__init__()
        self.dict_dim = vocab["<pad>"]
        self.emb_dim = 128
        self.hid_dim = 128
        self.class_dim = 2
        self.embedding = Embedding(
            self.dict_dim + 1, self.emb_dim,
            sparse = False)
        self._fc1 = Linear(self.emb_dim, self.hid_dim)
        self.lstm = paddle.nn.LSTM(self.hid_dim, self.hid_dim)
        self.fc2 = Linear(19200, self.class_dim)
```

```python
    def forward(self, inputs):
        emb = self.embedding(inputs)
        fc_1 = self._fc1(emb)
        x = self.lstm(fc_1)
        x = paddle.reshape(x[0], [0, -1])
        x = self.fc2(x)
        x = paddle.nn.functional.softmax(x)
        return x

rnn = RNN()
# 打印网络的基础结构和参数信息
paddle.summary(rnn,(32,150),"int64")
```

输出结果如图 6-4-9 所示。

```
----------------------------------------------------------------------------------------------------
Layer (type)        Input Shape          Output Shape                                     Param #
====================================================================================================
 Embedding-2        [[32, 150]]          [32, 150, 128]                                   564,608
  Linear-3          [[32, 150, 128]]     [32, 150, 128]                                   16,512
   LSTM-2           [[32, 150, 128]]     [[32, 150, 128], [[1, 32, 128], [1, 32, 128]]]   132,096
  Linear-4          [[32, 19200]]        [32, 2]                                          38,402
====================================================================================================
Total params: 751,618
Trainable params: 751,618
Non-trainable params: 0
----------------------------------------------------------------------------------------------------
Input size (MB): 0.02
Forward/backward pass size (MB): 142.06
Params size (MB): 2.87
Estimated Total Size (MB): 144.95
----------------------------------------------------------------------------------------------------

{'total_params': 751618, 'trainable_params': 751618}
```

图 6-4-9 网络结构及参数信息

接下来我们可以实例化模型并进行训练。

```python
def draw_process(title,color,iters,data,label):
    plt.title(title, fontsize = 24)
    plt.xlabel("iter", fontsize = 20)
    plt.ylabel(label, fontsize = 20)
    plt.plot(iters, data,color = color,label = label)
    plt.legend()
    plt.grid()
plt.show()


def train(model):
    model.train()
    opt = paddle.optimizer.Adam(learning_rate = 0.002, parameters = model.parameters())

    steps = 0
    Iters, total_loss, total_acc = [], [], []
    # 训练 3 轮
    for epoch in range(3):
        for batch_id, data in enumerate(train_loader):
            steps += 1
```

```
            sent = data[0]
            label = data[1]

            logits = model(sent)
            loss = paddle.nn.functional.cross_entropy(logits, label)
            acc = paddle.metric.accuracy(logits, label)

            if batch_id % 50 == 0:
                Iters.append(steps)
                total_loss.append(loss.numpy()[0])
                total_acc.append(acc.numpy()[0])

                print("epoch: {}, batch_id: {}, loss is: {}".format(epoch, batch_id, loss.numpy()))

            loss.backward()
            opt.step()
            opt.clear_grad()
        # 每个 epoch 后对模型进行评估
        model.eval()
        accuracies = []
        losses = []

        for batch_id, data in enumerate(test_loader):
            sent = data[0]
            label = data[1]
            logits = model(sent)
            loss = paddle.nn.functional.cross_entropy(logits, label)
            acc = paddle.metric.accuracy(logits, label)
            accuracies.append(acc.numpy())
            losses.append(loss.numpy())

        avg_acc, avg_loss = np.mean(accuracies), np.mean(losses)
        print("[validation] accuracy: {}, loss: {}".format(avg_acc, avg_loss))
        model.train()
    paddle.save(model.state_dict(),"model_final.pdparams")
    draw_process("trainning loss","red",Iters,total_loss,"trainning loss")
    draw_process("trainning acc","green",Iters,total_acc,"trainning acc")

model = RNN()
train(model)
```

训练过程中的部分输出结果如图 6-4-10 所示,训练过程中的损失值、准确率随迭代次数变化趋势如图 6-4-11 所示。

步骤 3:模型评估与预测

我们对训练好的模型进行加载和训练效果评估。

```
model_state_dict = paddle.load('model_final.pdparams')
model = RNN()
model.set_state_dict(model_state_dict)
model.eval()
label_map = {0:"是", 1:"否"}
```

```
epoch: 0, batch_id: 0, loss is: [0.68715864]
epoch: 0, batch_id: 50, loss is: [0.54819226]
[validation] accuracy: 0.8605769276618958, loss: 0.4531055688858032
epoch: 1, batch_id: 0, loss is: [0.5612684]
epoch: 1, batch_id: 50, loss is: [0.40336296]
[validation] accuracy: 0.807692289352417, loss: 0.497310996055603
epoch: 2, batch_id: 0, loss is: [0.39833498]
epoch: 2, batch_id: 50, loss is: [0.37105706]
[validation] accuracy: 0.7788461446762085, loss: 0.520526111125946
```

图 6-4-10   谣言检测模型训练过程中的部分输出结果

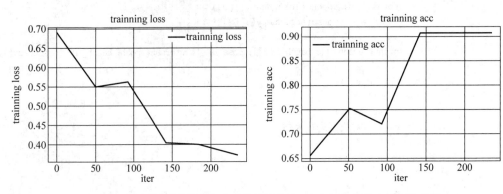

图 6-4-11   谣言检测模型训练过程中的损失值、准确率随迭代次数变化趋势

```
samples = []
predictions = []
accuracies = []
losses = []


for batch_id, data in enumerate(test_loader):

    sent = data[0]
    label = data[1]
    logits = model(sent)
    for idx,probs in enumerate(logits):
        # 映射分类 label
        label_idx = np.argmax(probs)
        labels = label_map[label_idx]
        predictions.append(labels)
        samples.append(sent[idx].numpy())

    loss = paddle.nn.functional.cross_entropy(logits, label)
    acc = paddle.metric.accuracy(logits, label)

    accuracies.append(acc.numpy())
    losses.append(loss.numpy())

avg_acc, avg_loss = np.mean(accuracies), np.mean(losses)
print("[validation] accuracy: {}, loss: {}".format(avg_acc, avg_loss))
print('数据: {} \n\n 是否谣言: {}'.format(ids_to_str(samples[0]), predictions[0]))
```

输出结果如图 6-4-12 所示。

[validation] accuracy: 0.7788461446762085, loss: 0.5199828743934631

数据：【上海大学一学院男生被室友捅伤致死】12日，上海大学巴士汽车学院内发生血案，警方接报赶往现场将一持刀捅伤室友的21岁男生汤某控制，20岁伤者聂某送医抢救无效死亡。汤某被刑拘。案发寝室内，两男生非同专业，或因琐事争吵而肢体冲突，汤某用一把小刀捅伤聂某。综合新华、新民网 ht tp：//t.cn/8DDQt

是否谣言：是

图 6-4-12　谣言检测模型的预测结果输出

6.5　实践五：基于结合注意力机制的 LSTM 实现机器翻译

基于结合注意力机制的LSTM实现机器翻译

　　第 6.4 节中我们学习了 LSTM 模型，其通过引入的门控机制（遗忘门、输入门以及输出门）完成了谣言检测任务。在本节我们构建带有 Attention 注意力机制的 LSTM 模型来完成机器翻译任务。

　　Attention 机制非常重要，其来源于人类的视觉注意力机制。人类视觉通过快速扫描全局图像，获取重点关注的感兴趣区域，也就是获取到注意力焦点，之后针对焦点区域投入更多的注意力。在这个过程中，人类视觉为焦点区域增加了更多的注意力权重，削弱了其他非焦点区域的注意力影响。这一注意力机制也同样可以应用到机器翻译领域。例如，当我们人类翻译文章时，会将视觉注意力关注于当前正在被翻译的部分，而通常与较长的上下文信息无关。Attention 机制的结构如图 6-5-1 所示。

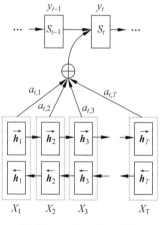

图 6-5-1　Attention 结构

　　其中，h_i 为 Encoder（编码器）端的隐藏状态。假设当前 Decoder（解码器）端的隐藏状态是 s_{t-1}，则可以计算 Encoder 端每一个输入位置与输出位置的相关性矩阵。然后对相关性矩阵进行 softmax 操作将其归一化得到 Attention 矩阵并计算上下文向量。之后就可以获取 Decoder 端的下一时刻的隐藏状态和输出。Attention 矩阵对于输出预测十分重要，能够增大对于当前输出时刻更加重要的输入信息的权重，从而得到更好的输出结果。

　　本节实践我们将使用飞桨建立带有注意力机制的 LSTM 模型，并在示例的数据集上完成从英文翻译成中文的机器翻译任务。本次实践的平台为 AI Studio，实践环境为 Python 3.7、Paddle 2.0。

步骤 1：数据准备

（1）数据集下载。

　　我们使用 http：//www.manythings.org/anki/提供的中英文的英汉句对作为数据集来完成机器翻译的任务。该数据集包含 cmn.txt 以及_about.txt 两个文件。cmn.txt 文件中含有 29155 个中英文双语的句对。

```
!wget - c https://www.manythings.org/anki/cmn - eng.zip && unzip cmn - eng.zip
```

171

cmn. txt 的部分内容如图 6-5-2 所示。

```
Hi.    嗨。      CC-BY 2.0 (France) Attribution: tatoeba.org #538123 (CM) & #891077 (Martha)
Hi.    你好。    CC-BY 2.0 (France) Attribution: tatoeba.org #538123 (CM) & #4857568 (musclegirlxyp)
Run.   你用跑的。  CC-BY 2.0 (France) Attribution: tatoeba.org #4008918 (JSakuragi) & #3748344 (egg0073)
Stop!  住手!    CC-BY 2.0 (France) Attribution: tatoeba.org #448320 (CM) & #448321 (GlossaMatik)
Wait!  等等!    CC-BY 2.0 (France) Attribution: tatoeba.org #1744314 (belgavox) & #4970122 (wzhd)
Wait!  等一下!   CC-BY 2.0 (France) Attribution: tatoeba.org #1744314 (belgavox) & #5092613 (mirrorvan)
Begin. 开始!    CC-BY 2.0 (France) Attribution: tatoeba.org #6102432 (mailohilohi) & #5094852 (Jin_Dehong)
Hello! 你好!    CC-BY 2.0 (France) Attribution: tatoeba.org #373330 (CK) & #4857568 (musclegirlxyp)
I try. 我试试。  CC-BY 2.0 (France) Attribution: tatoeba.org #20776 (CK) & #8870261 (will66)
I won! 我赢了。  CC-BY 2.0 (France) Attribution: tatoeba.org #2005192 (CK) & #5102367 (mirrorvan)
```

图 6-5-2　cmn. txt 的部分内容

（2）构建双语句对的数据结构。

接下来我们通过处理下载下来的双语句对的文本文件，将双语句对读入到 Python 的数据结构中。这里做了如下的处理：对于英文语句，将全部英文都变成小写，并只保留英文的单词；对于中文语句，为了简便起见，未做分词，按照字做了切分；为了后续的程序运行得更快，我们通过限制句子长度和只保留部分英文单词开头的句子的方式，得到了一个较小的数据集。这样就得到了一个有 6784 个句对的数据集。

```
MAX_LEN = 10
lines = open('cmn.txt', encoding = 'utf-8').read().strip().split('\n')
words_re = re.compile(r'\w + ')

pairs = []
for l in lines:
    en_sent, cn_sent, _ = l.split('\t')
    pairs.append((words_re.findall(en_sent.lower()), list(cn_sent)))

# create a smaller dataset to make the demo process faster
filtered_pairs = []
for x in pairs:
    if len(x[0]) < MAX_LEN and len(x[1]) < MAX_LEN and \
    x[0][0] in ('i', 'you', 'he', 'she', 'we', 'they'):
        filtered_pairs.append(x)

print(len(filtered_pairs))
for x in filtered_pairs[:10]: print(x)
```

选取部分样本的输出结果如图 6-5-3 所示。

```
6784
(['i', 'try'], ['我', '试', '试', '.'])
(['i', 'won'], ['我', '赢', '了', '.'])
(['he', 'ran'], ['他', '跑', '了', '.'])
(['i', 'know'], ['我', '知', '道', '.'])
(['i', 'quit'], ['我', '退', '出', '.'])
(['i', 'quit'], ['我', '不', '干', '了', '.'])
(['i', 'm', 'ok'], ['我', '没', '事', '.'])
(['i', 'm', 'up'], ['我', '已', '经', '起', '来', '了', '.'])
(['we', 'try'], ['我', '们', '来', '试', '试', '.'])
(['he', 'came'], ['他', '来', '了', '.'])
```

图 6-5-3　部分样本的输出结果

（3）创建词表。

接下来我们分别创建中英文的词表，这两份词表会用来将英文和中文的句子转换为词的 ID 构成的序列。词表中还加入了如下三个特殊的词：

<pad>：用来对较短的句子进行填充。

<bos>："begin of sentence"，表示句子的开始的特殊词。

<eos>："end of sentence"，表示句子结束的特殊词。

需要注意的是，在实际的任务中，可能还需要通过<unk>（或<oov>）等特殊词来表示未在词表中出现的词。

```
en_vocab = {}
cn_vocab = {}

# create special token for pad, begin of sentence, end of sentence
en_vocab['<pad>'], en_vocab['<bos>'], en_vocab['<eos>'] = 0, 1, 2
cn_vocab['<pad>'], cn_vocab['<bos>'], cn_vocab['<eos>'] = 0, 1, 2

en_idx, cn_idx = 3, 3
for en, cn in filtered_pairs:
    for w in en:
        if w not in en_vocab:
            en_vocab[w] = en_idx
            en_idx += 1
    for w in cn:
        if w not in cn_vocab:
            cn_vocab[w] = cn_idx
            cn_idx += 1

print(len(list(en_vocab)))
print(len(list(cn_vocab)))
```

（4）创建 padding 过的数据集。

接下来根据词表，我们创建一份实际的用于训练的用 numpy array 组织起来的数据集。所有的句子都通过<pad>补充成为了长度相同的句子。对于英文句子（源语言），我们将其反转过来，这会带来更好的翻译效果。所创建的 padded_cn_label_sents 是训练过程中的预测的目标，即根据每个中文的当前词去预测下一个词是什么词。

```
padded_en_sents = []
padded_cn_sents = []
padded_cn_label_sents = []
for en, cn in filtered_pairs:
    # reverse source sentence
    padded_en_sent = en + ['<eos>'] + ['<pad>'] * (MAX_LEN - len(en))
    padded_en_sent.reverse()
    padded_cn_sent = ['<bos>'] + cn + ['<eos>'] + ['<pad>'] * (MAX_LEN - len(cn))
    padded_cn_label_sent = cn + ['<eos>'] + ['<pad>'] * (MAX_LEN - len(cn) + 1)

    padded_en_sents.append([en_vocab[w] for w in padded_en_sent])
    padded_cn_sents.append([cn_vocab[w] for w in padded_cn_sent])
    padded_cn_label_sents.append([cn_vocab[w] for w in padded_cn_label_sent])
```

```
train_en_sents = np.array(padded_en_sents)
train_cn_sents = np.array(padded_cn_sents)
train_cn_label_sents = np.array(padded_cn_label_sents)

print(train_en_sents.shape)
print(train_cn_sents.shape)
print(train_cn_label_sents.shape)
```

步骤 2：模型配置与训练

我们将会创建一个 Encoder-AttentionDecoder 架构的模型结构用来完成机器翻译任务。首先我们将设置一些必要的网络结构中用到的参数。

```
embedding_size = 128
hidden_size = 256
num_encoder_lstm_layers = 1
en_vocab_size = len(list(en_vocab))
cn_vocab_size = len(list(cn_vocab))
epochs = 20
batch_size = 16
```

（1）Encoder 部分。

在编码器的部分，我们通过查找完 Embedding 之后连接一个 LSTM 模型的方式构建一个对源语言编码的网络。飞桨的 RNN 系列的 API，除了 LSTM 之外，还提供了 SimleRNN、GRU 供使用；同时，还可以使用反向 RNN、双向 RNN、多层 RNN 等形式。也可以通过 dropout 参数设置是否对多层 RNN 的中间层进行 dropout 处理，来防止过拟合。

除了使用序列到序列的 RNN 操作之外，也可以通过 SimpleRNN、GRUCell、LSTMCell 等 API 更灵活的创建单步的 RNN 计算，甚至通过继承 RNNCellBase 来实现自己的 RNN 计算单元。

```
class Encoder(paddle.nn.Layer):
    def __init__(self):
        super(Encoder, self).__init__()
        self.emb = paddle.nn.Embedding(en_vocab_size, embedding_size)
        self.lstm = paddle.nn.LSTM(input_size = embedding_size,
                                    hidden_size = hidden_size,
                                    num_layers = num_encoder_lstm_layers)

    def forward(self, x):
        x = self.emb(x)
        x, (_, _) = self.lstm(x)
        return x
```

（2）AttentionDecoder 部分。

在解码器部分，我们通过一个带有注意力机制的 LSTM 来完成解码，包含以下几部分：

单步的 LSTM：在解码器的实现的部分，我们同样使用 LSTM，与 Encoder 部分不同的是，下面的代码，每次只让 LSTM 往前计算一次。整体的 recurrent 部分，是在训练循环内完成的。

注意力机制：这里使用了一个由两个全连接层组成的网络来完成注意力机制的计算，

它用来计算出目标语言在每次翻译一个词的时候,需要对源语言当中的每个词赋予多少的权重。

对于第一次接触这样的网络结构的人来说,下面的代码理解起来可能稍微有些复杂,你可以通过插入打印每个 tensor 在不同步骤时的形状的方式更好地理解。

```python
class AttentionDecoder(paddle.nn.Layer):
    def __init__(self):
        super(AttentionDecoder, self).__init__()
        self.emb = paddle.nn.Embedding(cn_vocab_size, embedding_size)
        self.lstm = paddle.nn.LSTM(input_size = embedding_size + hidden_size, hidden_size = hidden_size)
        # for computing attention weights
        self.attention_linear1 = paddle.nn.Linear(hidden_size * 2, hidden_size)
        self.attention_linear2 = paddle.nn.Linear(hidden_size, 1)
        # for computing output logits
        self.outlinear = paddle.nn.Linear(hidden_size, cn_vocab_size)

    def forward(self, x, previous_hidden, previous_cell, encoder_outputs):
        x = self.emb(x)
        attention_inputs = paddle.concat((encoder_outputs, paddle.tile (previous_hidden,
repeat_times = [1, MAX_LEN + 1, 1])), axis = -1)
        attention_hidden = self.attention_linear1(attention_inputs)
        attention_hidden = F.tanh(attention_hidden)
        attention_logits = self.attention_linear2(attention_hidden)
        attention_logits = paddle.squeeze(attention_logits)
        attention_weights = F.softmax(attention_logits)
        attention_weights = paddle.expand_as(paddle.unsqueeze(attention_weights, -1),
encoder_outputs)
        context_vector = paddle.multiply(encoder_outputs, attention_weights)
        context_vector = paddle.sum(context_vector, 1)
        context_vector = paddle.unsqueeze(context_vector, 1)
        lstm_input = paddle.concat((x, context_vector), axis = -1)
        # LSTM requirement to previous hidden/state:
        # (number_of_layers * direction, batch, hidden)
        previous_hidden = paddle.transpose(previous_hidden, [1, 0, 2])
        previous_cell = paddle.transpose(previous_cell, [1, 0, 2])
        x, (hidden, cell) = self.lstm(lstm_input, (previous_hidden, previous_cell))
        # change the return to (batch, number_of_layers * direction, hidden)
        hidden = paddle.transpose(hidden, [1, 0, 2])
        cell = paddle.transpose(cell, [1, 0, 2])
        output = self.outlinear(hidden)
        output = paddle.squeeze(output)
        return output, (hidden, cell)
```

(3) 模型训练。

接下来开始训练模型。在每个 epoch 开始之前,首先对训练数据进行随机打乱。之后再多次调用 atten_decoder,在代码中实现解码时的 recurrent 循环。同时,使用 teacher forcing 的策略,在每次解码下一个词时,给定训练数据当中的真实词作为预测下一个词时的输入。相应的,你也可以尝试用模型预测的结果作为下一个词的输入(或者混合使用)。

```
encoder = Encoder()
atten_decoder = AttentionDecoder()

opt = paddle.optimizer.Adam(learning_rate = 0.001, parameters = encoder.parameters() + atten_
decoder.parameters())

for epoch in range(epochs):
    print("epoch:{}".format(epoch))

    # shuffle training data
    perm = np.random.permutation(len(train_en_sents))
    train_en_sents_shuffled = train_en_sents[perm]
    train_cn_sents_shuffled = train_cn_sents[perm]
    train_cn_label_sents_shuffled = train_cn_label_sents[perm]

    for iteration in range(train_en_sents_shuffled.shape[0] // batch_size):
        x_data = train_en_sents_shuffled[(batch_size * iteration):(batch_size * (iteration + 1))]
        sent = paddle.to_tensor(x_data)
        en_repr = encoder(sent)

        x_cn_data = train_cn_sents_shuffled[(batch_size * iteration):(batch_size *
(iteration + 1))]
        x_cn_label_data = train_cn_label_sents_shuffled[(batch_size * iteration):(batch_
size * (iteration + 1))]

        # shape: (batch, num_layer(= 1 here) * num_of_direction(= 1 here), hidden_size)
        hidden = paddle.zeros([batch_size, 1, hidden_size])
        cell = paddle.zeros([batch_size, 1, hidden_size])

        loss = paddle.zeros([1])
        # the decoder recurrent loop mentioned above
        for i in range(MAX_LEN + 2):
            cn_word = paddle.to_tensor(x_cn_data[:,i:i + 1])
            cn_word_label = paddle.to_tensor(x_cn_label_data[:,i])

            logits, (hidden, cell) = atten_decoder(cn_word, hidden, cell, en_repr)
            step_loss = F.cross_entropy(logits, cn_word_label)
            loss += step_loss

        loss = loss / (MAX_LEN + 2)
        if(iteration % 200 == 0):
            print("iter {}, loss:{}".format(iteration, loss.
numpy()))

        loss.backward()
        opt.step()
        opt.clear_grad()
```

```
epoch:0
iter 0, loss:[7.676975]
iter 200, loss:[3.1454008]
iter 400, loss:[3.3285456]
epoch:1
iter 0, loss:[2.756174]
iter 200, loss:[2.9207544]
iter 400, loss:[3.0116782]
```

图 6-5-4　机器翻译模型
训练过程中的部分输出结果

训练过程的部分输出如图 6-5-4 所示。

步骤 3：模型评估与预测

根据使用的计算设备的不同，上面的训练过程可能需要不同的时间。完成上面的模型训练之后，我们可以得到一个能够从英文翻译成中文的机器翻译模型。接下来我们通过一个 greedy search 来实现使用该模型完成实际的机器翻译（在实际的任务中，你可能需要用 beam search 算法来提升效果）。

```
encoder.eval()
atten_decoder.eval()

num_of_exampels_to_evaluate = 10

indices = np.random.choice(len(train_en_sents), num_of_exampels_to_evaluate, replace =
False)
x_data = train_en_sents[indices]
sent = paddle.to_tensor(x_data)
en_repr = encoder(sent)

word = np.array(
    [[cn_vocab['<bos>']]] * num_of_exampels_to_evaluate
)
word = paddle.to_tensor(word)

hidden = paddle.zeros([num_of_exampels_to_evaluate, 1, hidden_size])
cell = paddle.zeros([num_of_exampels_to_evaluate, 1, hidden_size])

decoded_sent = []
for i in range(MAX_LEN + 2):
    logits, (hidden, cell) = atten_decoder(word, hidden, cell, en_repr)
    word = paddle.argmax(logits, axis = 1)
    decoded_sent.append(word.numpy())
    word = paddle.unsqueeze(word, axis = -1)

results = np.stack(decoded_sent, axis = 1)
for i in range(num_of_exampels_to_evaluate):
    en_input = " ".join(filtered_pairs[indices[i]][0])
    ground_truth_translate = "".join(filtered_pairs[indices
[i]][1])
    model_translate = ""
    for k in results[i]:
        w = list(cn_vocab)[k]
        if w != '<pad>' and w != '<eos>':
            model_translate += w
    print(en_input)
    print("true: {}".format(ground_truth_translate))
    print("pred: {}".format(model_translate))
```

she lives in new york
true: 她住在纽约。
pred: 她住在纽约。
they wash their hands
true: 他們洗手。
pred: 他們洗手。
i don t work like that
true: 我不像那樣工作。
pred: 我不再要那個意思。
i was truly astonished
true: 我真是惊讶。
pred: 我真是惊讶。

图 6-5-5　机器翻译模型
预测过程中的部分输出

预测过程中的部分输出如图 6-5-5 所示，可以看出模型取得了较好的机器翻译效果。

6.6　实践六：基于 GRU 实现电影评论分析

RNN、LSTM 以及门控循环单元（Gated Recurrent Unit，GRU）是自然语言处理领域的三大经典模型。GRU 是 LSTM 模型的一种变体，相比于 LSTM 模型，GRU 模型的结构更

基于 GRU
实现电影
评论分析

加简单,同时也具有更好的效果,因此也是当前非常主流的一种用于自然语言处理领域的网络。GRU 模型被提出的目的同样也是为了解决 RNN 网络模型中的长距离依赖问题。

在之前的学习中我们知道,LSTM 网络引入了三个"门":输入门、遗忘门和输出门,分别控制 t 时刻网络的输入值、记忆值和输出值。实际上,在 LSTM 网络中,输入门和遗忘门之间是互补关系,具有一定的冗余性;而在 GRU 模型中只有两个门:更新门 z_t 和重置门 r_t,具体结构如图 6-6-1 所示。

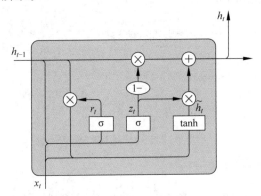

图 6-6-1　GRU 模型结构

更新门用于控制当前状态需要从历史状态中保留多少信息(不经过非线性变换),以及需要从候选状态中接收多少新信息,即:

$$z_t = \sigma(W_z x_t + U_z h_{t-1} + b_z)$$
$$h_t = z_t \odot h_{t-1} + (1 - z_t) \odot \widetilde{h_t}$$

其中,$\widetilde{h_t}$ 为当前时刻计算出的候选状态:

$$\widetilde{h_t} = \tanh(W_h x_t + U_h(r_t \odot h_{t-1}) + b_h)$$

r_t 为重置门,用来控制候选状态 $\widetilde{h_t}$ 的计算是否依赖上一时刻的状态 h_{t-1}:

$$r_t = \sigma(W_r x_t + U_r h_{t-1} + b_r)$$

概括来说,LSTM 和 GRU 都是通过各种门控函数将重要信息保留下来,即使在长距离传输的过程中也不会丢失。同时,由于 GRU 相比于 LSTM 减少了一个门控函数,因此在参数的数量上要少于 LSTM,所以整体上 GRU 的训练速度要快于 LSTM,但是最终的训练效果取决于具体的应用场景,我们需要根据不同的任务选择更加合适的网络。

本节实践我们使用第 6.2 节的数据集,利用 GRU 完成情感分类的任务。由于数据集相同,我们不再详细介绍数据加载和处理的流程。

步骤 1:模型配置与训练

本实践中,我们将会建立一个不考虑词的顺序的 GRU 的网络,在查找到每个词对应的 embedding 后,简单地进行取平均操作并将结果作为一个句子的表示。然后通过连接全连接层进行线性变换。为了防止过拟合,我们还使用了 dropout 的策略。

```
# 定义 GRU 网络
class MyGRU(paddle.nn.Layer):
```

```python
    def __init__(self):
        super(MyGRU, self).__init__()
        self.embedding = nn.Embedding(vocab_size, 256)
        self.gru = nn.GRU(256, 256, num_layers = 2, direction = 'bidirectional', dropout = 0.5)
        self.linear = nn.Linear(in_features = 256 * 2, out_features = 2)
        self.dropout = nn.Dropout(0.5)

    def forward(self, inputs):
        emb = self.dropout(self.embedding(inputs))
        # output 形状大小为[batch_size, seq_len, num_directions * hidden_size]
        # hidden 形状大小为[num_layers * num_directions, batch_size, hidden_size]
        # 把前向的 hidden 与后向的 hidden 合并在一起
        output, hidden = self.gru(emb)
        hidden = paddle.concat((hidden[ - 2, :, :], hidden[ - 1, :, :]), axis = 1)
        # hidden 形状大小为[batch_size, hidden_size * num_directions]
        hidden = self.dropout(hidden)
        return self.linear(hidden)
```

定义好模型框架并对模型进行实例化之后，就可以对模型进行训练了。

```python
# 可视化定义
def draw_process(title, color, iters, data, label):
    plt.title(title, fontsize = 24)
    plt.xlabel("iter", fontsize = 20)
    plt.ylabel(label, fontsize = 20)
    plt.plot(iters, data, color = color, label = label)
    plt.legend()
    plt.grid()
    plt.show()


# 对模型进行封装
def train(model):
    model.train()
    opt = paddle.optimizer.Adam(learning_rate = 0.001, parameters = model.parameters())
    steps = 0
    Iters, total_loss, total_acc = [], [], []

    for epoch in range(epochs):
        for batch_id, data in enumerate(train_loader):
            steps += 1
            sent = data[0]
            label = data[1]

            logits = model(sent)
            loss = paddle.nn.functional.cross_entropy(logits, label)
            acc = paddle.metric.accuracy(logits, label)

            if batch_id % 500 == 0:                        # 500 个 epoch 输出一次结果
                Iters.append(steps)
                total_loss.append(loss.numpy()[0])
                total_acc.append(acc.numpy()[0])

                print("epoch: {}, batch_id: {}, loss is: {}".format(epoch, batch_id, loss.
numpy()))
```

```
        loss.backward()
        opt.step()
        opt.clear_grad()

    # evaluate model after one epoch
    model.eval()
    accuracies = []
    losses = []

    for batch_id, data in enumerate(test_loader):

        sent = data[0]
        label = data[1]

        logits = model(sent)
        loss = paddle.nn.functional.cross_entropy(logits, label)
        acc = paddle.metric.accuracy(logits, label)

        accuracies.append(acc.numpy())
        losses.append(loss.numpy())

    avg_acc, avg_loss = np.mean(accuracies), np.mean(losses)

    print("[validation] accuracy: {}, loss: {}".format(avg_acc, avg_loss))

    model.train()

    # 保存模型
    paddle.save(model.state_dict(),str(epoch) + "_model_final.pdparams")

# 可视化查看
draw_process("trainning loss","red",Iters,total_loss,"trainning loss")
draw_process("trainning acc","green",Iters,total_acc,"trainning acc")

model = MyGRU()
train(model)
```

模型训练过程中的部分输出如图 6-6-2 所示，训练过程中的损失值、准确率随迭代次数变化趋势如图 6-6-3 所示。

```
epoch: 0, batch_id: 0, loss is: [0.706672]
epoch: 0, batch_id: 500, loss is: [0.57735646]
[validation] accuracy: 0.8606753945350647, loss: 0.3230949640274048
epoch: 1, batch_id: 0, loss is: [0.5152445]
epoch: 1, batch_id: 500, loss is: [0.1362638]
[validation] accuracy: 0.8643966317176819, loss: 0.3123193681240082
```

图 6-6-2　电影评论分析模型训练过程中的部分输出结果

步骤 2：模型评估与预测

训练完成之后，我们加载训练好的模型，并计算模型在测试集上的评估准确率。

```
model_state_dict = paddle.load('0_model_final.pdparams')        # 导入模型
```

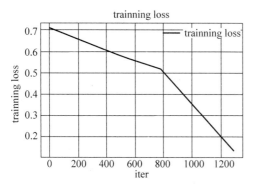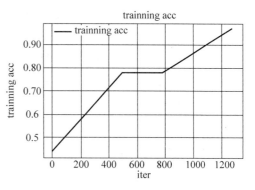

图 6-6-3 电影评论模型训练过程中的损失值、准确率随迭代次数变化趋势

```
model = MyGRU()
model.set_state_dict(model_state_dict)
model.eval()
accuracies = []
losses = []

for batch_id, data in enumerate(test_loader):

    sent = data[0]
    label = data[1]

    logits = model(sent)
    loss = paddle.nn.functional.cross_entropy(logits, label)
    acc = paddle.metric.accuracy(logits, label)

    accuracies.append(acc.numpy())
    losses.append(loss.numpy())

avg_acc, avg_loss = np.mean(accuracies), np.mean(losses)
print("[validation] accuracy: {}, loss: {}".format(avg_acc, avg_loss))
```

输出结果如图 6-6-4 所示。

[validation] accuracy: 0.8606353998184204, loss: 0.3232002258300781

图 6-6-4 电影评论分析模型在验证集上预测结果

查看模型的实际预测效果。

```
def ids_to_str(ids):
    words = []
    for k in ids:
        w = list(word_dict)[k]
        words.append(w if isinstance(w, str) else w.decode('ASCII'))
    return " ".join(words)

label_map = {0:"negative", 1:"positive"}

# 导入模型
model_state_dict = paddle.load('0_model_final.pdparams')
model = MyGRU()
```

```
model.set_state_dict(model_state_dict)
model.eval()

for batch_id, data in enumerate(test_loader):

    sent = data[0]
    results = model(sent)

    predictions = []
    for probs in results:
        # 映射分类 label
        idx = np.argmax(probs)
        labels = label_map[idx]
        predictions.append(labels)

    for i, pre in enumerate(predictions):
        print('数据: {} \n 情感: {}'.format(ids_to_str(sent[0]), pre))
        break
    break
```

输出结果如图 6-6-5 所示。

数据: six teenagers go to an old remote abandoned school where <unk> years ago a horrible massacre took place for a night of fun and <unk> instead the kids run <unk> of the vicious <unk> security guard <unk> played with <unk> creepy menace by spanish horror <unk> paul <unk> who committed the nasty killings director <unk> <unk> <unk> the intriguing story at a <unk> pace and does an <unk> job of creating a <unk> spoo ky and mysterious atmosphere the witty script by <unk> <unk> and <unk> offers a clever and inspired blend of slasher and supernatural elements that keep the viewer guessing to the very end the slick cinematography by <unk> <unk> makes expert use of light and shadow david s an <unk> moody score likewise does the trick the attractive and appealing young cast all <unk> lively and engaging performances with especi ally <unk> turns by <unk> as <unk> as the <unk> maria <unk> <unk> as obnoxious <unk> <unk> and carmen <unk> as <unk> > <unk> chick sandra the murder set pieces are every bit as bloody and brutal as they ought to be terrific <unk> of a surprise dark ending too a solid and satisfying <unk> <pad>
情感: negative

图 6-6-5　电影评论分析模型的实际预测效果

第7章 深度学习前沿应用

作为近十年来人工智能领域取得的最重要突破之一,深度学习受到世界各国相关研究人员的高度重视,并将其广泛应用于图像处理、文本处理等领域中。例如,当下比较受欢迎的人脸检测识别(刷脸)、智能管理(考勤、车牌检测、监控)、图像风格迁移、实时翻译、风控文本审核等。近年来,预训练——微调方法取得了非常快速的发展,尤其是基于 Transformer 技术的大规模文本预训练模型 BERT 的横空出世,促进了学术界和产业界的共同进步,而基于 Transformer 的图像预训练模型也迎来了爆发时期。

飞桨深度学习框架提供了多种深度学习的前沿技术支持,比如工具组件 PaddleHub 与基础模型库 PaddleNLP。

(1) PaddleHub。PaddleHub 是飞桨生态下的预训练模型的管理工具,旨在让飞桨生态下的开发者更便捷地享受到大规模预训练模型的价值。用户可以通过 PaddleHub 便捷地获取飞桨生态下的预训练模型,结合 Fine-tune API 快速完成迁移学习到应用部署的全流程工作,让预训练模型能更好地服务于用户特定场景的应用,也支持指定领域的一键推理,如车辆检测、行人检测、文本审核、诗歌生成等。除了支持文本、图像领域,PaddleHub 也支持视频、语音和工业应用等几个主流方向,为用户准备了大量高质量的预训练模型,可以满足用户各种应用场景的任务需求,包括但不限于词法分析、情感分析、图像分类、图像分割、目标检测、关键点检测、视频分类等经典任务。

(2) PaddleNLP。PaddleNLP 是飞桨自然语言处理核心开发库,拥有覆盖多场景的模型库、简洁易用的全流程 API 与动静统一的高性能分布式训练能力,旨在为飞桨开发者提升文本领域建模效率,并提供基于飞桨深度学习平台 2.0 的 NLP 领域最佳实践。

本章将介绍如何利用飞桨深度学习平台进行前沿技术的应用。

7.1 实践一:文字识别

文字识别

光学字符识别(Optical Character Recognition,OCR)是指对文本材料的图像文件进行分析识别处理,以获取文字和版本信息的过程。也就是说将图像中的文字进行识别,并返回文本形式的内容。如图 7-1-1 所示,该预测效果基于 PaddleHub 一键 OCR 中文识别。

(1) OCR 的应用场景。

根据 OCR 的应用场景,我们可以大致将其分成识别特定场景下的专用 OCR 以及识别多种场景下的通用 OCR。就前者而言,证件识别以及车牌识别就是专用 OCR 的典型案例。

图 7-1-1　PaddleHub 一键 OCR 中文识别的效果

针对特定场景进行设计、优化以达到最好的特定场景下的效果展示。那通用的 OCR 就是使用在更多、更复杂的场景下，拥有比较好的泛性。在这个过程中由于场景的不确定性，比如：图片背景极其丰富、亮度不均衡、光照不均衡、残缺遮挡、文字扭曲、字体多样等问题，会带来极大的挑战。PaddleHub 为大家提供的是超轻量级中文 OCR 模型，聚焦特定的场景，支持中英文数字组合式别、竖排文字识别、长文本识别场景。

（2）OCR 的技术路线。

典型的 OCR 技术路线如图 7-1-2 所示。

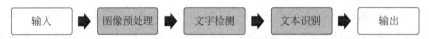

图 7-1-2　典型的 OCR 技术路线

其中，OCR 识别的关键路径在于文字检测和文本识别部分，这也是深度学习技术可以充分发挥功效的地方。PaddleHub 为大家开源的预训练模型的网络结构是 DB（Differentiable Binarization）＋CRNN，基于 icdar2015 数据集下进行的训练。

首先，DB 是一种基于分割的文本检测算法。在各种文本检测算法中，基于分割的检测算法可以更好地处理弯曲等不规则形状文本，因此往往能取得更好的检测效果。但分割法后处理步骤中将分割结果转化为检测框的流程复杂，耗时严重。因此这里提出一个可微的二值化模块 DB，将二值化阈值加入训练中学习，可以获得更准确的检测边界，从而简化后处理流程。DB 算法最终在 5 个数据集上达到了 state-of-art 的效果和性能。

图 7-1-3 所示为 DB 算法的结构图。

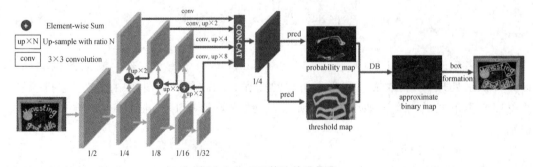

图 7-1-3　DB 算法的结构图

接着,我们使用 CRNN(Convolutional Recurrent Neural Network)即卷积递归神经网络。CRNN 是 DCNN 和 RNN 的组合,专门用于识别图像中的序列式对象。与 CTC loss 配合使用,进行文字识别,可以直接从文本词级或行级的标注中学习,不需要详细的字符级的标注。

图 7-1-4 所示为 CRNN 的网络结构图。

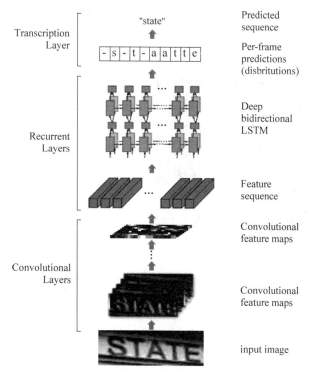

图 7-1-4　CRNN 的网络结构图

步骤 1: 定义待预测数据

本实践提供了 5 个具体场景下的 OCR 识别,分别是身份证识别、火车票识别、快递单识别、广告信息识别以及网络图片文字识别。

```
# 需要将 PaddleHub 和 PaddlePaddle 统一升级到 2.0 版本
!pip install paddlehub == 2.1.1 - i https://pypi.tuna.tsinghua.edu.cn/simple
!pip install paddlepaddle == 2.1.1 - i https://pypi.tuna.tsinghua.edu.cn/simple
# 该 Module 依赖于第三方库 shapely,pyclipper,使用该 Module 之前,请先安装 shapely 和 pyclipper
!pip install shapely - i https://pypi.tuna.tsinghua.edu.cn/simple
!pip install pyclipper - i https://pypi.tuna.tsinghua.edu.cn/simple
import matplotlib.pyplot as plt
import matplotlib.image as mpimg

# 待预测图片
test_img_path = ["./advertisement.jpg", "./pics.jpg", "./identity_card.jpg", "./express.
jpg", "./railway_ticket.jpg"]
# 展示其中广告信息图片
```

```
img1 = mpimg.imread(test_img_path[0])
plt.figure(figsize = (10,10))
plt.imshow(img1)
plt.axis('off')
plt.show()
```

其中的广告信息图片如图 7-1-5 所示。

将待预测图片存放在一个文件 test.txt 中。每一行是待预测图片的存放路径。

```
!cat test.txt
```

输出结果如图 7-1-6 所示。

advertisement.jpg
pics.jpg
identity_card.jpg
express.jpg
railway_ticket.jpg

图 7-1-5 广告信息图图像   图 7-1-6   test.txt 文件的内容

只需读入该文件，将文件内容存成 list，list 中每个元素是待预测图片的存放路径，就可以利用 OCR 模型识别图片中的文字。

```
with open('test.txt', 'r') as f:
    test_img_path = []
    for line in f:
        test_img_path.append(line.strip())
print(test_img_path)
```

输出结果如图 7-1-7 所示。

['advertisement.jpg', 'pics.jpg', 'identity_card.jpg', 'express.jpg', 'railway_ticket.jpg']

图 7-1-7   存成 list 后的结果

步骤 2：加载预训练模型

PaddleHub 提供了移动端的超轻量模型（仅有 8.1MB）以及服务器端的精度更高模型以实现文字识别任务。识别文字算法均采用 CRNN，即卷积递归神经网络。该 Module 支持直接预测。移动端与服务器端主要在于骨干网络的差异性，移动端采用 MobileNetV3，服务器端采用 ResNet50_vd。

```
import paddlehub as hub
# 加载移动端预训练模型
# ocr = hub.Module(name = "chinese_ocr_db_crnn_mobile")
# 服务端可以加载大模型,效果更好
ocr = hub.Module(name = "chinese_ocr_db_crnn_server")
```

步骤 3：模型预测

PaddleHub 对于支持一键预测的 module，可以调用 module 的相应预测 API，完成预测功能。recognize_text()函数的返回结果是 results(list[dict])，其为识别结果的列表，列表中每一个元素为 dict，各字段为：

（1）data（list[dict]）：识别文本结果，列表中每一个元素为 dict，各字段如下。

text(str)：识别得到的文本。

confidence(float)：识别文本结果置信度。

text_box_position(list)：文本框在原图中的像素坐标，4×2 的矩阵，依次表示文本框左下、右下、右上、左上顶点的坐标 如果无识别结果则 data 为[]。

（2）save_path(str, optional)：识别结果的保存路径，如不保存图片则 save_path 为空。

```
import cv2
# 读取测试文件夹 test.txt 中的照片路径
np_images = [cv2.imread(image_path) for image_path in test_img_path]
results = ocr.recognize_text(images = np_images, use_gpu = False, output_dir = 'ocr_result',
                                         # 图片的保存路径,默认设为 ocr_result
                    visualization = True,   # 是否将识别结果保存为图片文件
                    box_thresh = 0.5,       # 检测文本框置信度的阈值
                    text_thresh = 0.5)      # 识别中文文本置信度的阈值
for result in results:
    data = result['data']
    save_path = result['save_path']
    for infomation in data:
        print('text: ', infomation['text'], '\nconfidence: ', infomation['confidence'], '\ntext_box_
position: ', infomation['text_box_position'])
```

部分输出结果如图 7-1-8 所示。

```
text:   小度在家1S
confidence:  0.9982481002807617
text_box_position:  [[33, 25], [326, 25], [326, 76], [33, 76]]
text:   多功能专属儿童空间高IQ流畅语音交互
confidence:  0.9586774706840515
text_box_position:   [[30, 91], [453, 91], [453, 109], [30, 109]]
text:  14:53
confidence:  0.9952031970024109
text_box_position:   [[373, 174], [423, 174], [423, 189], [373, 189]]
```

图 7-1-8　预测过程中的部分输出结果

步骤 4：效果展示

PaddleHub 对于支持一键预测的 module，可以调用 module 的相应预测 API，完成预测功能。在完成步骤三的一键 OCR 预测之后，由于我们设置了 visualization＝True，所以会自动将识别结果保存为图片文件，并默认保存在 ocr_result 文件夹中。

广告信息识别的效果如图 7-1-9 所示。

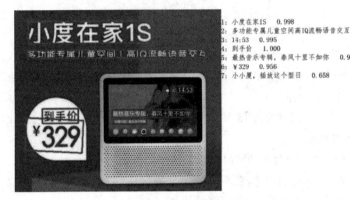

图 7-1-9　广告信息识别的效果

7.2　实践二：手写数字生成

GAN(Generative Adversarial Network)，即生成对抗网络，也是一类重要的经典模型，其是一种无监督的深度学习模型，目前主要应用于图像生成、图像超分辨率、图像风格转换以及文本生成等方向。GAN 模型提出于 2014 年 10 月，自此提出以来，各种变体模式层出不穷，给人工智能领域带来了全新的突破，一度成为深度学习领域的研究热点。近年来有关于 GAN 模型的论文数量也飞速上升，图 7-2-1 为 2014 年到 2018 年命名为 GAN 的论文数量的变化趋势图，可见 GAN 模型的研究热度。

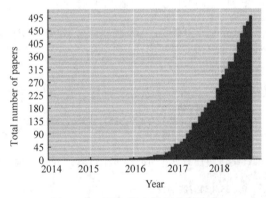

图 7-2-1　GAN 论文数量趋势变化

相比于其他的生成式模型，GAN 模型有两大主要特点，第一是其不依赖任何先验假设。传统的许多生成式模型会假设输入数据服从某一分布，然后再去极大似然去估计数据分布，在很多数据无法满足这样的先验假设时的效果较差；第二是 GAN 模型的整体架构非常差简单，但十分有效。GAN 模型通常只包含一个生成器（生成网络）以及一个判别器（判别网络），而其他的生成式模型往往非常复杂。

生成器和判别器是 GAN 模型中两大重要组成部分。在 GAN 模型中，生成器和判别器互相对抗。生成器尽可能地生成逼近真实的"假"样本，判别器则尽可能地去判别该样本是真实样本，还是生成的假样本并反馈给生成器。在 GAN 模型的训练过程中，生成器和判别器交替训练,直到生成器生成的数据能够以假乱真,并与判别器的能力达到均衡的状态。

生成器和判别器博弈的示例如图 7-2-2 所示,给定一个随机向量 z,其为从一个高斯分布中随机采样出来的向量,通过生成器 G 生成虚假数据,以欺骗判别器,判别器负责判别输入的数据是生成的样本还是真实样本。对于判别器 D 来说,这是一个二分类问题。对于生成器 G 来说,为了尽可能地欺骗 D,所以需要最大化生成样本的判别概率 $D(G(z))$,即最小化 $\log(1-D(G(z)))$。在实际训练过程中,生成器和判别器采取交替训练,即先训练判别器 D,然后训练生成器 G,不断循环迭代,最终达到一个纳什均衡点。

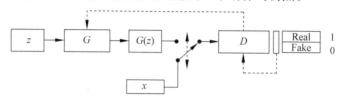

图 7-2-2 生成对抗过程展示

本节实践将利用 GAN 模型完成 MNIST 数据集的手写数字图像生成任务。

步骤 1:数据集加载

(1) 数据集简介。

MNIST 数据集是经典的数据集,其总共包含 70000 张图像,其中 60000 张图像用于训练过程,另 10000 张图像用于测试过程。所有图像的大小都固定为 28×28 像素。

MNIST 数据集可在其官方网站进行下载:

http://yann.lecun.com/exdb/mnist/

(2) 加载数据集。

我们将数据集的加载过程封装在 load_minst_data() 函数中,在内部调用 paddle.vision 的计算机视觉库加载 MNIST 数据集,其中包含有 mode 参数,可用于训练集和测试集的区分加载。设置为 train 时表示加载训练集,设置为 test 时表示加载测试集。

因为整个任务是一个无监督的图像生成任务,不考虑标签分类的问题,也就不需要加载图像的标签,因此我们在加载数据时去掉了数据集中的 label 数据,只加载原始的图像数据(真实图像,标签为 1)。

```python
class Mnist(Dataset):
    def __init__(self):
        super(Mnist, self).__init__()
        self.imgs_train = self.load_mnist()
        self.num_samples = self.imgs_train.shape[0]

    def __getitem__(self, idx):
        image = self.imgs_train[idx].astype('float32')
        return image

    def __len__(self):
        return self.num_samples

    @staticmethod
```

```
def load_mnist():
    # 下载并读取 MNIST 数据集,数据集的结构为:[(img0, label0), (img1, label1), (img2,
label2), ...]
    mnist_train = MNIST(mode = 'train')

    # 去除了数据集中的 label 数据,因为 label 在这里使用不上,这里不考虑标签分类问题
    imgs_train = []
    for img, label in mnist_train:
        img = np.array(img).astype('float32')
        # 读取图片数据处理为 [N,W,H] 格式
        img = img.reshape(1, 28, 28)
        imgs_train.append(img)
    imgs_train = np.array(imgs_train)
    return imgs_train
```

步骤 2：GAN 模型构建

在此步骤中,我们构建 GAN 模型所需的生成器和判别器。首先构造判别器,通过上文的描述我们知道,判别器实质为一个用于二分类任务的网络模型,主要用来完成真实图像和虚假的生成图像的判别。真实图像的标签为 1,当输入真实图像时,我们希望判别器的输出结果为 1;当输入虚假的生成图像时,我们希望判别器的输出结果是为 0。

D 类用于构建一个简单的分类网络,其包含两组卷积层和一组用于分类的全连接层。其中使用了 ReLU 激活函数和批归一化。

```
class D(nn.Layer):
    def __init__(self, name_scope):
        super(D, self).__init__(name_scope)
        name_scope = self.full_name()
        # 第一组卷积池化
        self.conv1 = Conv2D(in_channels = 1, out_channels = 64, kernel_size = 3)
        self.bn1 = BatchNorm2D(num_features = 64)
        self.pool1 = MaxPool2D(kernel_size = 2, stride = 2)
        # 第二组卷积池化
        self.conv2 = Conv2D(in_channels = 64, out_channels = 128, kernel_size = 3)
        self.bn2 = BatchNorm2D(num_features = 128)
        self.pool2 = MaxPool2D(kernel_size = 2, stride = 2)
        # 全连接输出层
        self.fc1 = Linear(in_features = 128 * 5 * 5, out_features = 1024)
        self.bnfc1 = BatchNorm1D(num_features = 1024)
        self.fc2 = Linear(in_features = 1024, out_features = 1)

    def forward(self, img):
        y = self.conv1(img)
        y = self.bn1(y)
        y = F.relu(y)
        y = self.pool1(y)
        y = self.conv2(y)
        y = self.bn2(y)
        y = F.relu(y)
        y = self.pool2(y)
        y = paddle.reshape(y, shape = [ - 1, 128 * 5 * 5])
```

```
y = self.fc1(y)
y = self.bnfc1(y)
y = F.relu(y)
y = self.fc2(y)
y = F.sigmoid(y)
return y
```

生成器用于以假乱真,我们期望生成器能够尽可能地生成接近真实的图像。对于虚假图像的生成,首先需要获取到随机的呈现高斯分布的噪声向量,之后通过生成器网络的构建输出一张与输入图像大小一致的虚假图像。

G 类用于构建一个简单的生成器网络,其由两组全连接层和两组卷积层构成,内部使用了 tanh()激活函数和批归一化。

```
# 通过上采样扩大特征图
class G(nn.Layer):
    def __init__(self, name_scope):
        super(G, self).__init__(name_scope)
        name_scope = self.full_name()
        # 第一组全连接和 BN 层
        self.fc1 = Linear(in_features = 100, out_features = 1024)
        self.bn1 = BatchNorm1D(num_features = 1024)
        # 第二组全连接和 BN 层
        self.fc2 = Linear(in_features = 1024, out_features = 128 * 7 * 7)
        self.bn2 = BatchNorm1D(num_features = 128 * 7 * 7)
        # 第一组卷积运算(卷积前进行上采样,以扩大特征图)
        self.conv1 = Conv2D(in_channels = 128, out_channels = 64, kernel_size = 5, padding = 2)
        self.bn3 = BatchNorm2D(num_features = 64)
        # 第二组卷积运算(卷积前进行上采样,以扩大特征图)
        self.conv2 = Conv2D(in_channels = 64, out_channels = 1, kernel_size = 5, padding = 2)

    def forward(self, z):
        z = paddle.reshape(z, shape = [ - 1, 100])
        y = self.fc1(z)
        y = self.bn1(y)
        y = F.tanh(y)
        y = self.fc2(y)
        y = self.bn2(y)
        y = F.tanh(y)
        y = paddle.reshape(y, shape = [ - 1, 128, 7, 7])
        # 第一组卷积前进行上采样以扩大特征图
        upsample_op = nn.Upsample(scale_factor = 2, mode = 'bilinear')
        y = upsample_op(y)
        y = self.conv1(y)
        y = self.bn3(y)
        y = F.tanh(y)
        # 第二组卷积前进行上采样以扩大特征图
        y = upsample_op(y)
        y = self.conv2(y)
        y = F.tanh(y)
        return y
```

步骤 3：GAN 模型的训练及预测

（1）模型训练。

在 GAN 模型中，生成器网络和判别器网络需要进行交替训练，最终达到一个纳什均衡点。在此步骤中，我们首先完成相关的训练参数配置，包括定义 Adam 优化器（用于分别优化生成器网络和判别器网络）、训练轮数以及是否使用GPU 加速等。之后进入 GAN 模型的训练过程，对二者进行交替训练，先训练判别器网络，再训练生成器网络。

```python
d = D('D')
g = G('G')
real_d_optimizer = paddle.optimizer.Adam(learning_rate = 2e-4, parameters = d.parameters())
fake_d_optimizer = paddle.optimizer.Adam(learning_rate = 2e-4, parameters = d.parameters())
g_optimizer = paddle.optimizer.Adam(learning_rate = 2e-4, parameters = g.parameters())

model_path = './output/'

# 定义训练过程
# 调用 GPU 进行运算
use_gpu = True
paddle.set_device('gpu:0') if use_gpu else paddle.set_device('cpu')

# 模型训练的轮数
# 也可以尝试增加训练轮数，如 50、100，观察模型效果
epoch_num = 5
# 也可以尝试降低或增加 batchbatch size，如 32、64、256，观察模型效果
batch_size = BATCH_SIZE

# 模型存储路径
model_path = './output/'
os.makedirs(model_path, exist_ok = True)
# 设置为训练模式
d.train()
g.train()

# 训练模型
iteration_num = 0
for epoch in range(epoch_num):
    for i, data in enumerate(data_loader):
        # 读取 MNIST 数据集图片
        real_image = data
        # 丢弃数据集中不满一个 BATCH_SIZE 的数据
        if(len(real_image) != BATCH_SIZE):
            continue
        iteration_num += 1
        # 创建高斯分布的噪声 z
        z = z_generator()
        '''
        判别器 d 通过最小化输入真实图片时，判别器 d 的输出与真值标签 ones 的交叉熵损失，来优
化判别器的参数，以增加判别器 d 识别真实图片 real_image 为真值标签 ones 的概率
        '''
        # 用数字 1 初始化真值标签
```

```
ones = paddle.to_tensor(data = np.ones([len(real_image), 1]).astype('float32'))
# 判别器 d 判别真实图片为真的概率
p_real = d(real_image)
# 判别器判别真实图片为真的损失
real_avg_cost = F.binary_cross_entropy(p_real, ones)
# backward 反向传播更新判别器 d 的参数
real_avg_cost.backward()
real_d_optimizer.minimize(real_avg_cost)
d.clear_gradients()
'''
```

判别器 d 通过最小化输入生成器 g 生成的假图片 g(z)时,判别器的输出与假值标签 zeros 的交叉熵损失,来优化判别器 d 的参数,以增加判别器 d 识别生成器 g 生成的假图片 g(z)为假值标签 zeros 的概率

```
'''
zeros = paddle.to_tensor(data = np.zeros([len(real_image), 1]).astype('float32'))
# 判别器判断生成器生成的假图片为真的概率
p_fake = d(g(z))
fake_avg_cost = F.binary_cross_entropy(p_fake, zeros)
# 反向传播更新判别器 d 的参数
fake_avg_cost.backward()
fake_d_optimizer.minimize(fake_avg_cost)
d.clear_gradients()
'''
```

生成器 g 通过最小化判别器 d 判别生成器生成的假图片 g(z)为真的概率 d(fake)与真值标签 ones 的交叉熵损失,来优化生成器 g 的参数,以增加生成器 g 使判别器 d 判别其生成的假图片 g(z)为真值标签 ones 的概率

```
'''
ones = paddle.to_tensor(data = np.ones([len(real_image), 1]).astype('float32'))
# 输入高斯分布噪声 z,生成假图片
fake = g(z)
p_confused = d(fake)
g_avg_cost = F.binary_cross_entropy(p_confused, ones)
# 反向传播更新生成器 g 的参数
g_avg_cost.backward()
g_optimizer.minimize(g_avg_cost)
g.clear_gradients()
# 输出日志信息
if(iteration_num % 100 == 0):
    print('epoch = ', epoch, ', batch = ', i, ', real_d_loss = ', real_avg_cost.numpy(), ',
fake_d_loss = ', fake_avg_cost.numpy(), 'g_loss = ', g_avg_cost.numpy())
    show_image_grid(fake.numpy(), BATCH_SIZE, epoch)
```

（2）模型预测。

GAN 模型训练结束后,我们来验证模型训练的效果。在这一步骤中,我们首先定义噪声图像,之后调用训练好的 GAN 模型对噪声图像进行预测。这时我们只需要生成器网络来完成手写数字图像生成的任务,不再需要判别器网络。

```
# 显示图片,构建一个 16×n 大小(n = batch_size/16)的图片阵列,把预测的图片打印到 note 中
def show_image_grid(images, batch_size = 128, pass_id = None):
    fig = plt.figure(figsize = (8, batch_size/32))
    fig.suptitle("Pass {}".format(pass_id))
    gs = plt.GridSpec(int(batch_size/16), 16)
    gs.update(wspace = 0.05, hspace = 0.05)
```

```
    for i, image in enumerate(images):
        ax = plt.subplot(gs[i])
        plt.axis('off')
        ax.set_xticklabels([])
        ax.set_yticklabels([])
        ax.set_aspect('equal')
        plt.imshow(image[0], cmap = 'Greys_r')
    plt.show()

def eval():
    noise = paddle.uniform([10, 100], min = - 1, max = 1)
    g.eval()
    with paddle.no_grad():
        fake_images = g(noise)
        fake_images = fake_images.squeeze().numpy()
    g.train()
    test_result_each_epoch.append(fake_images)
test_result_each_epoch = []
for i in range(1, 100):
    eval()
show_image_grid(test_result_each_epoch)
```

新闻主题
分类

7.3 实践三：新闻主题分类

本节实践完成基于 THUCNews 数据集的文本分类，THUCNews 是根据新浪新闻 RSS 订阅频道 2005 至 2011 年间的历史数据筛选过滤生成的，包含 74 万篇新闻文档，均为 UTF-8 纯文本格式，在原始新浪新闻分类体系的基础上，划分了 14 个类别，分别为财经、彩票、房产、股票、家居、教育、科技、社会、时尚、时政、体育、星座、游戏以及娱乐，训练集为"标签 id 标签 原文标题"的形式，测试集为"原文标题"的形式。在本节实践中，需要根据新闻标题的内容用算法来判断该新闻属于哪一个类别。

步骤 1：数据集加载及处理

首先对数据集进行解压，并导入相关的库函数。

```
! unzip – oq /home/aistudio/data/data75812/新闻文本标签分类.zip

import paddle
import numpy as np
import matplotlib.pyplot as plt
import paddle.nn as nn
import os
import numpy as np

print(paddle.__version__)                              # 查看当前版本

# cpu/gpu 环境选择,在 paddle.set_device() 输入对应运行设备
# device = paddle.set_device('gpu')
```

接下来考虑词向量的书写方式。我们首先制作词典，并把词典和我们的数据集进行对应，制作完成一个纯数字的对应码，得到对应码以后进行输出测试是否正确。之后对数据进行填充，把数据码用特殊标签替代成数据长度相同的内容。最后检验数据长度。

（1）读取字典以及训练集、验证集。

```
# 字典读取
def get_dict_len(d_path):
    with open(d_path, 'r', encoding = 'utf - 8') as f:
        line = eval(f.readlines()[0])
    return line


word_dict = get_dict_len('新闻文本标签分类/dict.txt')
# 训练集和验证集读取
set = []
def dataset(datapath):                                  # 数据集读取代码
    with open(datapath)as f:
        for i in f.readlines():
            data = []
            dataset = i[:i.rfind('\t')].split(',')      # 获取文字内容
            dataset = np.array(dataset)
            data.append(dataset)
            label = np.array(i[i.rfind('\t') + 1: - 1])  # 获取标签
            data.append(label)
            set.append(data)
    return set


train_dataset = dataset('新闻文本标签分类/Train_IDs.txt')
val_dataset = dataset('新闻文本标签分类/Val_IDs.txt')
```

（2）数据初始化，在此步骤中定义一些超参数并生成句子列表。

```
# 初始数据准备
vocab_size = len(word_dict) + 1                          # 字典长度加 1
print(vocab_size)
emb_size = 256                                           # 神经网络长度
seq_len = 30                                             # 数据集长度(需要扩充的长度)
batch_size = 32                                          # 批处理大小
epochs = 2                                               # 训练轮数
pad_id = word_dict['< unk >']                            # 空的填充内容值

nu = ["财经","彩票","房产","股票","家居","教育","科技","社会","时尚","时政","体育","星座","游戏","娱乐"]

# 生成句子列表(数据码生成文本)
def ids_to_str(ids):
    # print(ids)
    words = []
    for k in ids:
        w = list(word_dict)[eval(k)]
        words.append(w if isinstance(w, str) else w.decode('ASCII'))
    return " ".join(words)
```

（3）查看数据是否正确，如有异常及时修改。

```
# 查看数据内容
for i in train_dataset:
    sent = i[0]
    label = int(i[1])
    print('sentence list id is:', sent)               # 数据内容
    print('sentence label id is:', label)             # 对应标签
    print('-------------------------- ')              # 分隔线
    print('sentence list is: ', ids_to_str(sent))     # 转换后的数据
    print('sentence label is: ', nu[label])           # 转换后的标签
    break
```

输出结果如图 7-3-1 所示。

```
sentence list id is: ['2976' '385' '2050' '3757' '1147' '3296' '1585' '688' '1180' '2608'
 '4280' '1887']
sentence label id is: 0
--------------------------
sentence list is:  上 证 5 0 E T F 净 申 购 突 增
sentence label is:  财经
```

图 7-3-1　数据输出结果

（4）数据扩充，将数据扩充到一致的长度。

```
# 数据扩充并查看
def create_padded_dataset(dataset):
    padded_sents = []
    labels = []
    for batch_id, data in enumerate(dataset):                # 读取数据
        sent, label = data[0], data[1]                       # 标签和数据拆分
        padded_sent = np.concatenate([sent[:seq_len], [pad_id] * (seq_len - len(sent))]).
astype('int32')                                              # 数据拼接

        # print(padded_sent)
        padded_sents.append(padded_sent)                     # 写入数据
        labels.append(label)                                 # 写入标签
    # print(padded_sents)
    return np.array(padded_sents), np.array(labels).astype('int64')  # 转换成数组并返回


# 对 train、val 数据进行实例化
train_sents, train_labels = create_padded_dataset(train_dataset)   # 实例化训练集
val_sents, val_labels = create_padded_dataset(val_dataset)         # 实例化测试集
train_labels = train_labels.reshape(832475,1)                      # 标签数据大小转换
val_labels = val_labels.reshape(832475,1)
# 查看数据大小及举例内容
print(train_sents.shape)
print(train_labels.shape)
print(val_sents.shape)
print(val_labels.shape)
```

```
(832475, 30)
(832475, 1)
(832475, 30)
(832475, 1)
```

图 7-3-2　数据扩充
的输出结果

输出结果如图 7-3-2 所示。

（5）数据封装，通过继承 paddle.io.Dataset 类将数据封装，之后生成可以训练的数据格式。

```
# 继承 paddle.io.Dataset 对数据进行处理
class IMDBDataset(paddle.io.Dataset):
    '''
    继承 paddle.io.Dataset 类进行封装数据
    '''
    def __init__(self, sents, labels):
        # 数据读取
        self.sents = sents
        self.labels = labels

    def __getitem__(self, index):
        # 数据处理
        data = self.sents[index]
        label = self.labels[index]
        return data, label

    def __len__(self):
        # 返回大小数据
        return len(self.sents)

# 数据实例化
train_dataset = IMDBDataset(train_sents, train_labels)
val_dataset = IMDBDataset(val_sents, val_labels)

# 封装成生成器
train_loader = paddle.io.DataLoader(train_dataset, return_list = True, shuffle = True, batch_
size = batch_size, drop_last = True)
val_loader = paddle.io.DataLoader(val_dataset, return_list = True, shuffle = True, batch_size
= batch_size, drop_last = True)
```

步骤 2：模型定义与训练

（1）模型定义。

在此步骤中，我们通过调用 paddle.nn.Linear() 函数构建简单的全连接网络结构。

```
# 定义网络
class MyNet(paddle.nn.Layer):
    def __init__(self):
        super(MyNet, self).__init__()
        self.emb = paddle.nn.Embedding(vocab_size, emb_size)   # 嵌入层用于自动构造一个二
                                                                 维 embedding 矩阵
        self.fc = paddle.nn.Linear(in_features = emb_size, out_features = 96)   # 线性变换层
        self.fc1 = paddle.nn.Linear(in_features = 96, out_features = 14)      # 分类器
        self.dropout = paddle.nn.Dropout(0.5)                                 # 正则化

    def forward(self, x):
        x = self.emb(x)
        x = paddle.mean(x, axis = 1)                                          # 获取平均值
        x = self.dropout(x)
        x = self.fc(x)
        x = self.dropout(x)
        x = self.fc1(x)
```

```
        return x
```

（2）模型训练。

```
# 绘制训练过程中的损失以及准确率变化的曲线图
def draw_process(title,color,iters,data,label):
    plt.title(title, fontsize = 24)                                    # 标题
    plt.xlabel("iter", fontsize = 20)                                 # x轴
    plt.ylabel(label, fontsize = 20)                                  # y轴
    plt.plot(iters, data,color = color,label = label)                 # 画图
    plt.legend()
    plt.grid()
    plt.show()


# 训练模型
def train(model):
    model.train()
    opt = paddle.optimizer.Adam(learning_rate = 0.001, parameters = model.parameters())
                                                                       # 优化器学习率等

    # 初始值设置
    steps = 0
    Iters, total_loss, total_acc = [], [], []

    for epoch in range(epochs):                                        # 训练循环
        for batch_id, data in enumerate(train_loader):                # 数据循环
            steps += 1
            sent = data[0]                                            # 获取数据
            label = data[1]                                           # 获取标签

            logits = model(sent)                                      # 输入数据
            loss = paddle.nn.functional.cross_entropy(logits, label)  # loss 获取
            acc = paddle.metric.accuracy(logits, label)              # acc 获取

            if batch_id % 500 == 0:                                   # 每 500 次输出一次结果
                Iters.append(steps)                                  # 保存训练轮数
                total_loss.append(loss.numpy()[0])                   # 保存 loss
                total_acc.append(acc.numpy()[0])                     # 保存 acc

                print("epoch: {}, batch_id: {}, loss is: {}".format(epoch, batch_id, loss.
numpy()))                                                             # 输出结果

            # 数据更新
            loss.backward()
            opt.step()
            opt.clear_grad()
        # 每一个 epochs 进行一次评估
        model.eval()
        accuracies = []
        losses = []

        for batch_id, data in enumerate(val_loader):                  # 数据循环读取

            sent = data[0]                                            # 训练内容读取
            label = data[1]                                           # 标签读取
```

```
        logits = model(sent)                                          # 训练数据
        loss = paddle.nn.functional.cross_entropy(logits, label)      # loss 获取
        acc = paddle.metric.accuracy(logits, label)                   # acc 获取

        accuracies.append(acc.numpy())                                # 添加数据
        losses.append(loss.numpy())
    avg_acc, avg_loss = np.mean(accuracies), np.mean(losses)      # 获取 loss、acc 平均值
    print("[validation] accuracy: {}, loss: {}".format(avg_acc, avg_loss))   # 输出值
    model.train()
    paddle.save(model.state_dict(),str(epoch) + "_model_final.pdparams")   # 保存训练文件

    draw_process("trainning loss","red",Iters,total_loss,"trainning loss")  # 画出 loss 图
    draw_process("trainning acc","green",Iters,total_acc,"trainning acc")   # 画出 acc 图
model = MyNet()                                                   # 模型实例化
train(model)                                                      # 开始训练
```

训练过程中的部分输出结果如图 7-3-3 所示，损失值、准确率随迭代次数变化趋势如图 7-3-4 所示。

```
epoch: 0, batch_id: 0, loss is: [2.6448898]
epoch: 0, batch_id: 500, loss is: [0.73556674]
epoch: 0, batch_id: 1000, loss is: [0.8010666]
epoch: 0, batch_id: 1500, loss is: [0.422631]
epoch: 0, batch_id: 2000, loss is: [0.4758823]
epoch: 0, batch_id: 2500, loss is: [0.7830544]
epoch: 0, batch_id: 3000, loss is: [0.66405773]
epoch: 0, batch_id: 3500, loss is: [0.58757395]
```

图 7-3-3　新闻主题分类模型训练过程中的部分输出结果

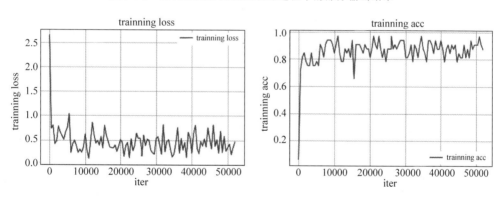

图 7-3-4　新闻主题分类模型训练过程中的损失值、准确率随迭代次数变化趋势

步骤 3：模型预测

（1）测试数据读取并处理。

```
# 测试数据读取
set = []
def dataset(datapath):
    with open(datapath)as f:                      # 读取文件
        for i in f.readlines():                   # 逐行读取数据
            dataset = np.array(i.split(','))      # 分割数据
            set.append(dataset)                   # 存入数据
```

```
        return set

# 测试数据扩充
def create_padded_dataset(dataset):
    padded_sents = []
    labels = []
    for batch_id, data in enumerate(dataset):                    # 循环
        # print(data)
        sent = data                                              # 读取数据
        padded_sent = np.concatenate([sent[:seq_len], [pad_id] * (seq_len - len(sent))]).
astype('int32')                                                  # 拼接填充

        # print(padded_sent)
        padded_sents.append(padded_sent)                         # 输入数据

    # print(padded_sents)
    return np.array(padded_sents)                                # 转换成数组并返回

test_data = dataset('新闻文本标签分类/Test_IDs.txt')              # 读取数据
# print()
# 对 train、val 数据进行实例化
test_data = create_padded_dataset(test_data)                     # 数据填充
# 查看数据大小及举例内容
print(test_data)
```

输出结果如图 7-3-5 所示。

```
[[4057 1902 1475 ... 5306 5306 5306]
 [2805 5242 3593 ... 5306 5306 5306]
 [1836 3222 4641 ... 5306 5306 5306]
 ...
 [4838 1202 1490 ... 5306 5306 5306]
 [ 805 3757 3757 ... 5306 5306 5306]
 [2805 5242 3593 ... 5306 5306 5306]]
```

图 7-3-5　测试数据示例

（2）选择模型进行预测。

```
nu = ["财经","彩票","房产","股票","家居","教育","科技","社会","时尚","时政","体育","星
座","游戏","娱乐"]                                               # 标签列表

# 导入模型
model_state_dict = paddle.load('0_model_final.pdparams')         # 模型读取
model = MyNet()                                                  # 读取网络
model.set_state_dict(model_state_dict)
model.eval()
# print(type(test_data[0]))
count = 0                                                        # 初始值

with open('./result.txt', 'w', encoding = 'utf - 8') as f_train: # 生成文件
    for batch_id, data in enumerate(test_data):                  # 循环数据
        results = model(paddle.to_tensor(data.reshape(30,1)))    # 开始训练

        for probs in results:
            # 映射分类 label
            idx = np.argmax(probs)                               # 获取结果值
```

```
            labels = nu[idx]                            # 通过结果值获取标签
            f_train.write(labels + "\n")                # 写入数据
            count += 1
            break

        if count % 500 == 0:                            # 查看推理情况
            print(count)
print(count)
```

7.4　实践四：诗歌生成

诗歌生成

本实践我们通过调用 PaddleHub 完成诗歌生成的任务,采用的诗歌数据集来自 chinese-poetry(https://github.com/chinese-poetry/chinese-poetry)中开源的 300 万行唐、宋诗的训练数据,将诗的前 2 行作为模型输入,其余作为输出。最终得到 ernie_gen_poetry 模块。

对于采用的模型结构,ERNIE-GEN 是面向生成任务的预训练——微调框架,首次在预训练阶段加入 span-by-span 生成任务,让模型每次能够生成一个语义完整的片段。在预训练和微调中通过填充式生成机制和噪声感知机制来缓解曝光偏差问题。此外,ERNIE-GEN 采样多片段——多粒度目标文本采样策略,增强源文本和目标文本的关联性,加强了编码器和解码器的交互。

ernie_gen_poetry 通过加载 ERNIE 1.0 参数热启动,采用网络搜集的诗歌数据微调,可用于生成诗歌。与传统的 LSTM seq2seq 相比,ernie_gen_poetry 能够迁移 ERNIE 1.0 预训练习得的语义知识,具备更强的泛化能力。图 7-4-1 为 ERNIE-GEN 的网络结构图。

步骤 1：环境依赖

在完成诗歌生成前,需要先完成 PaddlePaddle 的安装和 PaddleHub 的安装,并且要求 paddlepaddle >= 1.8.0,paddlehub >= 1.7.0。AI Studio 已经为各位开发者提供好了 PaddlePaddle 框架以及 PaddleHub 预训练模型管理工具,因为我们只需要满足版本,就可以使用相关生成模型,完成一键文本生成。PaddleHub 为开发者准备了两种方式实现诗歌生成,包括命令行一键生成和 API 调用生成。

由于 AI Studio 默认安装的是 1.8.0 和 1.6.0 的 PaddleHub,所以我们需要更新 paddlehub 以达到对联生成模型的环境依赖要求。

```
## 升级 paddlehub
!pip install paddlepaddle == 2.2.1 - i https://mirror.baidu.com/pypi/simple
!pip install - U paddlehub == 2.1.0 - i https://mirror.baidu.com/pypi/simple
```

步骤 2：诗歌生成

（1）命令行一键生成。

PaddleHub 在设计时,为模型的管理和使用提供了命令行工具,也提供了通过命令行调用 PaddleHub 模型完成预测的方式。下面是基于命令行的 hub run 命令完成的诗歌生成。

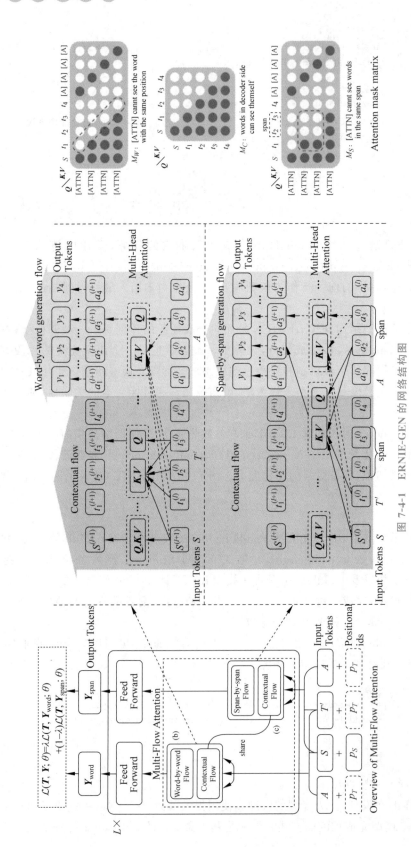

图 7-4-1 ERNIE-GEN 的网络结构图

```
# 命令行一键诗歌生成
!hub run ernie_gen_poetry -- input_text = "春眠不觉晓,处处闻啼鸟." -- use_gpu True -- beam_
width 5
```

输出结果如图 7-4-2 所示。

[[['不知啼鸟啼, 但觉春风好。春风不可听, 春雨不可扫。春落不可听, 春泥不可扫。', '不知啼鸟啼, 但觉春风好。春风不可听, 春雨不可扫。春雨不可听, 春风不可道。', '不知啼鸟啼, 但觉春风好。春风不可听, 春雨不可扫。花落花开时, 春归花落后。', '不知啼鸟啼, 但觉春风好。春风不可听, 春雨不可扫。花落花开时, 春归去去老。', '不知啼鸟啼, 但觉春风好。春风不可听, 春雨不可扫。春雨不可听, 春云不可道。']]]

图 7-4-2　命令行一键诗歌生成的结果

(2) API 调用一键生成。

通过预测 API,给出上文,程序自动生成下文。结果包含如下参数:texts(list[str])表示诗歌的开头;use_gpu(bool)表示是否使用 GPU,若使用 GPU,需要先设置 CUDA_VISIBLE_DEVICES 环境变量;beam_width 表示是 beam search 宽度,决定每个诗歌开头输出的下文数目。调用接口返回 results(list[list][str]),表示诗歌下文,每个诗歌开头会生成 beam_width 个下文。

```
import paddlehub as hub

module = hub.Module(name = "ernie_gen_poetry")

test_texts = ['相见时难别亦难,东风无力百花残.', '两情若是长久时,又岂在朝朝暮暮.']
# 调用预测接口生成诗歌内容
results = module.generate(texts = test_texts, use_gpu = False, beam_width = 5)

for result in results:
    print(result)
```

输出结果如图 7-4-3 所示。

['可怜春色无人管, 独倚阑干独凭栏。', '可怜春色无人管, 独倚阑干独自看。', '可怜春色归何处, 只有杨花拂面寒。', '可怜春色归何处, 只有杨花满院寒。', '可怜春色无人管, 独倚阑干独凭阑。']
['欲知千里万里情, 只在当初相见处。', '欲知千里万里情, 只在当初相逢处。', '欲知千里万里情, 只在当初相忆处。', '欲知千里万里情, 须向月中看白兔。', '欲知千里与万里, 一日之间有千虑。']

图 7-4-3　API 调用一键生成诗歌的结果

7.5　实践五:图像分类 Fine-Tuning

图像分类
Fine-Tuning

在计算机视觉领域,预训练-微调模式已经沿用了多年,即在大规模图片数据集预训练模型参数,然后将训练好的参数在新的小数据集任务上进行微调,从而产生泛化性能更好的模型。

ResNet 为常用的预训练模型之一,其核心操作为卷积与残差连接。卷积层均为 3×3 的滤波器,并遵循两个简单的设计规则:①对于相同的输出特征图尺寸,每层具有相同数量的滤波器;②如果特征图尺寸减半,则滤波器数量加倍,以保持每层的时间复杂度。直接用步长为 2 的卷积层进行下采样,网络以全局平均池化层和伴随 softmax 的 1000 维全连接层结束,其中卷积层数为 34 时的网络模型称为 ResNet34,如图 7-5-1 所示。卷积层数为 50 时的网络模型称为 ResNet50。

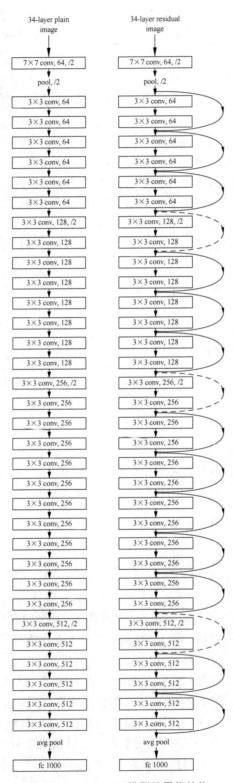

图 7-5-1　ResNet34 模型的网络结构

本小节将使用 ResNet50 预训练——微调框架,实现猫脸 12 分类。对于给定的猫脸,判断其所属类型。

本实践的平台为 AI Studio,实践环境为 Python 3.7、Paddle 2.0,实践步骤如下:

步骤 1:数据加载及预处理

本实践数据集来源于网络开源数据集(https://aistudio.baidu.com/aistudio/datasetdetail/10954),该数据集中包含 12 类猫图像,总计数据量为 2160,部分图像展示如图 7-5-2 所示。

图 7-5-2 猫图像分类的数据集样本

(1) 首先将该数据集挂载到当前项目中,然后读取数据文件,将数据按照 8:2 划分为训练集与验证集。

```python
# 导入相关包
import os
import time
import os.path as osp
import zipfile

import numpy as np
import paddle
import paddle.nn as nn
import pandas as pd
import paddle.nn.functional as F
from PIL import Image
from paddle.io import Dataset, DataLoader
from paddle.optimizer import Adam
from paddle.vision import Compose, ToTensor, Resize
from paddle.vision.models import resnet50            # 预训练模型
from paddle.metric import Accuracy
from sklearn.model_selection import StratifiedShuffleSplit    # 数据集划分
import matplotlib.image as mpimg
import matplotlib.pyplot as plt

# 读取 excel 文件
info = pd.read_csv(osp.join('./data/data10954', 'train_list.txt'), sep = '\t', header = None)
# 将图片名称与标签分离
images, labels = info.iloc[:, 0], info.iloc[:, 1]
```

```
# 划分训练集与验证集
split = StratifiedShuffleSplit(test_size = 0.2)
train_idx, valid_idx = next(split.split(images, labels))
info_tr = info.iloc[train_idx, :]
info_va = info.iloc[valid_idx, :]
# 将训练集与测试集的图像路径及标签分别写入文件中
info_tr.to_csv('data/data10954/train.csv', header = False, index = False)
info_va.to_csv('data/data10954/valid.csv', header = False, index = False)
```

（2）数据集封装：将数据集封装为 Dataset 格式，用于模型训练与预测。

```
class CatDataset(Dataset):
    train_file = 'cat_12_train.zip'                          # 全局文件名
    test_file = 'cat_12_test.zip'
    train_label = 'train_list.txt'

    def __init__(self, root, mode, transform = None):
        super(CatDataset, self).__init__()
        self.root = root
        self.mode = mode

        # 变换函数
        self.transform = transform

        # 检查路径是否合法
        if not osp.isfile(osp.join(root, self.train_file)) or \
                not osp.isfile(osp.join(root, self.train_label)) or \
                not osp.isfile(osp.join(root, self.test_file)):
            raise ValueError('wrong data path')

        if not osp.isdir(osp.join(self.root, 'cat_12_train')):
            with zipfile.ZipFile(osp.join(root, self.train_file)) as f:
                f.extractall(root)
            with zipfile.ZipFile(osp.join(root, self.test_file)) as f:
                f.extractall(root)

        if mode == 'train':
            info = pd.read_csv(osp.join(root, 'train_list.txt'), sep = '\t', header = None)
            self.images = info.iloc[:, 0].to_list()
            self.labels = paddle.to_tensor(
                info.iloc[:, 1].to_list()
            )
        elif mode == 'train_':
            info = pd.read_csv(osp.join(root, 'train.csv'), header = None)
            self.images = info.iloc[:, 0].to_list()
            self.labels = paddle.to_tensor(
                info.iloc[:, 1].to_list()
            )
            pass
        elif mode == 'valid_':
            info = pd.read_csv(osp.join(root, 'valid.csv'), header = None)
            self.images = info.iloc[:, 0].to_list()
            self.labels = paddle.to_tensor(
                info.iloc[:, 1].to_list()
```

```
        )
    else:
        images = os.listdir(os.path.join(root, 'cat_12_test'))
        self.images = ['cat_12_test/' + image for image in images]
        self.labels = None

def __getitem__(self, idx):
    image = Image.open(osp.join(self.root, self.images[idx]))
    if image.mode != 'RGB':
        image = image.convert('RGB')
    if self.transform is not None:
        image = self.transform(image)

    if self.mode == 'test':
        return image,
    else:
        label = self.labels[idx]
        return image, label

def __len__(self):
    return len(self.images)

# 定义变换函数:规范图像大小,并转换为张量形式
transform = Compose([
    Resize([224, 224]),
    ToTensor()
])

train_ds = CatDataset('./data/data10954', 'train_', transform)
valid_ds = CatDataset('./data/data10954', 'valid_', transform)
train_dl = DataLoader(train_ds, batch_size = 64, shuffle = True)
valid_dl = DataLoader(valid_ds, batch_size = 64, shuffle = False)
```

步骤 2：预训练模型加载

paddle.vision 是飞桨在视觉领域的高层 API，内部封装了常用的数据集以及常用预训练模型，如 LeNet、VGG 系列、ResNet 系列及 MobileNet 系列等。本实践以 resnet50 为例，演示如何进行图像分类的微调。准备好数据集之后，加载预训练模型，调用 net = resnet50 (pretrained=True)，设置参数 pretrained 为 True，便可使用预训练好的参数；否则，需要从头开始训练参数(首次加载预训练参数时需要从网络中下载)。

```
# 加载预训练模型,并设置类别数目为12(猫的12分类)
net = resnet50(pretrained = True, num_classes = 12)
```

步骤 3：模型微调

加载好预训练的模型之后，定义模型的优化器、评价指标等，输入领域数据，执行微调。

```
# 定义优化器
optimizer = Adam(
    parameters = net.parameters(),
```

```
        learning_rate = 1e - 5
)
# 定义损失函数
loss_fn = nn.CrossEntropyLoss()
# 定义准确率评价指标
metric_fn = Accuracy()

# 微调 20 轮
for epoch in range(5):
    t0 = time.time()
    net.train()                                         # 开启训练模式
    for data, label in train_dl:
        logit = net(data)                               # 前向计算
        loss = loss_fn(logit, label.astype('int64'))    # 计算损失
        optimizer.clear_grad()                          # 清空上批梯度
        loss.backward()                                 # 梯度反向传播
        optimizer.step()

    # 每训练一轮进行一次验证
    net.eval()
    loss_tr = 0.
    for data, label in train_dl:
        logit = net(data)
        label = label.astype('int64')
        loss_tr += loss_fn(logit, label).cpu().numpy()[0]
    loss_tr /= len(train_dl)

    loss_va = 0.
    for data, label in valid_dl:
        label = label.astype('int64')
        logit = net(data)
        loss_va += loss_fn(logit, label).cpu().numpy()[0]
        metric_fn.update(
            metric_fn.compute(logit, label)
        )

    loss_va /= len(valid_dl)
    acc_va = metric_fn.accumulate()
    metric_fn.reset()
    t = time.time() - t0
    print('[Epoch {:3d} {:.2f}s] train loss({:.4f}); valid loss({:.4f}), acc({:.2f})'
          .format(epoch, t, loss_tr, loss_va, acc_va))
```

训练 5 轮的输出如图 7-5-3 所示。

```
[Epoch   0 25.51s] train loss(1.8718); valid loss(1.9389), acc(0.45)
[Epoch   1 26.05s] train loss(1.0691); valid loss(1.2410), acc(0.74)
[Epoch   2 25.68s] train loss(0.6272); valid loss(0.8249), acc(0.84)
[Epoch   3 25.67s] train loss(0.3985); valid loss(0.6076), acc(0.88)
[Epoch   4 26.50s] train loss(0.2697); valid loss(0.4881), acc(0.89)
```

图 7-5-3　猫图像分类模型训练过程中的输出结果

步骤 4：模型预测

```
test_ds = CatDataset('./data/data10954', mode = 'test', transform = transform)
test_dl = DataLoader(test_ds, batch_size = 32, shuffle = False)
test_pred = []
with paddle.no_grad():
    for data, in test_dl:
        logit = net(data)
        pred = paddle.argmax(
            F.softmax(logit, axis = -1),
            axis = -1
        )
        test_pred.append(pred.cpu().numpy())
test_pred = np.concatenate(test_pred, axis = 0)

count = 1
for image, pred in zip(test_ds.images, test_pred.astype
(np.int)):
    if count > 1:      # 选择一张图片进行预测
        break
    img = mpimg.imread('data/data10954/' + image)
    plt.figure(figsize = (5,5))
    plt.imshow(img)
    plt.show()
    print('%s, %d\n' % (image.split('/')[1], pred))

    count += 1
```

预测结果输出如图 7-5-4 所示。

EvMk2LwZzBSxI0XAdrebg5osjCaf3PtW.jpg,7

图 7-5-4　猫图像分类模型的预测结果

7.6　实践六：文本分类 Fine-Tuning

文本分类 Fine-Tuning

2018 年，基于 Transformer 的预训练语言模型 BERT（Bidirectional Encoder Representations from Transformers）出现，将自然语言的各项任务的性能都推向了一个新的高度。BERT 使用双向的 Transformer 编码器，通过掩码语言模型（Mask Language Model，MLM）与下一句预测（Next Sentence Prediction，NSP）两个子任务，在超大规模文本数据上实现了自监督预训练。

BERT 的框架如图 7-6-1 所示，在预训练 MLM 任务时，被遮蔽的单词可以感知到该词前后的所有单词，因此称为双向编码器，也是一种自编码的方式。而在预训练 NSP 任务时，通过拼接句子对作为输入，添加句首符号，并将句首符号作为分类特征，若两句子属于顺序关系（isNext），则分类为 1，否则分类为 0。

怎么将 BERT 预训练的参数用于下游任务呢？可以使用预训练——微调框架（如图 7-6-2）。

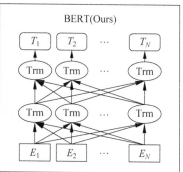

图 7-6-1　BERT 模型框架展示

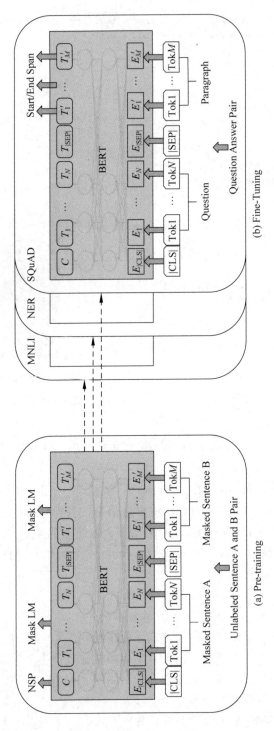

图 7-6-2　BERT 预训练（a）与微调（b）框架展示

所谓预训练——微调框架,就是在大规模无监督(或自监督)数据上训练模型,学习到数据的通用知识,然后将这些知识迁移到小规模数据集任务上,也就是在预训练模型的基础上,再利用领域小数据集进行参数的微调,获得适用于该任务的高精度模型。

实际上,如图 7-6-3 所示,将下游任务按照固定的输入格式处理后,直接在 BERT 的输出上进行处理即可,对于分类任务(包括单文本分类与文本对分类任务),只需取输出层 [CLS]的表示作为最终的分类特征,然后输入到全连接分类器中即可完成分类;对于命名实体识别等需要对整个句子的 tokens 进行逐一操作的任务,可以取 BERT 的全部输出作为特征表示,输入到最后的分类器中即可;对于生成式任务,可将 BERT 作为编码器端使用,然后为其配置简单的解码器进行解码。

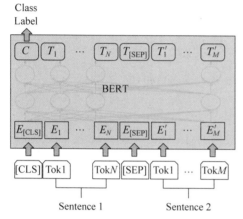

(a) Sentence Pair Classification Tasks:
MNLI, QQP, QNLI, STS-B, MRPC,
RTE, SWAG

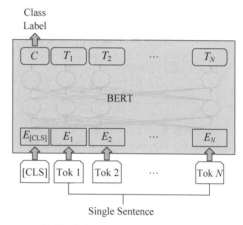

(b) Single Sentence Classification Tasks:
SST-2, CoLA

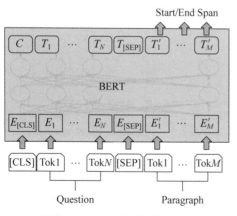

(c) Question Answering Tasks:
SQuAD v1.1

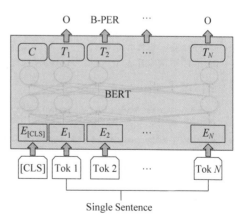

(d) Single Sentence Tagging Tasks:
CoNLL-2003 NER

图 7-6-3　BERT 在不同下游任务进行微调时的框架

本节将使用 BERT 预训练——微调框架,实现短文本情绪分类。所谓短文本情绪分类,即给定文本,判断出文本的情感极性,比如:"飞桨真是太好用了",通过判断,我们知道这条文本包含正面的情绪,因此应该将其标注为 1,即正面情绪。

本节实践的平台为 AI Studio,实践环境为 Python 3.7、Paddle 2.0、PaddleNLP 2.0,实践步骤如下:

步骤 1: 数据加载及预处理

本实践采用的数据集为公开中文情感分析数据集 ChnSenticorp。该数据集在 paddlenlp 已经有封装,因此可以直接使用 paddlenlp. datasets. ChnSentiCorp. get_datasets()方法加载该数据集。

(1) 加载数据集。

```
# 导入相关包
import paddle
import paddlenlp as ppnlp
from paddlenlp.data import Stack, Pad, Tuple
import paddle.nn.functional as F
import numpy as np
# partial()函数可以用来固定某些参数值,并返回一个新的 callable 对象
from functools import partial

# 加载训练、验证、测试集
train_ds, dev_ds, test_ds = ppnlp.datasets.ChnSentiCorp.get_datasets(['train','dev','test'])

# 获得标签列表
label_list = train_ds.get_labels()

# 分别打印训练集、验证集、测试集的前 3 条数据
print("训练集数据:{}\n".format(train_ds[0:1]))
print("验证集数据:{}\n".format(dev_ds[0:1]))
print("测试集数据:{}\n".format(test_ds[0:1]))

print("训练集样本个数:{}".format(len(train_ds)))
print("验证集样本个数:{}".format(len(dev_ds)))
print("测试集样本个数:{}".format(len(test_ds)))
```

输出结果如图 7-6-4 所示。

训练集数据:[['选择珠江花园的原因就是方便,有电动扶梯直接到达海边,周围餐馆、食廊、商场、超市、摊位一应俱全,酒店装修一般,但还算整洁。 泳池在大堂的屋顶,因此很小,不过女儿倒是喜欢。 包的早餐是西式的,还算丰富。 服务吗,一般', '1']]

验证集数据:[['這間酒店環境和服務態度亦算不錯,但房間空間太小~不宣容納太大件行李~且房間格調還可以~ 中餐廳的廣東點心不太好吃~要改善之~~~但算價錢平宜~可接受~ 西餐廳格調都很好~但吃的味道一般且令人等得太耐了~要改善之~~', '1']]

测试集数据:[['这个宾馆比较陈旧了,特价的房间也很一般。总体来说一般', '1']]

```
训练集样本个数:9600
验证集样本个数:1200
测试集样本个数:1200
```

图 7-6-4   数据集样本格式及样本划分

(2) 数据预处理。

使用 BERT 进行微调时,需要将输入处理为 BERT 要求的格式。BERT 中文使用单字输入表示,因此定义一个 BertTokenizer 实现文本的切分,然后定义 convert_example()函数将文本输入处理为三部分:词 id 输入(input_ids)、片段输入(token_type_ids,区分单词来自句子 1 还是句子 2)以及位置输入(在模型内部直接添加)。BERT 输入表示如图 7-6-5 所示。

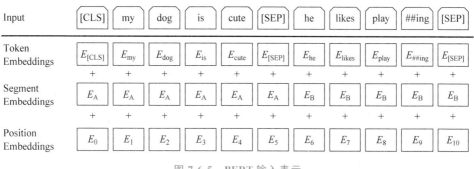

图 7-6-5　**BERT 输入表示**

```
# 调用 ppnlp.transformers.BertTokenizer 进行数据处理
# tokenizer 可以把原始输入文本转化成模型 model 可接受的输入数据格式
tokenizer = ppnlp.transformers.BertTokenizer.from_pretrained("bert - base - chinese")


# 数据转换
def convert_example(example, tokenizer, label_list, max_seq_length = 256, is_test = False):
    if is_test:
        text = example
    else:
        text, label = example
# tokenizer.encode 方法能够完成切分 token
# 映射 token ID 以及拼接特殊 token
        encoded_inputs = tokenizer.encode(text = text, max_seq_len = max_seq_length)
        # 对应后的 word embeddings
input_ids = encoded_inputs["input_ids"]
# 对应后续的 segment embeddings
        segment_ids = encoded_inputs["token_type_ids"]

    if not is_test:
        label_map = {}
        # 标签映射
        for (i, l) in enumerate(label_list):
            label_map[l] = i

        label = label_map[label]
        label = np.array([label], dtype = "int64")
        return input_ids, segment_ids, label
    else:
        return input_ids, segment_ids
```

（3）构造数据迭代器。

定义一个 create_dataloade() 函数，将数据集进行封装，便于模型训练时批量迭代。该方法需要的参数如下：dataset，即数据集；trans_fn，即函数，将文本样本转化为要求的输入格式，对应于上述步骤中的 convert_example() 函数；mode，即训练模式或测试模式，标识数据集是否包含标签；use_gpu，决定是否将数据集加载到 GPU 上；pad_token_id，即 padding 符号对应的下标；batchify_fn，即对批量数据进行转换的函数。数据迭代器构建好后，分别对训练、验证、测试数据集进行封装，代码如下所示。

```
# 数据迭代器构造方法
```

```
def create_dataloader(dataset, trans_fn = None, mode = 'train', batch_size = 1, use_gpu = False,
pad_token_id = 0, batchify_fn = None):
    if trans_fn:
        dataset = dataset.apply(trans_fn, lazy = True)
    if mode == 'train' and use_gpu:
        sampler = paddle.io.DistributedBatchSampler(dataset = dataset, batch_size = batch_
size, shuffle = True)
    else:
        shuffle = True if mode == 'train' else False
        # 生成一个取样器
        sampler = paddle.io.BatchSampler(dataset = dataset, batch_size = batch_size, shuffle =
shuffle)
    dataloader = paddle.io.DataLoader(dataset, batch_sampler = sampler, return_list = True,
collate_fn = batchify_fn)
    return dataloader


# 使用 partial() 来固定 convert_example 函数的 tokenizer, label_list
# max_seq_length, is_test 等参数值
trans_fn = partial(convert_example,
tokenizer = tokenizer,
label_list = label_list,
max_seq_length = 128, is_test = False)


# batchify_fn 为一个 lambda 表达式,表示对参数 sample 执行函数 fn
  # fn 为一个 paddle 封装元组,分别对 input_ids、segment_ids、label 操作
  # input_ids:填 0 扩展到指定长度
  # segment_ids:填 0 扩展到指定长度
  # label:使用整型数组
batchify_fn = lambda samples,  fn = Tuple(
Pad(axis = 0, pad_val = tokenizer.pad_token_id),
Pad(axis = 0, pad_val = tokenizer.pad_token_id),
Stack(dtype = "int64")):
[data for data in fn(samples)]
# 训练集迭代器
train_loader = create_dataloader(train_ds, mode = 'train', batch_size = 64, batchify_fn =
batchify_fn, trans_fn = trans_fn)


# 验证集迭代器
dev_loader = create_dataloader(dev_ds, mode = 'dev', batch_size = 64, batchify_fn = batchify_
fn, trans_fn = trans_fn)


# 测试集迭代器
test_loader = create_dataloader(test_ds, mode = 'test', batch_size = 64, batchify_fn = batchify_fn,
trans_fn = trans_fn)
```

步骤 2：预训练模型加载

　　加载预训练好的 BERT 模型用于短文本情感分类。在 paddlenlp 中,使用 paddlenlp.
transformers.BertForSequenceClassification 类,指定参数文件名称：bert-base-chinese,表
示预训练的中文的 BERT base 模型,加载预训练好的参数(首次执行时会从网络中先下载
该参数)。

\# 由于本任务中的情感分类是二分类问题,设定 num_classes 为 2
```
model = ppnlp.transformers.BertForSequenceClassification.from_pretrained(
"bert - base - chinese", num_classes = 2)
```

模型加载过程如图 7-6-6 所示。

```
[2021-06-05 10:38:37,618] [    INFO] - Downloading http://paddlenlp.bj.bcebos.com/models/transformers/bert/bert-base-ch
inese.pdparams and saved to /home/aistudio/.paddlenlp/models/bert-base-chinese
[2021-06-05 10:38:37,621] [    INFO] - Downloading bert-base-chinese.pdparams from http://paddlenlp.bj.bcebos.com/model
s/transformers/bert/bert-base-chinese.pdparams
100%|██████████| 696494/696494 [00:14<00:00, 49389.70it/s]
```

图 7-6-6　模型参数下载

步骤 3:模型训练

开始输入数据,微调模型。

```
# 设置训练超参数
# 学习率
learning_rate = 1e - 5
# 训练轮次
epochs = 8
# 学习率预热比率
warmup_proption = 0.1
# 权重衰减系数
weight_decay = 0.01

num_training_steps = len(train_loader) * epochs
num_warmup_steps = int(warmup_proption * num_training_steps)

def get_lr_factor(current_step):
    if current_step < num_warmup_steps:
        return float(current_step) / float(max(1, num_warmup_steps))
    else:
        return max(0.0,
                    float(num_training_steps - current_step) /
                    float(max(1, num_training_steps - num_warmup_steps)))
# 学习率调度器
lr_scheduler = paddle.optimizer.lr.LambdaDecay(learning_rate, lr_lambda = lambda current_
step: get_lr_factor(current_step))

# 优化器
optimizer = paddle.optimizer.AdamW(
    learning_rate = lr_scheduler,
    parameters = model.parameters(),
    weight_decay = weight_decay,
    apply_decay_param_fun = lambda x: x in [
        p.name for n, p in model.named_parameters()
        if not any(nd in n for nd in ["bias", "norm"])
    ])

# 损失函数
criterion = paddle.nn.loss.CrossEntropyLoss()
# 评估函数
metric = paddle.metric.Accuracy()
```

```
# 定义一个验证评估函数,每一轮验证一次模型的性能
def evaluate(model, criterion, metric, data_loader):
    model.eval()
    metric.reset()
    losses = []
    for batch in data_loader:
        input_ids, segment_ids, labels = batch
        logits = model(input_ids, segment_ids)
        loss = criterion(logits, labels)
        losses.append(loss.numpy())
        correct = metric.compute(logits, labels)
        metric.update(correct)
        accu = metric.accumulate()
    print("eval loss: %.5f, accu: %.5f" % (np.mean(losses), accu))
    model.train()
metric.reset()


# 开始训练
global_step = 0
for epoch in range(1, epochs + 1):
    for step, batch in enumerate(train_loader):           # 从训练数据迭代器中取数据
        # print(batch)
        input_ids, segment_ids, labels = batch
        logits = model(input_ids, segment_ids)
        loss = criterion(logits, labels)                  # 计算损失
        probs = F.softmax(logits, axis=1)
        correct = metric.compute(probs, labels)
        metric.update(correct)
        acc = metric.accumulate()

        global_step += 1
        if global_step % 50 == 0:
            print("global step %d, epoch: %d, batch: %d, loss: %.5f, acc: %.5f" %
(global_step, epoch, step, loss, acc))
        loss.backward()
        optimizer.step()
        lr_scheduler.step()
        optimizer.clear_gradients()
evaluate(model, criterion, metric, dev_loader)
```

训练过程部分输出如图 7-6-7 所示。

```
global step 50, epoch: 1, batch: 49, loss: 0.59685, acc: 0.54844
global step 100, epoch: 1, batch: 99, loss: 0.37378, acc: 0.70750
global step 150, epoch: 1, batch: 149, loss: 0.15645, acc: 0.77333
eval loss: 0.23406, accu: 0.91083
```

图 7-6-7　训练过程部分输出

步骤 4：模型预测

定义一个预测函数,使用微调好的模型,对给定的输入样本判断其情感极性。对任意给定的文本数据,首先转换其为模型要求的数据格式,然后再输入模型进行判断。

```
def predict(model, data, tokenizer, label_map, batch_size = 1):
    examples = []
for text in data:
        # 样本输入形式转化
        input_ids, segment_ids = convert_example(text, tokenizer, label_list = label_map.
values(), max_seq_length = 128, is_test = True)
        examples.append((input_ids, segment_ids))
    # 批量样本处理
batchify_fn = lambda samples, fn = Tuple(Pad(axis = 0, pad_val = tokenizer.pad_token_id), Pad
(axis = 0, pad_val = tokenizer.pad_token_id)) : fn(samples)
    batches = []
one_batch = []

    for example in examples:
        one_batch.append(example)
        if len(one_batch) == batch_size:
            batches.append(one_batch)
            one_batch = []

    if one_batch:
        batches.append(one_batch)

    results = []
model.eval()
# 批量预测
    for batch in batches:
        input_ids, segment_ids = batchify_fn(batch)
        input_ids = paddle.to_tensor(input_ids)
        segment_ids = paddle.to_tensor(segment_ids)
        logits = model(input_ids, segment_ids)
        probs = F.softmax(logits, axis = 1)
        idx = paddle.argmax(probs, axis = 1).numpy()
        idx = idx.tolist()
        labels = [label_map[i] for i in idx]
        results.extend(labels)
return results

data = ['这个商品虽然看着样式挺好看的,但是不耐用.',
'这个老师讲课水平挺高的.']
label_map = {0: '负向情绪', 1: '正向情绪'}
predictions = predict(model, data, tokenizer, label_map,
batch_size = 32)
for idx, text in enumerate(data):
    print('预测文本: {} \n情绪标签: {}'.format(text, predictions[idx]))
```

预测结果输出如图 7-6-8 所示。

预测文本: 这个商品虽然看着样式挺好看的, 但是不耐用。
情绪标签: 负向情绪
预测文本: 这个老师讲课水平挺高的。
情绪标签: 正向情绪

图 7-6-8　模型预测结果输出

参 考 文 献

[1] Simonyan K, Zisserman A. Very deep convolutional networks for large-scale image recognition[J]. arXiv preprint arXiv: 1409. 1556, 2014.

[2] He K, Zhang X, Ren S, et al. Deep residual learning for image recognition[C]//Proceedings of the IEEE conference on computer vision and pattern recognition. 2016: 770-778.

[3] Ren S, He K, Girshick R, et al. Faster r-cnn: Towards real-time object detection with region proposal networks[J]. Advances in neural information processing systems, 2015, 28.

[4] Ronneberger O, Fischer P, Brox T. U-net: Convolutional networks for biomedical image segmentation[C]// Medical Image Computing and Computer-Assisted Intervention-MICCAI 2015: 18th International Conference, Munich, Germany, October 5-9, 2015, Proceedings, Part III 18. Springer International Publishing, 2015: 234-241.

[5] Graves A, Graves A. Long short-term memory[J]. Supervised sequence labelling with recurrent neural networks, 2012: 37-45.

[6] Chung J, Gulcehre C, Cho K H, et al. Empirical evaluation of gated recurrent neural networks on sequence modeling[J]. arXiv preprint arXiv: 1412. 3555, 2014.

[7] Shi B, Bai X, Yao C. An end-to-end trainable neural network for image-based sequence recognition and its application to scene text recognition[J]. IEEE transactions on pattern analysis and machine intelligence, 2016, 39(11): 2298-2304.

[8] Goodfellow I, Pouget-Abadie J, Mirza M, et al. Generative adversarial networks[J]. Communications of the ACM, 2020, 63(11): 139-144.

[9] Xiao D, Zhang H, Li Y, et al. Ernie-gen: An enhanced multi-flow pre-training and fine-tuning framework for natural language generation[J]. arXiv preprint arXiv: 2001. 11314, 2020.

[10] Devlin J, Chang M W, Lee K, et al. BERT: Pre-training of Deep Bidirectional Transformers for Language Understanding[J]. 2018.

[11] Vaswani A, Shazeer N, Parmar N, et al. Attention Is All You Need[J]. arXiv, 2017.